U0252675

华为智能计算技术丛书

HUAWEI

昇腾AI处理器CANN应用与实战

基于Atlas硬件的人工智能案例开发指南

苏统华 杜鹏◎主编

清華大学出版社
北京

内容简介

本书专注于昇腾AI处理器的革命性边缘计算SoC芯片，基于Atlas开发者套件或Atlas推理卡建设应用生态。全书共20章，重点剖析若干重要领域的典型案例，内容涵盖图像分割、图像生成、图像处理、模式分类、目标检测、智能机器人和序列模式分析等。每章自成体系，较为完整地给出了案例系统的应用动机、系统架构和执行流程的设计方案，并结合代码剖析案例系统的实现过程和实际测试结果，能够帮助读者快速应用昇腾AI处理器解决实际问题。

本书是一本系统介绍昇腾AI处理器的案例教材，体例完整，案例具有典型性，配套代码完全开源，实战资源丰富，可以作为高校人工智能、智能科学与技术、计算机科学与技术、软件工程、电子信息工程、自动化等专业的教材，也适合从事人工智能系统开发的科研和工程技术人员作为参考书。

本书封面贴有清华大学出版社防伪标签，无标签者不得销售。
版权所有，侵权必究。举报：010-62782989，beiqinquan@tup.tsinghua.edu.cn。

图书在版编目(CIP)数据

昇腾AI处理器CANN应用与实战：基于Atlas硬件的人工智能案例开发指南/苏统华，杜鹏主编. —北京：清华大学出版社，2021.9(2025.3重印)
(华为智能计算技术丛书)
ISBN 978-7-302-57728-7

Ⅰ. ①昇… Ⅱ. ①苏… ②杜… Ⅲ. ①移动终端－应用程序－程序设计－指南 Ⅳ. ①TN929.53-62

中国版本图书馆CIP数据核字(2021)第050119号

责任编辑：盛东亮　钟志芳
封面设计：李召霞
责任校对：李建庄
责任印制：刘　菲

出版发行：清华大学出版社
网　　址：https://www.tup.com.cn，https://www.wqxuetang.com
地　　址：北京清华大学学研大厦A座　　**邮　　编**：100084
社 总 机：010-83470000　　**邮　　购**：010-62786544
投稿与读者服务：010-62776969，c-service@tup.tsinghua.edu.cn
质量反馈：010-62772015，zhiliang@tup.tsinghua.edu.cn
课件下载：https://www.tup.com.cn，010-83470236
印 装 者：小森印刷霸州有限公司
经　　销：全国新华书店
开　　本：186mm×240mm　　**印　　张**：19.75　　**字　　数**：409千字
版　　次：2021年9月第1版　　**印　　次**：2025年3月第6次印刷
印　　数：5401～6200
定　　价：69.00元

产品编号：087046-01

谨以此书献给那些为中国 AI 发展贡献力量的研究者和开发者

FOREWORD

序

昇腾 AI 异构计算架构 CANN 释放强大算力

当今时代，人工智能（AI）作为一种普适性的通用技术，已经成为推动社会进步的重要力量。人工智能进入产业，推动各行各业的技术进步；人工智能进入生活，改善人们的生活质量；人工智能进入城市，推动城市变得更加智慧和美好；人工智能进入科研，促进各学科的突破和创新。人工智能在处理“优化问题”上有突出的优势，这一优势需要强大的算力平台作支撑。人工智能对算力的需求呈现指数增长的趋势，大规模高效率的算力，是推动人工智能进步的重要动力。

基于对人工智能发展趋势的预判，华为公司历时数年，为人工智能应用量身打造“达芬奇（Da Vinci）架构”，并基于该架构于 2018 年推出了昇腾（Ascend）AI 处理器系列，开启了智能之旅。在用户直观可见的层次上，面向计算机视觉、语音语义理解、推荐搜索、机器人和自动驾驶等领域，华为公司致力于打造面向云、边、端一体化的全栈全场景解决方案；在不可见的层次上，华为公司更是广泛使用 AI 技术手段，提升信号发送、接收的效果和产品质检的准确度，在科学探索上帮助“中国天眼”（中国 500 米口径球面射电望远镜）找到更多的星体脉冲。以前想象中的 AI 带来的全方位改变在徐徐展开，逐渐实现。CANN（Compute Architecture for Neural Networks，神经网络计算架构）作为昇腾处理器的 AI 异构计算架构，支持业界多种主流的 AI 框架，包括 MindSpore、TensorFlow、PyTorch、Caffe 等，并提供 1200 多个基础算子。同时，CANN 具有开放易用的 AscendCL（Ascend Computing Language，昇腾计算语言）编程接口，能实现对网络模型进行图级和算子级的编译优化、自动调优等功能。CANN 对上承接多种 AI 框架，对下服务于 AI 芯片与编程，是提升昇腾 AI 处理器计算效率的关键平台。

昇腾 AI 处理器系列图书系统地介绍了昇腾 AI 处理器体系结构、异构计算架构 CANN 原理与编程方法，并提供图像视频处理、机器人、语音语义理解、影视推荐等应用案例。通过本书的学习，从事 AI 计算基础技术研究及应用开发的工作者、高校师生、各行各业的合作伙伴不仅可以学习到昇腾 AI 处理器及 CANN 开发的知识，还可以了解行业对 AI 应用需求的完整解决方案。

何庭波

华为技术有限公司 2012 实验室总裁

2021 年 8 月

PREFACE
前　言

2018 年度的 ACM（美国计算机协会）图灵奖授予深度学习领域三巨头（Yoshua Bengio、Yann LeCun、Geoffrey Hinton），这是学术界与工业界对深度学习最大的认可。深度学习具有强大的学习能力，为人工智能技术插上了翅膀。各国相继把发展人工智能确立为国家战略。我国国务院于 2017 年 7 月 8 日重磅发布《新一代人工智能发展规划》，人工智能课程已经相继走入中小学课堂。人工智能将是未来全面支撑科技、经济、社会发展和信息安全的重要支柱！

深度学习已经在许多领域影响深远，但它对算力的要求极高。华为公司应时而动，打造出基于达芬奇架构的昇腾 AI 系列处理器，并进一步为全场景应用提供统一、协同的硬件和软件架构。其中有面向云端提供强大训练算力的硬件产品（如昇腾 910 处理器），也有面向边缘端和移动端提供推理加速算力的硬件产品（如昇腾 310 处理器）。与硬件同样重要的是昇腾 AI 处理器的软件生态建设。友好、丰富的软件生态会真正释放昇腾 AI 处理器的能量，走入千家万户，助力我国的新一代人工智能发展。

全书共分七篇计 20 章，重点剖析若干重要领域的典型案例，内容涵盖目标检测、图像分割、图像生成、图像增强、模式分类、智能机器人以及序列模式分析等领域，涉及各种典型的深度学习网络模型。

第一篇目标检测，包含三个案例，分别涉及手写汉字拍照检测与识别、人类蛋白质图谱分类和遥感图像目标检测，提供了基于联通成分分析搭配 ResNet、选择性搜索算法搭配 ResNet 和 YOLOv3 等方法的应用。

第二篇图像分割，分别涉及人像的语义分割、人像分割与背景替换（抠图）、眼底视网膜血管图像的分割和边缘检测四个不同领域的任务，展示了如何利用 DeepLab V3+、U 形语义分割网络、全卷积网络以及更丰富卷积特征（RCF）网络模型进行特定分割任务。

第三篇图像生成，包含两个案例，分别涉及 AR（增强现实）阴影以及卡通图像生成，集中展示了如何使用对抗生成网络（GAN）生成逼真图像。

第四篇图像增强，包含四个案例，涵盖图像去雾、去雨、HDR（高动态范围渲染）和图像的超分辨率四个基本问题，分别从对抗生成网络、渐进式引导图像去雨网络（PGDN）、多尺度网络、超分辨率网络（SRCNN、FSRCNN 和 ESPC）设计算法，扩宽了原有处理思路。

第五篇模式分类，包含三个案例，介绍来自人体动作识别、人脸识别和手势识别的实践。这些与人类本身具有的能力相关，常常是我们特别期望赋予计算机的。本篇提供了基于图卷积网络（GCN）、朴素卷积网络和三维卷积网络等经典模型的分类应用。

第六篇机器人，给出机器人领域的一个案例，让智能小车自动感知环境并自动规划路线，基于 ROS 框架，综合利用了雷达传感信号感知、基于 DenseNet 的深度图预测、SLAM 和 PID 控制等技术。

第七篇序列分析，集中介绍了序列分析领域的三个典型案例，包含中文语音识别、手写文本行识别以及意见挖掘与情感分析，给出了如何综合利用 VGGNet 网络、LSTM 网络、注意力网络、BERT 网络、CTC 算法来解决序列分析问题。

本书的案例素材征集自国内 20 位知名教授，包括清华大学胡事民、刘永进、张松海，南开大学程明明、李涛，浙江大学许威威、朱秋国，上海交通大学杨旸、陈立，武汉大学肖春霞，华中科技大学颜露新，吉林大学徐昊，华东师范大学张新宇，西安电子科技大学苗启广、侯彪，哈尔滨工业大学张盛平、苏统华，深圳大学邱国平，苏州大学张民、付国宏。苏统华和杜鹏对全书进行统稿。

在本书的编写过程中得到清华大学出版社盛东亮主任及钟志芳编辑的专业指导，他们的编辑和审校工作明显提高了本书的质量，特别向他们致以敬意。在本书统稿过程中，刘姝辰、张明月和文荟俨等人做了大量辅助工作，特此感谢！在本书的编写过程中同时受到多个基金（新一代人工智能重大项目 2020AAA0108003、重点研发计划课题 2017YFB1400604、国家自然科学基金项目 61673140 和 81671771）的资助。

苏统华　杜　鹏

2021 年 6 月

CONTENTS

目　　录

第六篇 机 器 人

第七篇 序 列 分 析

引 言

华为公司为深度学习量身打造"达芬奇(DaVinci)架构",基于该架构于 2018 年推出了昇腾(Ascend)AI 处理器,开启了智能之旅。面向计算机视觉、自然语言处理、推荐系统等领域,昇腾 AI 处理器致力于打造面向云端一体化的全栈式、全场景解决方案。同时为了配合其应用目标,华为打造了昇腾 AI 异构计算架构 CANN(Compute Architecture for Neural Network,神经网络计算架构)。如图 1 所示,CANN 是运行框架、编程语言、算子库以及相关配套工具的总称,开发者基于 CANN 可以便捷高效地编写在昇腾硬件设备上运行的人工智能应用程序。CANN 包括以下功能。

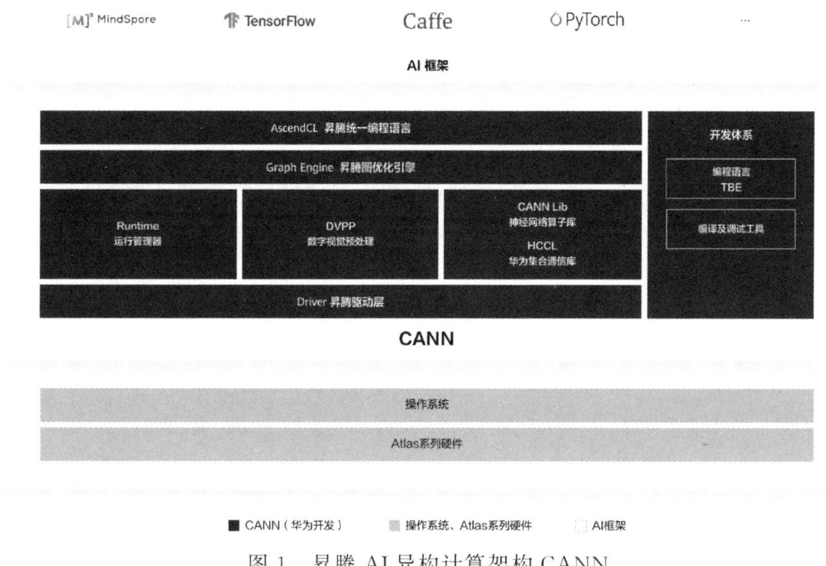

图 1 昇腾 AI 异构计算架构 CANN

(1) AscendCL(Ascend Computing Language,昇腾计算语言编程接口)。AscendCL 为昇腾计算开放编程框架,提供设备管理、上下文管理、流管理、内存管理、模型加载与执行、算子加载与执行、媒体数据处理、图管理等 API 库,供用户开发人工智能应用。

(2) Graph Engine(图优化引擎)。作为图编译和运行的控制中心,提供图运行环境管理、图执行引擎管理、算子库管理、子图优化管理、图操作管理和图执行控制。对不同前端提供统一的 IR(Intermediate Representation,中间表达)接口对接,支持 TensorFlow/Caffe/MindSpore/PyTorch/ONNX 表达的计算图的解析/优化/编译,提供对后端计算引擎最优化部署能力，充分发挥设备性能。

（3）HCCL（Huawei Collective Communication Library，华为集合通信库）。HCCL 实现参与并行计算的所有服务器的梯度聚合功能，为 Ascend 多机多卡训练提供数据并行方案。

（4）DVPP（Digital Vision Pre-processing，数字视觉预处理）。主要提供视频编解码、JPEG 编解码、PNG 解码、图像预处理（包括抠图、缩放、叠加、粘贴、格式转换）等 API 接口。

（5）CANN Lib（神经网络算子库）。Ascend 神经网络加速库，内置丰富算子，支撑神经网络训练和推理加速。

（6）Runtime（运行管理器）。负责神经网络各种类型算子的调度和执行。Runtime 运行在应用程序的进程空间中，为应用程序提供了存储管理、设备管理、执行流管理、事件管理、核函数执行等功能。

（7）TBE（Tensor Boost Engine，张量加速引擎）。它是一种自定义算子开发框架。Ascend 算子开发，基于提供 TBE 算子开发框架，支持 DSL（Domain-Specific Language，领域专用语言）、TIK（Tensor Iterator Kernel，张量迭代器核）、CPU 等算子开发方式。

（8）调试调优工具。对模型数据导出和计算结果比对，以支持精度调试；对模型执行性能分析，帮助用户进行模型性能优化。

本书将围绕计算机视觉、语音语义理解、机器人等人工智能热门领域，选取 20 个典型案例，详细介绍这些案例的算法原理和基于昇腾 AI 异构计算架构 CANN 的应用开发全流程。

第一篇　目标检测

第 1 章

手写汉字拍照检测与识别

1.1 案例简介

本案例属于手写体文字识别的应用，旨在华为 Atlas 开发者套件上实现通过拍照对手写汉字进行识别的系统。该系统能够使用摄像头对写在纸上的汉字捕获视频/图像，实时检测手写文字区域并给出识别类别。该系统与用户交互的部分包括摄像头采集图像、模型推理和输出结果。其中模型推理部分采用的是深度神经网络，可分别使用 Caffe 和 MindSpore 框架训练识别模型，然后使用昇腾张量编译器(Ascend Tensor Compiler，ATC)模型转换工具转换为本案例使用的 om 模型。本案例需要识别字库中字的类别数高达 3755 类，而且模型推理的速度在整个识别流程中占重要地位，所以其速度对于用户体验至关重要。如何设计速度快、模型小、实用性强的方案变得极具挑战性。

本案例系统在华为 Atlas 开发者套件上实现了借助摄像头对手写汉字的实时检测和识别，满足了在实际场景下用摄像头进行文字拍照感知、实时检测和识别的需求。

1.2 系统总体设计

该系统通过摄像头获取视频中关键帧图像数据并作为输入，实时检测图像中红笔书写的汉字，对红色汉字实施区域标记，推理出对应的文字，并推送到浏览器上显示。

1.2.1 功能结构

手写汉字拍照识别系统可以划分为数据处理、模型构建、文字实时感知三个主要子系统，各子系统相对独立，但又存在数据关联。数据处理子系统包括数据集划分、数据集制作、字符图像预处理等；模型构建子系统包括网络定义、模型训练；文字实时感知子系统包括视频解析、文字区域检测、字符图像预处理和汉字识别与展示等核心功能。系统整体功能结构如图 1-1 所示。

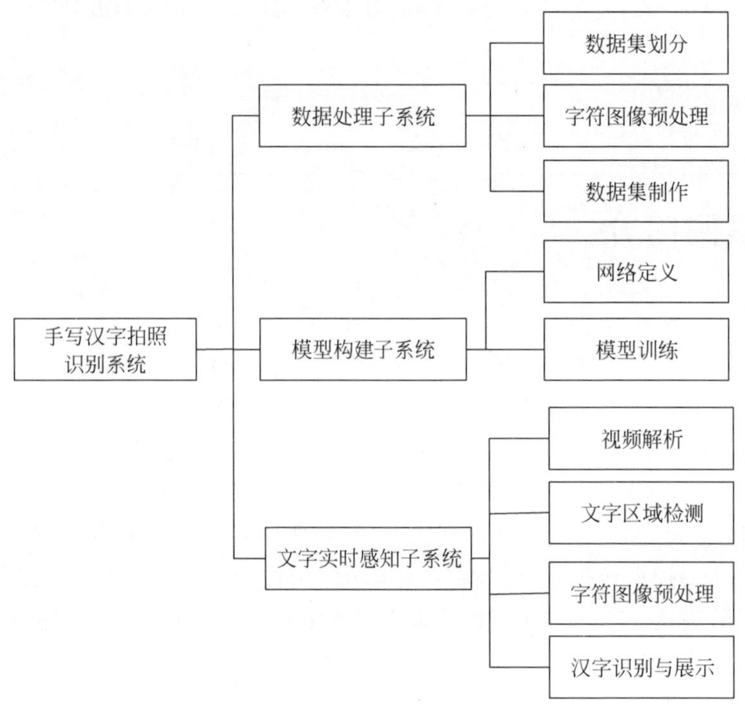

图 1-1　系统整体功能结构

1.2.2　运行流程与体系结构

按照运行流程划分，本系统分成训练阶段和推理阶段两个阶段，如图 1-2 所示。训练阶段首先解析包含 3755 个类别手写汉字的数据库，得到每一个字符图像。其次对字符图像进行必要的预处理，使字符图像变成统一大小的图片；然后可分别基于 MindSpore 和 Caffe 框架制作数据集。MindSpore 要求训练数据集为 Tfrecord 格式，Caffe 可制作高速内存映射数据库（Lightning Memory-Mapped Database，LMDB）格式的数据集，随后定义网络的结构和训练参数，这里选用 ResNet18 作为骨架网络；接着进行网络的训练，得到能够完成字符分类的模型文件；最后通过验证环节评估训练过程的质量，进行模型选择。

推理阶段主要包括 5 个步骤：①视频解析，通过摄像头获取带有手写文字的关键帧图像；②字符检测，检测字符所在的区域，得到每个候选字的图像；③图像预处理，让拍照得到的字符图像尽可能与数据库中图像保持一致；④模型推理，执行网络的前

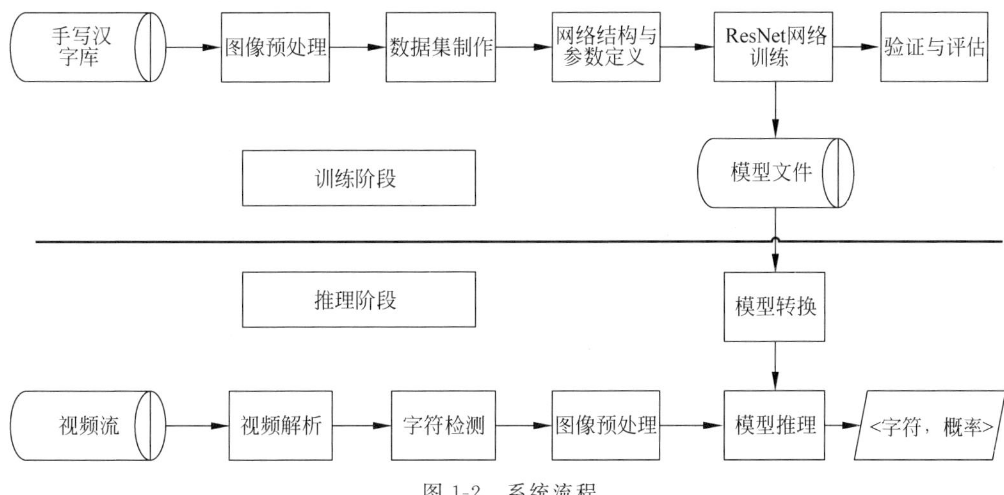

图 1-2　系统流程

向传播进行模型推理，达到分类字符图像的目的；⑤对检测与识别结果进行一些必要的处理，比如绘制字符外接框、显示文字等。另外有一个额外的可选步骤，有时要根据部署环境的情况进行模型格式的转换或加速重构，以充分利用部署环境的硬件能力。

按照体系结构划分，整个系统可以划分为 3 部分，分别为主机端的训练层、Atlas 开发者套件端的推理层及带有浏览器的客户端的展示层，如图 1-3 所示。各层侧重点各不相同。训练层运行在安装有 Caffe 框架或 MindSpore 框架的工作站或服务器上，

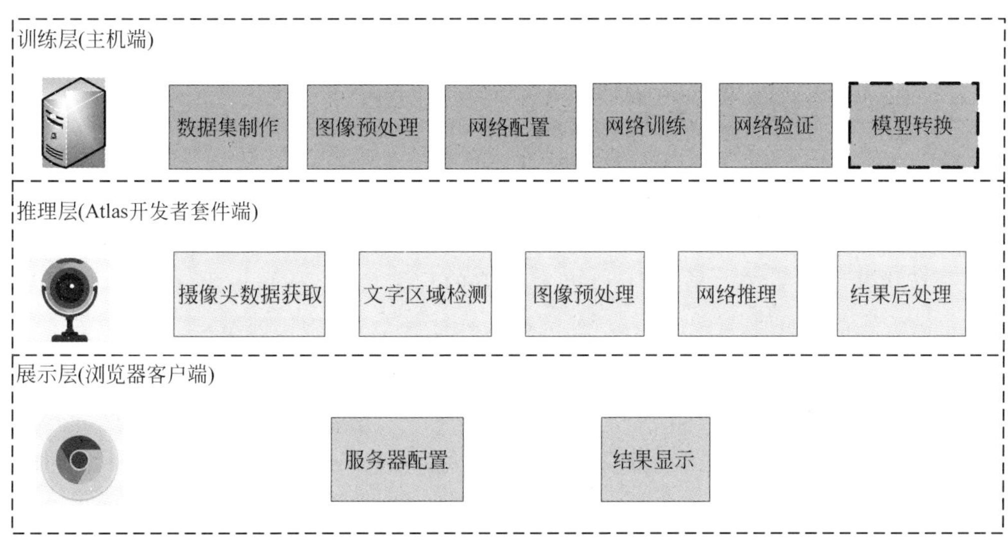

图 1-3　系统的体系结构

最好配置计算加速卡。推理层运行于 Atlas 开发者套件环境中，能够支持卷积神经网络的加速。展示层运行于带有浏览器的客户端，能够实时显示推理层的计算结果。各层之间存在单向依赖关系。推理层需要的 ResNet 网络模型由训练层提供，并根据需要进行必要的格式转换或加速重构。相应地，展示层要显示的元数据需要由推理层计算得到。

下面重点结合 Atlas 开发者套件环境剖析推理层和展示层，具体介绍如下。

(1) Atlas 开发者套件提供了一套帮助开发者轻松获取摄像头图像的 API 接口媒体库，详细的接口使用方法可参考 Media API 文档[1]。

(2) 摄像头数据获取模块与摄像头驱动进行交互，从摄像头获取 YUV420SP 格式的视频数据。

(3) 文字区域检测模块基于 OpenCV 的轮廓检测、腐蚀膨胀等方法，提取手写文字对应的图像，并在展示层显示包围文字区域的外接矩形框。

(4) 图像预处理模块，以文字区域检测模块提取的矩形框区域作为输入图像，使用 OpenCV 的方法对该图片做图像预处理，使其满足 ResNet 模型的输入要求。

(5) 网络推理模块会加载已训练好的汉字识别网络模型文件，对输入的图片做推理得到识别结果，并将图片做必要的格式转换。

(6) 结果后处理模块将接收到的图片及推理结果通过调用服务进程完成结果显示，详细使用方法可参考 AscendCL API 文档[2]。

(7) 服务进程根据接收到的推理结果，在图片上进行汉字位置、置信度以及分类结果的标记，并推送给浏览器，用户则可以实时查看视频中的手写汉字检测与识别信息。

1.3 系统设计与实现

本节详细介绍系统的设计与实现。1.3.1 节给出手写汉字数据集的制作过程；1.3.2 节讲述字符图像的预处理，涉及灰度值的均衡化、大小归一化、颜色处理等环节；1.3.3 节介绍如何基于不同深度学习框架训练一个 ResNet 模型；1.3.4 节借助华为 ATC 模型转换工具实现模型文件的格式转换；1.3.5 节则介绍如何从摄像头图像中检测文字所在区域；1.3.6 节解释如何在 Atlas 开发者套件上执行模型的推理并把识别结果保存。

1.3.1 数据集制作

本案例使用 HITHCD-2018 数据集的一个免费子数据集。HITHCD-2018 是哈尔滨工业大学收集的、用于手写汉字识别的大型数据库，有超过 5346 位书写者参与书写，是目前规模最大、汉字类别最多的数据库[3]。本案例使用子数据集，共 563250 个样本，它覆盖了 3755 个类别的国标第一级字符（GB 2312—1980 Level 1）。其中训练数据中每个字符类提供了 120 个样本，测试集每类提供 30 个样本，后者可以用于超参数验证，这些数据保存为 GNT（自定义数据格式）文件格式。

在 MindSpore 中使用 Tfrecord 格式数据集，Tfrecord 的生成方式不再赘述，具体代码可参考网址：https://github.com/HuiyanWen/mindspore_hccr/tree/master/code/data_preprocessing，操作方式及说明可查看 Readme 文件。

在 Caffe 中经常使用的高效数据类型是 LMDB，不是通常的 JPG、PNG 等格式。比起单张图片，它具有 I/O 效率高，支持多线程并发读写，节省内存，语义完全符合 ACID（Atomicity 原子性、Consistency 一致性、Isolation 隔离性、Durability 持久性）等特点。由于本项目所用 HITHCD 数据集存储格式为 GNT，需要对其进行格式转换，转换成 LMDB 库文件。GNT 文件格式如图 1-4 所示，前 4 字节是当前图片所占的字节数，紧跟的 2 字节是图片对应标签的 ASCII 编码，再往后 4 字节分别是图片的宽和高，最后是图片灰度信息，如此往复。

图 1-4 GNT 文件格式描述

生成 LMDB 库文件需要做如下准备。

（1）编译好 Caffe 并编写好 convert_imageset 程序。

（2）被转换的 GNT 文件要为如图 1-4 所示的标准格式。

（3）编写标签文件 lexicon3755.txt。

（4）用命令编辑好 shell 脚本 create-lmdb.sh。

下面依次进行说明。

该部分核心代码封装在 convert_imageset 程序中，主要实现 GNT 文件格式转换为 LMDB 格式。考虑到现有 Caffe 框架仅提供 JPG、PNG 等格式转换为 LMDB 格式，若以此制作数据，需将 GNT 文件转换为单张图片作为过渡，存储和 I/O 效率成本较高，本案例对其进行了重写，其流程图如图 1-5 所示。

具体地，主要是解析 GNT 文件，并将其转存为 LMDB 格式，供后续 Caffe 卷积神经网络训练使用。首先，载入 GNT 文件，将其保存为 char* buffer。接下来将图片名（1～563520）和 label（one-hot 编码格式）存储到 std::vector < std::pair < std::string,int >>中。进一步考虑是否需要打乱训练样本，若需要，则打乱 vector（向量）并记录每张图片所在字节位置。记录字节需新建 start 数组，维度为样本数 $n+1$，如图 1-6 所

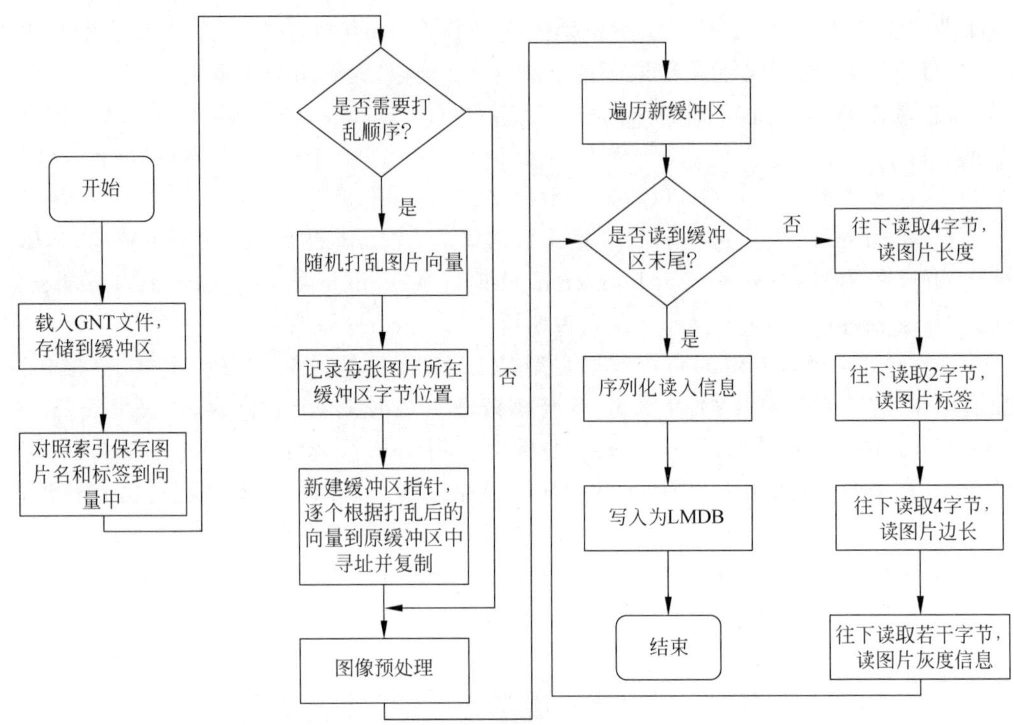

图 1-5　GNT 文件格式转换为 LMDB 格式的流程图

示，start[0]=0，start[1]=4906，start[2]=16136，start[3]=23202，…，start[n]=GNT 所占字节数。据此打乱后的 vector 顺序，再逐个到 start 数组中寻址，将原有图片信息复制到新 buffer(缓存区)指针中，如此往复，直到读到原 buffer 指针末尾。

解析完 GNT 文件后，需经过图像预处理。Atlas 开发者套件支持彩色和灰度图像的网络模型推理，这里以彩色图像处理为例，将灰度图像转换为 RGB 彩色图像存入 LMDB。随后遍历新 buffer，判断是否读到缓冲区末尾。若否，则往下读取 4 字节的图片长度(所占字节数)信息，再读取 2 字节的图片标签信息(以 ASCII 码存储)，紧接着是 4 字节的图片边长信息，最后是图片的实际内容。这样循环往复，一直读到文件末尾。读取完毕后，还需要对读入信息序列化，写入为 LMDB 格式，即完成了整个制作流程。

lexicon3755. txt 为第 0～3754 类汉字的标签，按行保存即可，如图 1-7 所示。

最后，编写脚本文件 create_lmdb. sh，用来生成 LMDB 文件 3755_train_RGB/data. mdb 和 3755_test_RGB/data. mdb，内容如程序清单 1-1 所示。其中 shuffle 用于设置是否打乱样本，默认为不打乱，resize_height 和 resize_width 设置缩放的图片的长、宽，默认保持原图大小不变，lexicon3755. txt 为字典路径，hwtrn. gnt 为输入 GNT 文件路径，. /3755_train_RGB 为输出 LMDB 路径。

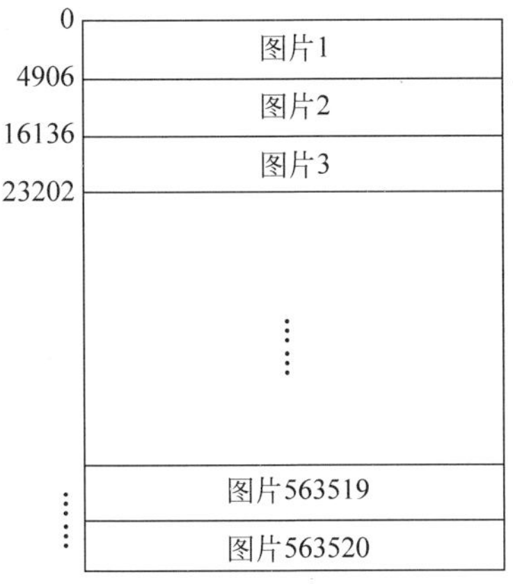

图 1-6　start 数组保存信息示意图

1 啊
2 阿
3 埃
4 挨
5 哎
6 唉
7 哀
8 皑
9 癌
10 蔼
11 矮

图 1-7　lexicon3755.txt 文件内容示意图

程序清单 1-1　create_lmdb.sh 脚本

```
#!/usr/bin/en sh
convert_imageset --shuffle=true -resize_height=112 -resize_width=112 \
lexicon3755.txt \
hwtrn.gnt \
./3755_train_RGB \
Pause
```

脚本 create_lmdb.sh 通过命令行的方式，传递参数给 convert_imageset 工具，在 convert_imageset 的源代码里有等同于程序清单 1-2 的设置。

程序清单 1-2　转换成 LMDB 格式时的传入参数

```
argv[1] = "./lexicon3755.txt";                //字典路径
argv[2] = "./hwtst.gnt";                      //GNT 路径
argv[3] = "./3755_test_RGB2/";                //输出路径
```

遍历 GNT 文件中样本时所用的主要变量定义如程序清单 1-3 所示。

程序清单 1-3　解析 GNT 文件定义的主要变量

```
FILE * fpIn;                                  //定义文件句柄
char fname[30];                               //保存 GNT 文件的名称
unsigned char * buff;                         //定义指针，记录 GNT 文件信息
long long fpLen;                              //记录 GNT 文件字节长度
long count = 0;                               //记录图片个数
std::vector<std::pair<std::string, int>> lines; /* 保存样本信息，string 用于存储图
片名，int 用于存储标签 */
```

字典的读入较简单，按行读 txt 文件即可，在此不多做说明。接着为解析 GNT 文

件做准备，进行文件句柄和文件大小的获取，如程序清单 1-4 所示。

程序清单 1-4　解析 GNT 文件定义的主要变量

```
strcpy(fname, argv[2]);                   //读入脚本文件中的 GNT 文件的路径参数
fopen_s(&fpIn, fname, "rb");              //读取 GNT 文件到 fpIn 指针
_fseeki64(fpIn, 0, SEEK_END);             //从头到末尾移动 fpIn 指针
fpLen = _ftelli64(fpIn);                  //读入指针长度
```

当 shuffle(洗牌)函数设置成 TRUE 时，样本需进行洗牌以打乱顺序。首先对之前读入的参数 lines(行)进行操作，如程序清单 1-5 所示。

程序清单 1-5　解析 GNT 文件定义的主要变量

```
if (FLAGS_shuffle == TRUE){
    shuffle(lines.begin(), lines.end());
}
```

进一步根据已知 shuffle 函数中的参数 lines，将顺序保存 GNT 信息的指针打乱，操作形式为内存复制。因此，需要知道指向每个样本起始位置的指针。为此，事先对其遍历，将样本起始位置存入 start 数组中，如图 1-6 所示。

下面，根据 start 数组和打乱后的 lines，通过读取对应文件位置的样本数据建立新缓冲区，进而实现洗牌，如程序清单 1-6 所示。

程序清单 1-6　解析 GNT 文件定义的主要变量

```
char * new_gnt = new char[fpLen];         //创建新的 buffer 指针
long long flag_len = 0;                   //记录新的 buffer 指针的位置
/ * 逐个遍历样本 * /
for (long m = 0; m < lines.size(); m++){
    string cut = lines[m].first;
    int fin = cut.find_first_of(".");
    int n = atoi(cut.substr(0, fin).c_str());
    _fseeki64(fpIn, start[n], SEEK_SET);                           //移动到该图片所在指针
    fread(new_gnt + flag_len, start[n + 1] - start[n], 1, fpIn);   //读取 1 个样本
    flag_len += start[n + 1] - start[n];
}
```

事务处理是难点之一，它的主要功能是将完成所有操作后的 buffer 指针信息存入 LMDB 中，需要写入图片和标签(label)信息。程序清单 1-7 是该部分的主要操作。

程序清单 1-7　解析 GNT 文件定义的主要变量

```
scoped_ptr<db::DB> db(db::GetDB("lmdb"));     //创建新的数据库
db->Open(argv[3], db::NEW);                   //导入输出路径
scoped_ptr<db::Transaction> txn(db->NewTransaction());
```

```
long long pos_ptr = 0;                         //记录指针位置
Datum datum;                          //定义 Datum(Caffe 自带的一种存数据的结构)
/* 序列化输出信息,并保存到 LevelDB */
string out;
CHECK(datum.SerializeToString(&out));
string key_str = caffe::format_int(count, 8) + "_" + lines[count].first;
txn->Put(key_str, out);
/* 每 10000 个样本序列化写入一次 */
if (++count % 10000 == 0) {
    /* 提交到数据库 */
    txn->Commit();
    txn.reset(db->NewTransaction());
    cout << "Processed " << count << " files." << endl;;
    }
    delete buff;
}
/* 写入事务 */
if (count % 10000 != 0)
{
    txn->Commit();
    cout << "Processed " << count << " files.";
}
```

1.3.2 字符图像预处理

图像的亮度、对比度等属性对识别的影响很大,书写的同一个汉字在不同环境下也有不同。然而,在识别问题时,这些因素不应该影响最后的识别结果。为了尽可能减少无关因素的影响,需要对原始数据进行预处理和增强,提高网络的泛化能力。数据增强流程如图 1-8 所示。

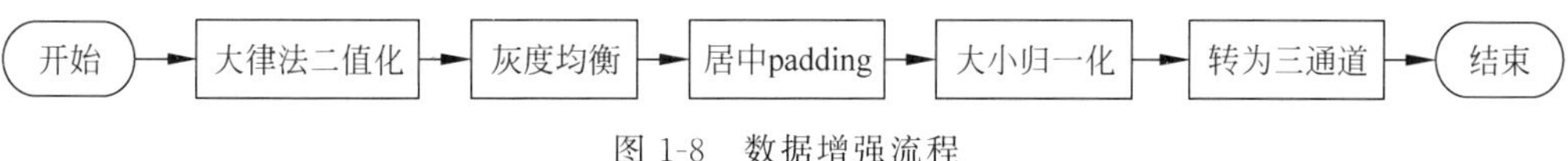

图 1-8 数据增强流程

大律法二值化主要是利用最大类间方差,将图片分为前景和背景两部分。本项目中,它的目的是保持手写汉字灰度不变,将背景统一为纯白底色,增加识别的鲁棒性。调用 threshold(img, img, 0, 255, THRESH_TOZERO | THRESH_OTSU)函数,可实现项目需求,其效果如图 1-9 所示。

进行灰度均衡是为了尽可能使训练样本汉字灰度值相近,提高识别的准确率[4]。对于给定的像素值为 0~255 的汉字样本,首先进行灰度均值计算,若大于 110,即样本图片更接近白色、笔画颜色偏浅,则对其进行笔画增粗、增黑处理,其前后效果如图 1-10 所示。

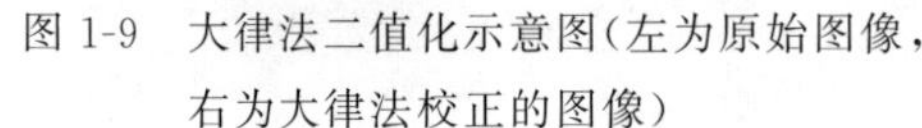

图 1-9　大律法二值化示意图(左为原始图像，右为大律法校正的图像)

图 1-10　灰度均衡效果图(左为原始图像，右为灰度均衡校正的图像)

对于给定的 ResNet 网络，训练的样本需为统一尺寸。因此，在预处理过程中，还需要对汉字图像进行居中填充(padding)和大小归一化。该部分的主要步骤如下。

(1) 根据长宽比，将汉字缩放(resize)到尽可能接近目标的尺寸。

(2) 采用邻接线性插值法，将样本图像填充(padding)为正方形。

如图 1-11 所示的"知"字，将原有 68×72 大小的汉字处理为 112×112 大小的标准图片，并采用 cvtColor(img, img, COLOR_GRAY2BGR)函数将其转换为三通道，完成了整个预处理流程。

图 1-11　居中填充(padding)及归一化示意图(左为原始图像，右为预处理后的标准图像)

字符图像的预处理操作，包括大律法二值化、灰度均衡、居中填充(padding)、大小归一化、通道转换等。具体代码可参考本书配套项目代码中 object_detect.cpp 文件中的 Preprocess 函数。

1.3.3　模型训练

文字识别部分采用定制版 ResNet 来完成模型的学习与推理，它们用来对检测出的文字进行分类。ResNet 的网络结构在 ResNet-50 的基础上进行了简化，共有 18 层。网络中间层配置及 Caffe 的完整脚本文件 resnet18.prototxt 另见项目文件。

MindSpore 训练直接运行 Python 文件即可，这里对 Caffe 训练举例说明，在命令行里启动 Caffe 训练程序开始训练，如程序清单 1-8 所示。

程序清单 1-8　启动训练程序进行模型训练

```
caffe-master\Build\x64\Release\caffe.exe train --solver=solver2.prototxt
pause
```

训练过程如图 1-12 所示。

```
I0914 00:05:07.636617  4296 caffe.cpp:218] Using GPUs 0
I0914 00:05:07.933951  4296 caffe.cpp:223] GPU 0: GeForce GTX 980
I0914 00:05:08.462544  4296 common.cpp:36] System entropy source not available,
I0914 00:05:08.462544  4296 solver.cpp:48] Initializing solver from parameters:
test_iter: 1126
test_interval: 7040
base_lr: 0.001
display: 100
max_iter: 352000
lr_policy: "step"
gamma: 0.9
momentum: 0.9
stepsize: 7040
snapshot: 7040
snapshot_prefix: "models3755/resnet_gemfield_cls3755_RGB_adam_2"
solver_mode: GPU
device_id: 0
net: "resnet18.prototxt"
train_state {
  level: 0
  stage: ""
}
momentum2: 0.999
type: "Adam"
```

图 1-12　训练过程展示

测试集验证情况如图 1-13 所示。

```
I0914 18:44:24.234928  4296 solver.cpp:228] Iteration 274400, loss = 2.4773e-007
I0914 18:44:24.234928  4296 solver.cpp:244]     Train net output #0: loss = 1.86265e-009 (* 1 = 1.86265e-009 loss)
I0914 18:44:24.234928  4296 sgd_solver.cpp:106] Iteration 274400, lr = 1.8248e-005
I0914 18:44:47.341874  4296 solver.cpp:228] Iteration 274500, loss = 2.45867e-007
I0914 18:44:47.341874  4296 solver.cpp:244]     Train net output #0: loss = 0 (* 1 = 0 loss)
I0914 18:44:47.341874  4296 sgd_solver.cpp:106] Iteration 274500, lr = 1.8248e-005
I0914 18:45:01.089313  4296 solver.cpp:454] Snapshotting to binary proto file models3755/resnet_gemfield_cls3755_R
I0914 18:45:01.911237  4296 sgd_solver.cpp:273] Snapshotting solver state to binary proto file models3755/resnet_g
I0914 18:45:02.427815  4296 solver.cpp:337] Iteration 274560, Testing net (#0)
I0914 18:46:22.908192  4296 solver.cpp:404]     Test net output #0: acc/top-1 = 0.955247
I0914 18:46:22.908192  4296 solver.cpp:404]     Test net output #1: acc/top-5 = 0.990821
I0914 18:46:22.908192  4296 solver.cpp:404]     Test net output #2: loss = 0.476649 (* 1 = 0.476649 loss)
```

图 1-13　测试集 top-1& top-5 展示

网络每隔 7040 步(step)会保存一次模型文件,最终训练出的部分文件如图 1-14 所示。

```
resnet_gemfield_cls3755_RGB_adam_2_iter_337920.caffemodel
resnet_gemfield_cls3755_RGB_adam_2_iter_337920.solverstate
resnet_gemfield_cls3755_RGB_adam_2_iter_344960.caffemodel
resnet_gemfield_cls3755_RGB_adam_2_iter_344960.solverstate
resnet_gemfield_cls3755_RGB_adam_2_iter_352000.caffemodel
resnet_gemfield_cls3755_RGB_adam_2_iter_352000.solverstate
```

图 1-14　网络模型展示

1.3.4 模型转换

要将训练好的 Caffe 模型应用到 Atlas 开发者套件上，首先要将其转换为昇腾处理器（这里以昇腾 310 为例）支持的离线模型，这里使用 ATC 模型转换工具进行模型转换，MindSpore 模型转换命令如程序清单 1-9 所示，Caffe 模型转换命令如程序清单 1-10 所示，命令解释请参考 ATC 模型转换工具说明。推理过程的批次大小（Batch Size）需要设为 1，图像的宽、高和通道数不变，因此输入节点 N、C、H、W 分别为 1、3、112、112。为了使输入图像的格式符合模型输入要求，还需在模型转换中设置图像预处理的参数，其中输入图像的格式（Input Image Format）需调整为 RGB888_U8，输入图像的分辨率（Input Image Resolution）为 112×112，转换之后的模型为.om 文件，将其添加入工程中。

程序清单 1-9　MindSpore 模型转换

```
/home/ascend/Ascend/ascend-toolkit/20.0.RC1/atc/bin/atc
--output_type=FP32
--input_shape="input:1,1,112,112"
--disable_reuse_memory=1
--input_format=NCHW
--output="/home/ascend/modelzoo/geirresnet5/device/resnet"
--soc_version=Ascend310
--framework=1
--save_original_model=true
--model="/home/ascend/model_convert/onechannel_softmax/resnet_gray_softmax.pb"
```

程序清单 1-10　Caffe 模型转换

```
/home/ascend/Ascend/ascend-toolkit/20.0.RC1/atc/bin/atc
--output_type=FP32
--input_shape="data:1,3,112,112"
--weight="/home/ascend/3755caffe/resnet.caffemodel"
--input_format=NCHW
--output="/home/ascend/modelzoo/resnet/device/resnet"
--soc_version=Ascend310
--framework=0
--save_original_model=false
--model="/home/ascend/3755caffe/resnet.prototxt"
```

1.3.5 文字区域提取

针对 onCameraFrame 里的内容进行单字检测，整个过程如图 1-15 所示，关键步骤的效果如图 1-16 所示。首先考虑到摄像头中真实场景的复杂背景信息，以及 OpenCV

有限的区域提取能力，固定手写汉字颜色为红色，以简化轮廓提取难度。因为红色在RGB 颜色空间是不连续的，将图片转为 HSV 颜色空间进行颜色过滤操作。以下分段讲述具体操作。

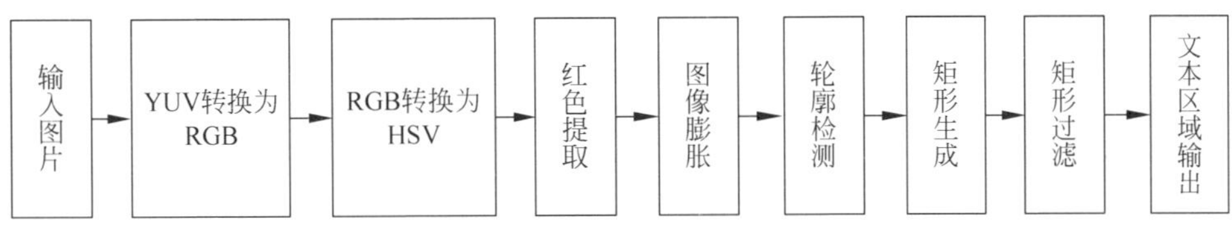

图 1-15　文字检测流程

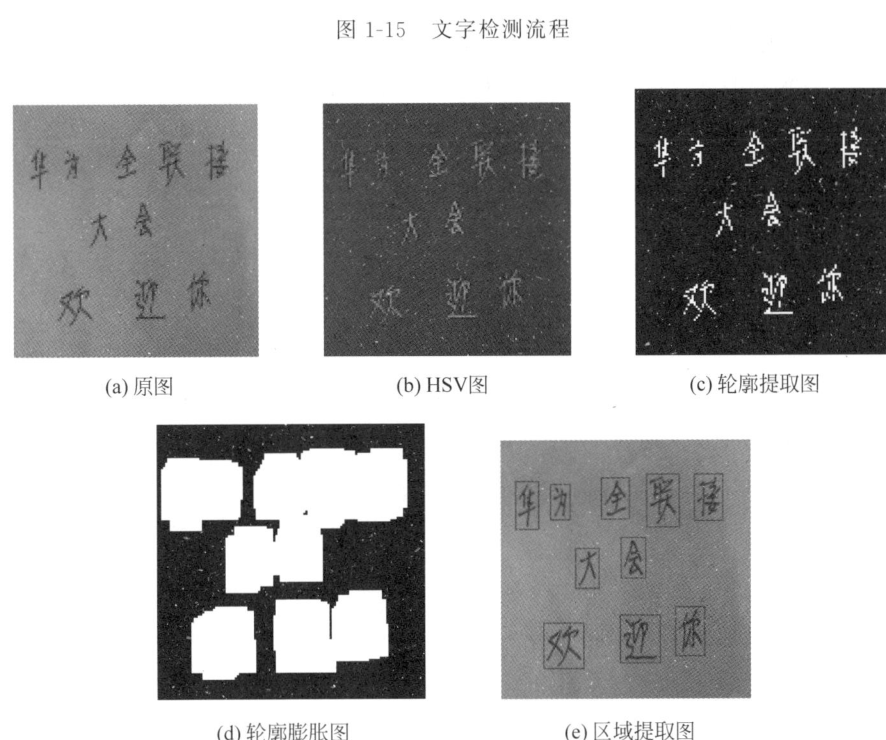

图 1-16　单字检测关键过程的示意图

首先接收摄像头发送的格式为 YUV420SP 的图片，将该图片转换为 RGB 格式，转换后如图 1-16(a)所示。该阶段输出为 RGB 格式的 Mat 图像矩阵 dst_temp，格式为 CV_8UC1(指图像文件格式使用的是 8 位无符号数，最后的参数 1 表示通道数)。在进行图像处理时，需要把图像转换成浮点数格式 CV_32FC3。

接下来，由于 RGB 颜色空间不连续，而本案例要设置阈值提取图像中的红色轮廓，所以将该 RGB 图像转换成 HSV 颜色空间。在 HSV 空间中，红色的 H(色调)范围为(0,10)和(156,180)，S(饱和度)范围为(43,255)，V(亮度)范围为(46,255)，这里使用 H(170,180)，S(100,255)，V(100,255)范围作为颜色阈值对图像进行颜色提取，结果如图 1-16(b)和图 1-16(c)所示。

随后使用 OpenCV 的膨胀方法对提取的文本区域进行膨胀处理,以便于更明显地区分文本区域和背景,得到的结果如图 1-16(d)所示。

接下来在膨胀后的图像上提取轮廓,并针对该轮廓求最小水平矩形。考虑到存在可能的误差区域以及一个字分成多个区域,这里使用轮廓间的相对距离(即轮廓间距离/图像对角线距离)进行是否属于同一区域的判断。具体做法是设定距离阈值,计算两两轮廓间距离除以图像对角线距离得到的相对距离,该距离小于距离阈值时,则属于同一区域,该距离大于等于距离阈值时,则属于不同区域。

由以上代码得到多个文本区域的轮廓集合,使用交并集算法进行区域合并。然后设定面积阈值,计算合并后的每个水平矩形的面积,并除以图像面积得到相对面积,当相对面积在距离阈值区间时,判定为文字区域,否则舍弃,最后返回标定的文字区域坐标范围。提取的区域如图 1-16(e)所示。

详细代码位于项目代码的 object_detecy. cpp 文件中,其中的 object 函数即为文字区域提取函数。

1.3.6 模型推理

模型部署模块数据结构设计参考了人脸检测的数据类型,汉字识别在其基础上添加了如程序清单 1-11 所示的数据类型。

程序清单 1-11　模型推理时的重要数据结构

```
// 每个汉字的矩形框
struct myoutput
{
    string name;
    int lx;
    int ly;
    int rx;
    int ry;
};    // 每张图片的检测与识别结果
struct ImageResults{
    int num;
    std::vector < myoutput > output_datas;
};
```

在推理时首先读取摄像头数据,然后对每帧图像做文字区域提取,对提取出的单一手写汉字区域逐一进行图像预处理,然后传输给识别模型做分类,分类结果是 3755 类汉字的可能性,取概率最大的汉字作为预测结果,将预测结果与概率传输到浏览器端绘制展示。详细流程可参考项目代码 object_detect. cpp 文件中的 Inference 函数和 Postprocess 函数。

1.4 系统部署

本案例系统最终运行在 Atlas 开发者套件上。根据手写汉字检测与识别的需求，设计成摄像头模块（代码中为 CreateImageInfoBuffer 函数）、推理模块（代码中由 Object、Preprocess、Inference 等函数构成）、后处理模块（代码中主要是 Postprocess 函数）三个模块。这三个模块部署流程如图 1-17 所示。详细说明如下。

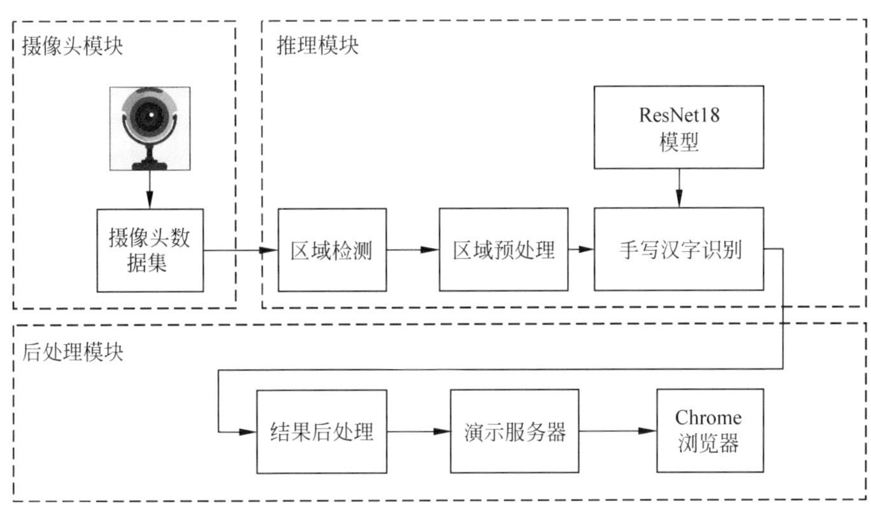

图 1-17 部署流程

(1) 摄像头模块与摄像头驱动进行交互，设置摄像头的帧率、图像分辨率、图像格式等相关参数，从摄像头中获取 YUV420SP 格式的视频数据，每一帧传给推理模块进行计算。以此工程为例，其中图像分辨率取 1280×720 像素，摄像头图像格式为默认的 YUV420SP。

(2) 推理模块接收摄像头数据，对 YUV420SP 格式的每帧图像进行以下两方面的处理：一方面将其转换为 RGB 格式的图像，使用 OpenCV 对图像进行处理，检测出汉字的矩形框集合，接下来依次对每个汉字子图像通过模型进行推理，得到输出向量的结果集合；另一方面还需将每帧图像转换为 JPG 格式，以便于查看摄像头图像。将 JPG 格式的每帧图像集合和每帧识别结果集合作为输入传给后处理模块。

(3) 后处理模块接收上一个模块的推理结果与摄像头 JPG 图像，将矩形框集合添加到展示器服务端（Presenter Server）记录检测目标位置信息的数据结构 DetectionResult

中,作为摄像头图像的检测结果,通过调用展示器代理(Presenter Agent)的API发送到UI Host上部署的Presenter Server服务进程。Presenter Server根据接收到的推理结果求出汉字最大预测概率值所对应的索引,在索引表中查找对应汉字,在JPG图像上进行汉字矩形框位置及汉字识别结果的标记,并将图像信息发送给浏览器界面(Web UI)。

(4) 索引表为一个记录汉字与其对应索引值的表,为txt文件,在Ubuntu系统下以UTF-8的格式存储,其中每一行对应一个汉字。

1.5 运行结果

首先在HITHCD-2018数据子集上实验。图1-18是ResNet在3755类手写汉字数据下的训练过程和验证过程的性能曲线。表1-1为ResNet网络训练3755类手写汉字的关键网络参数和测试结果。

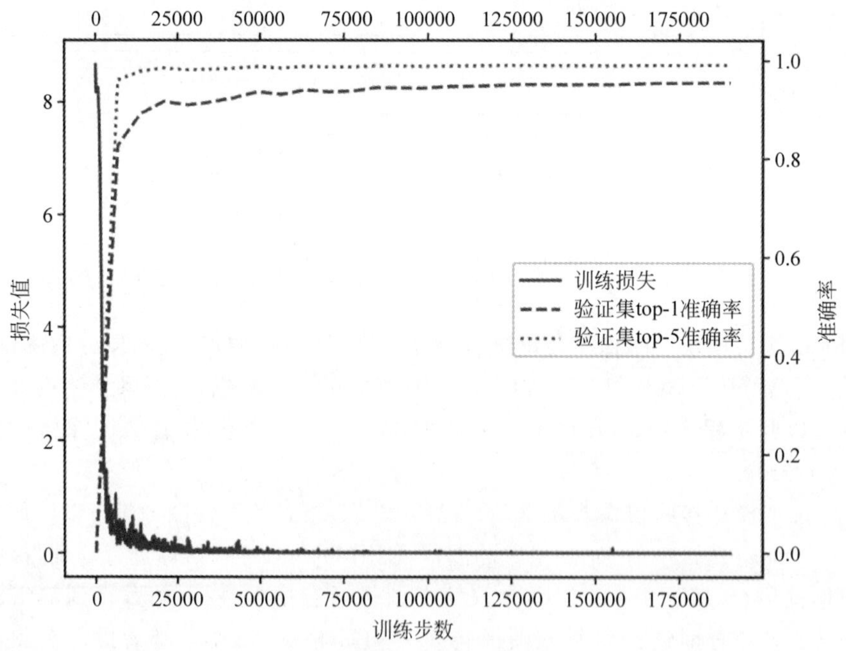

图1-18 ResNet在3755类手写汉字识别任务下的性能曲线

表 1-1　ResNet 网络在 3755 类手写汉字识别任务中的网络参数和测试结果

参　数	值	参　数	值
image_size	112×112×3	stepsize	7040
decay_steps	7040	epoch	50
eval_steps	7040	batch_size	64
learning_rate	1e-3	solver type	Adam
lr_policy	step	Top-1 accuracy	95.5247%
gamma	0.9	Top-5 accuracy	99.0821%

然后针对拍照识别的两种实际场景进行测试。第 1 种场景的布局如图 1-19(a)所示，第 2 种场景的布局如图 1-19(b)所示。第 1 种场景多见于感知外界已有(已经张贴好的)手写文字，第 2 种场景可以用于实时书写识别的场合。

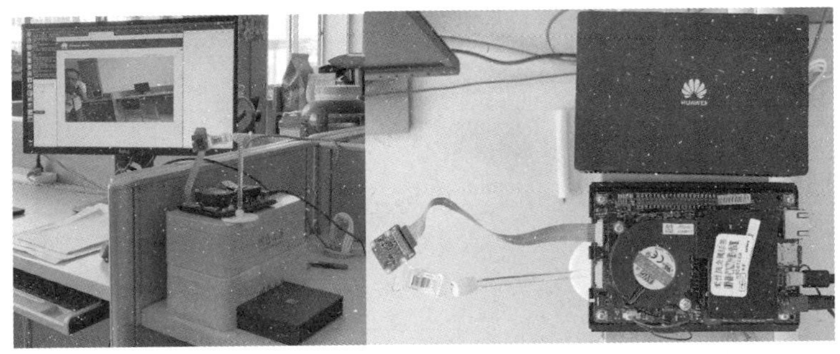

(a) 场景1：摄像头的平视布局　　(b) 场景2：摄像头的俯视布局

图 1-19　摄像头的两种布局

测试了两种场景，给出典型的效果图。对于场景 1 的识别效果如图 1-20 所示，对于场景 2 样例的识别效果如图 1-21 所示。

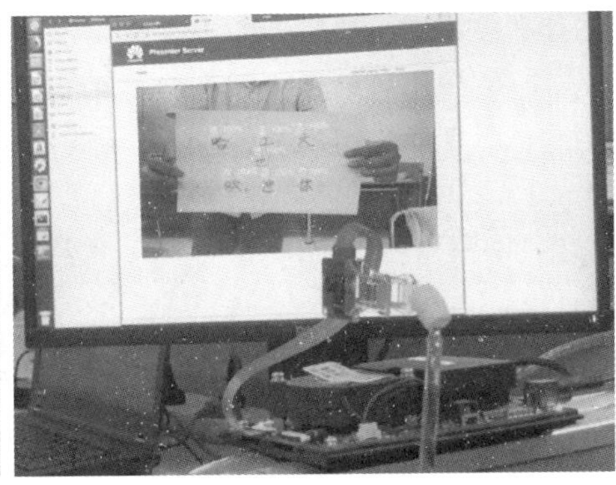

图 1-20　场景 1 效果：通过摄像头感知拿在手中的手写文字

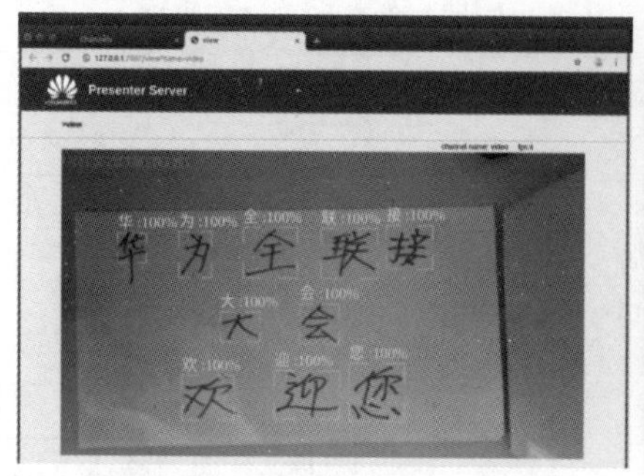

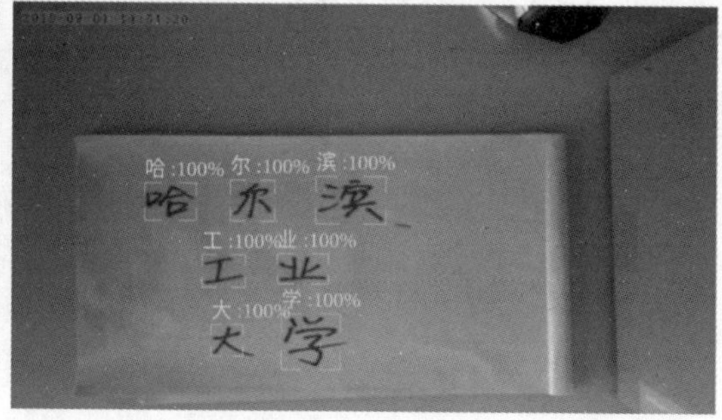

图 1-21　场景 2 效果：通过摄像头感知书桌上正在书写的文字

最后，测算了系统的主要时间消耗情况。一帧图片的整图字符检测时间约为 60ms，识别阶段每个字的平均识别时间约为 3ms。在光线稳定的情况下，单字识别准确率为 90%以上。

1.6 本章小结

本章提供了一个基于华为 Atlas 开发者套件的手写汉字检测与识别案例，演示了如何利用摄像头的潜在能力实现手写汉字的检测与识别功能。本案例能够对写在纸上的多个汉字使用摄像头捕获图像，然后实时检测手写文字区域并给出识别结果。本案例能够识别的汉字类别数高达 3755 类，是典型的基于深度学习的大类别推理任务。

本章对案例系统做了详尽的剖析，阐明了整个系统的功能结构和流程设计，详细解释了如何解析数据、构建深度学习模型、开发文字检测算法、移植模型到 Atlas 开发者套件端等内容。部署后的系统在两种典型的拍照识别场景下予以测试，结果表明案例系统具有较快的推理速度和较好的识别性能。读者可以在本案例系统的基础上开发更有针对性的应用系统。

第 2 章

人类蛋白质图谱分类

2.1 案例简介

对人类蛋白质进行可视化成像是生物医学研究的常用手段，这些蛋白质可能是下一个医学突破的关键。然而，随着显微镜技术的发展，这些图像的生成速度远远超过了手动评估的速度。因此，开发如图 2-1 所示的能够自动化分类人类蛋白质图谱的工具，用以加深对人类细胞和疾病的理解，是一个极其迫切的需求。

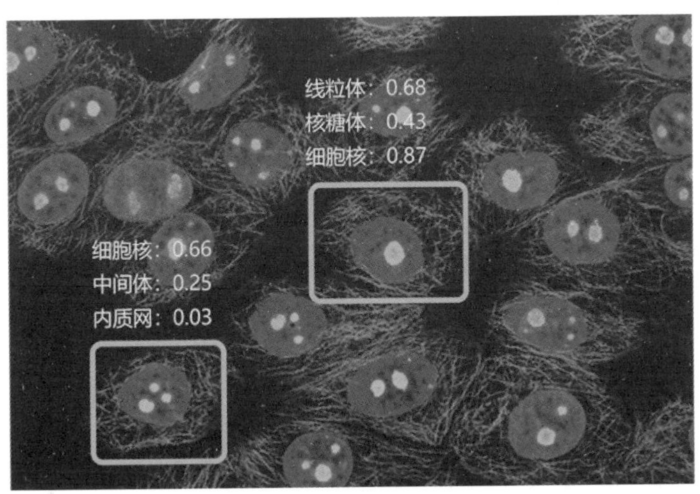

图 2-1　对蛋白质图像进行自动化的分类评估

本案例是对蛋白质图谱进行自动化分类评估的应用，旨在通过深度学习工具，对人类蛋白质荧光显微图片中的细胞器进行精准识别。本案例进一步将训练好的模型移植到华为 Atlas 推理卡上，对未标注的蛋白质荧光显微图片进行亚细胞位置的预测，以拓展昇腾处理器在生物领域的应用。

本案例完成的系统在华为 Atlas 推理卡上实现了对输入的任意人类蛋白质图谱进行多元分类预测，同时将预测结果可视化，并保存可视化的结果，满足了对生物医学图像进行自动化分析和标注的需求,具有很大的便捷性和应用场景。

2.2 系统总体设计

该系统使用深度学习框架 Caffe 来训练模型,然后再在 Atlas 推理卡环境上将训练好的 Caffe 模型转换成 Atlas 推理卡需要的 om 模型,之后将转换的模型和待推理的测试图片一同导入 Atlas 推理卡环境中,使用 Atlas 推理卡环境进行模型的推理及可视化结果预测。

2.2.1 功能结构

整个系统可以划分为数据处理、模型构建和用户交互三个主要子系统。各个子系统相互关联,其中数据处理子系统包括数据集收集、数据集筛选以及数据集候选区域提取。模型构建子系统包括使用提取的特征进行网络定义、模型训练和模型推理。用户交互子系统包括图像选择、启动预测模型和预测结果展示。系统整体功能结构如图 2-2 所示。

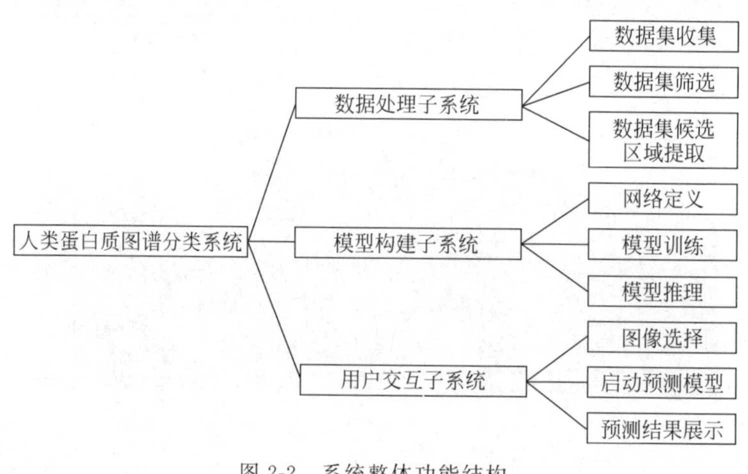

图 2-2　系统整体功能结构

2.2.2 体系结构

按照运行流程划分,系统分成两个阶段,分别是训练阶段和推理阶段。训练阶段在人类蛋白质图谱数据库(Human Protein Atlas)上使用 Caffe 的 ResNet18 模型[5]进行训练。推理阶段包括图形用户界面(GUI)工具开发,使用可视化 GUI 工具导入蛋白质图片、模型转换、导入模型、模型推理、预测结果展示等步骤,具体流程参照图 2-3。

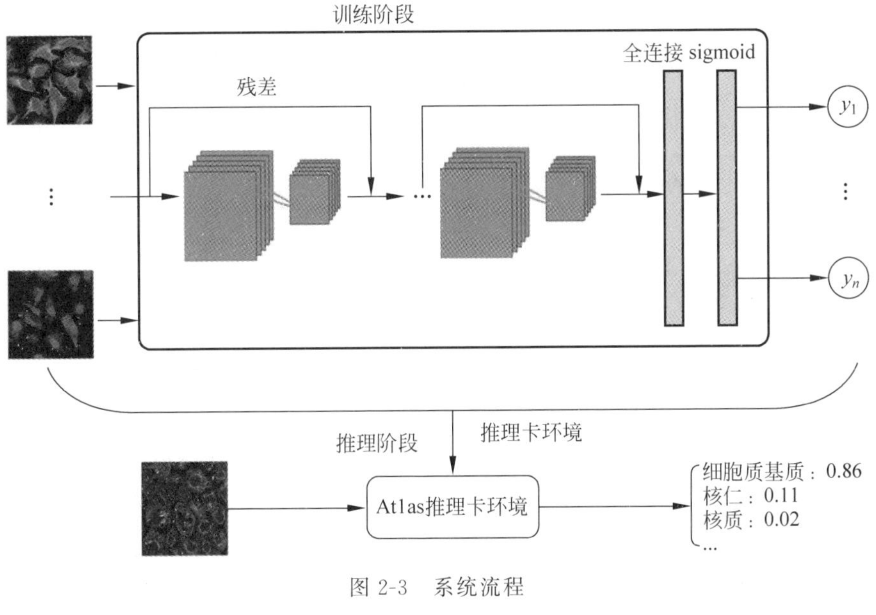

图 2-3　系统流程

2.3　系统设计与实现

本节将详细介绍系统的设计与实现。2.3.1 节给出人类蛋白质图谱数据集的下载与筛选等预处理过程。2.3.2 节介绍对下载的数据进行挑选和截取有效区域部分的过程；2.3.3 节介绍最终使用的数据集的制作过程,数据的存储采用 Caffe 框架支持的 LMDB 文件格式；2.3.4 节介绍如何基于 Caffe 框架训练一个 ResNet 模型；2.3.5 节则介绍如何进行模型的测试,以及相应测试结果的展示。

2.3.1　数据集的下载与筛选

本案例所使用的图像数据来自人类蛋白质图谱数据库[6,7],目的是利用各种组学技术(包括抗体成像、质谱分析、蛋白质组学等)绘制所有人类蛋白质核中的表达和空间分布图。该数据库可免费使用,有助于加速生命科学研究和药物发现。该数据库收集了主要的蛋白质图谱数据,将其划分为 10 个类别,分别表示不同的细胞器标签。

在收集到人类蛋白质图谱数据库之后，对得到的数据进行一轮简单的筛选。由于数据是使用网络爬虫从网站上爬取下来的，因而数据集的质量良莠不齐，甚至一些图片并没有下载完整。因而对下载之后的图片数据进行一轮筛选，剔除掉那些下载不完全、图片模糊、图片对比度低、图片分辨率低的数据，提高数据的整体质量。

2.3.2 选择性搜索算法

在完成了第一轮的数据筛选之后，得到了一批相对精良的数据。样例数据图片如图 2-4 所示。

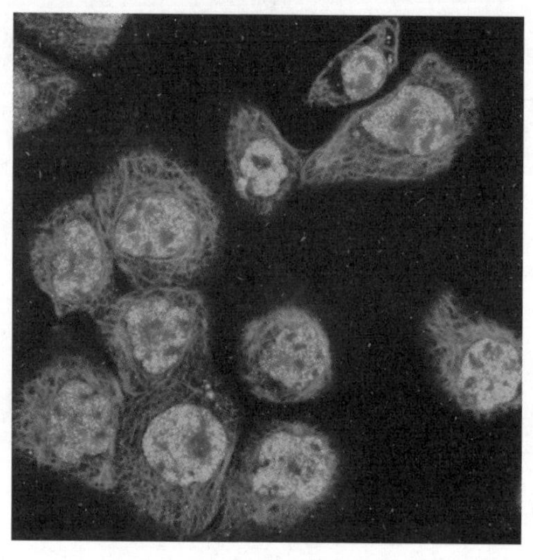

图 2-4 挑选之后的图谱图片

以图 2-4 为例，其中每张图片都是 2048×2048 尺寸的人类蛋白质细胞图片。图片中包含了众多的细胞器，如果直接将这样的图片输入网络模型进行训练，将会给网络训练带来极大的负担。同时，为了提高网络模型的泛化能力，本案例在上一轮完成数据筛选的基础上，对筛选之后的数据执行了选择性搜索算法[8-10]。

选择性搜索算法的总体思路是：假设现在图像上有 n 个预分割的区域，表示为 $R=\{R_1, R_2, \cdots, R_n\}$，计算每个区域与它相邻区域（注意是相邻的区域）的相似度，这样会得到一个 $n\times n$ 的相似度矩阵（同一个区域之间和一个区域与不相邻区域之间的相似度可设为 NaN）。从矩阵中找出最大相似度值对应的两个区域，将这两个区域合二为一，这时图像上还剩下 $n-1$ 个区域；重复以上过程（只需要计算新的区域与它相邻区域的新相似度，其他的不用重复计算），重复一次，区域的总数目就少 1，直到所有的区域都合并成一个区域（即此过程进行了 $n-1$ 次，区域总数目最后变成了 1）。算法的设计如算法 2-1 所示。

算法 2-1 选择性搜索算法

输入：待抽取目标定位的图像

输出：目标定位 L 区域的集合

使用文献[10]的方法得到初始区域 $R=\{r_1, \cdots, r_n\}$

初始化相似度集合 $S=\varnothing$

For each 相邻的区域对(r_i, r_j) **do**

```
        计算(r_i,r_j)的相似度 s(r_i,r_j)
        S = S∪s(r_i,r_j)
    End
    While S≠∅ do
        得到最高的相似度值: s(r_i,r_j) = max(S)
        对相应区域进行合并: r_t = r_i∪r_j
        从 S 里面移除所有关于区域 r_i 的相似度: S = S\s(r_i,r_*)
        从 S 里面移除所有关于区域 r_j 的相似度: S = S\s(r_j,r_*)
        计算 r_t 与它相邻区域的相似度,得到相似度集 S_t
        更新相似度集: S = S∪S_t
        更新区域集: R = R∪r_t
    End
    从所有的区域 R 中抽取目标定位区域: L
```

在相似度计算上，选择性搜索算法主要是通过区域之间在颜色、纹理、大小和形状交叠 4 方面的加权和进行衡量的。

为了计算颜色相似度，将色彩空间转换为 HSV，每个通道以 bins＝25 计算直方图，这样每个区域的颜色直方图有 25×3＝75 个区间。对直方图除以区域尺寸做归一化后使用式(2-1)计算颜色相似度(Colour Similarity)：

$$s_{\text{colour}}(r_i,r_j)=\sum_{k=1}^{n}\min(c_i^k,c_j^k) \tag{2-1}$$

其中，r_i 代表第 i 个区域，c_i^k 表示对应第 i 个区域颜色直方图第 k 个 bin 的取值。

为计算纹理相似度，采用方差为 1 的高斯分布在 8 个方向做梯度统计，然后将统计结果(尺寸与区域大小一致)以 bins＝10 计算直方图，直方图区间数为 8×3×10＝240(使用 RGB 色彩空间)。纹理相似度(Texture Similarity)的计算公式为

$$s_{\text{texture}}(r_i,r_j)=\sum_{k=1}^{n}\min(t_i^k,t_j^k) \tag{2-2}$$

其中，t_i^k 表示对应第 i 个区域纹理直方图第 k 个 bin 的取值。

尺寸相似度(Size Similarity)的计算公式为

$$s_{\text{size}}(r_i,r_j)=1-\text{frac}\{\text{size}(r_i)+\text{size}(r_j)\}\{\text{size}(\text{im})\} \tag{2-3}$$

交叠相似度(Shape Compatibility Measure)的计算公式为

$$s_{\text{fill}}(r_i,r_j)=1-\frac{\text{size}(\text{BB}_{ij})-\text{size}(r_i)-\text{size}(r_j)}{\text{size}(\text{im})} \tag{2-4}$$

其中，size(im)表示图像包含的像素数；size(BB_{ij})表示包含第 i 区域和第 j 区域的外接框。

使用以上算法和相似度计算公式，通过不断的迭代，区域合并效果如图 2-5 所示。

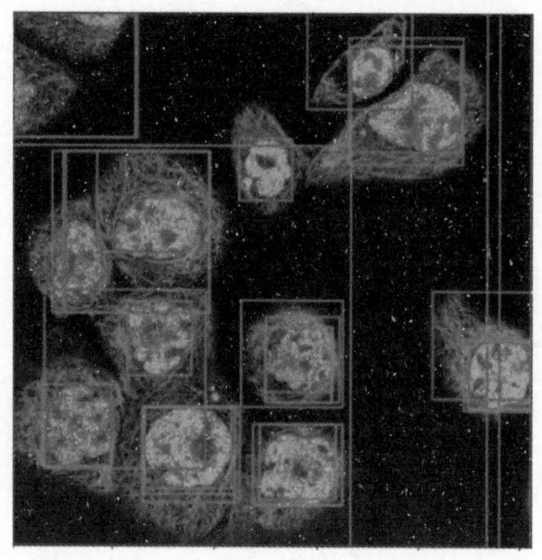

图 2-5　选择性搜索算法搜索的候选框

2.3.3　数据集的制作

使用 2.3.2 节选择性搜索算法之后，在一个蛋白质图像上框选出众多的候选区域。然后对这些候选区域进行截取，获得较小规模的蛋白质图像，如图 2-6 所示，这些较小规模的蛋白质图像包含单个细胞器，便于模型进行精准训练与推理。

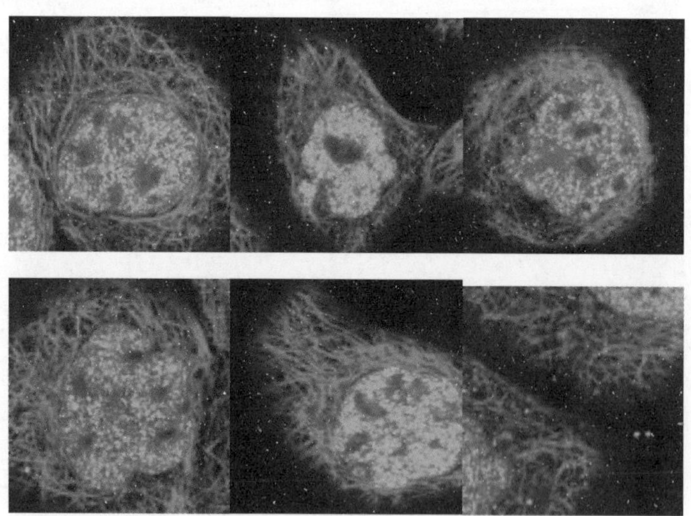

图 2-6　较小规模的蛋白质图像

在 Caffe 框架中经常使用的数据类型是 LMDB，由于人类蛋白质图谱数据集存储格式为 JPG，需要对其进行格式转换，得到 LMDB 格式的文件。

生成 LMDB 格式的数据，需要做如下准备：①编译好 Caffe 并编写好 convert_imageset 程序；②准备好需要进行转换的图片数据，将其统一放置到文件夹中；③编写好每张图片对应的标签文件，如 train.txt，在该文件中，每行记录代表一个样本，每行记录分别包含图片名称和相应标签；④编辑 shell 脚本文件 create-lmdb.sh；⑤加快模型的训练以及归一化输入数据，对图片数据进行去均值的预处理（这一步在 convert_imageset 方法中可以通过提供均值数据来完成，因此需要先制备均值数据）。

制备均值数据的脚本代码可查看 create_train_val_mean.sh 文件。

在获得均值文件之后，就可以开始制作 LMDB 格式的数据集了，制作数据集的脚本文件为 create_train_val_lmbd.sh，详情可查看脚本文件代码。

2.3.4 模型训练

本案例在搭建网络模型时，采用的是基于 Caffe 框架的 ResNet18 模型，使用该模型对输入的蛋白质图片数据进行特征的提取。在众多的 ResNet 网络结构中，选择的是 ResNet18，主要原因是 ResNet18 的网络规模较小，容易进行训练和微调。

Caffe 的网络定义主要在 *.prototxt 文件中完成。在设计时，在 ResNet18 的基础上做了些许的修改，以便搭建起适合于本项目的网络架构。具体而言，将 ResNet18 的最后一层的全连接层去掉，替换为一个新的未训练的全连接层，该全连接层的输出为 10 个单元，对应 10 个细胞器标签的分类。其中，对 train.prototxt 做的主要修改是将 ResNet18 的最后一层替换为 10 个分类的输出。

在使用 Caffe 训练模型时，还需要 solve.prototxt 文件来设置训练模型相关的细节，比如批次大小（Batch Size）、学习率、模型保存位置等相关参数。本章具体使用的 solver.prototxt 文件的内容详情可查看项目的 solver.prototxt 文件。

最终训练生成的网络模型如图 2-7 所示。

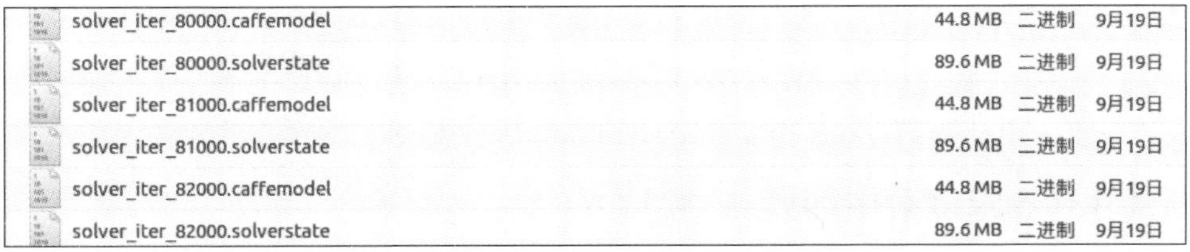

solver_iter_80000.caffemodel	44.8 MB	二进制	9月19日
solver_iter_80000.solverstate	89.6 MB	二进制	9月19日
solver_iter_81000.caffemodel	44.8 MB	二进制	9月19日
solver_iter_81000.solverstate	89.6 MB	二进制	9月19日
solver_iter_82000.caffemodel	44.8 MB	二进制	9月19日
solver_iter_82000.solverstate	89.6 MB	二进制	9月19日

图 2-7　网络模型展示

2.3.5 模型推理

2.3.4 节已完成了模型训练，本节将使用测试集数据对模型的性能进行测试。测试时和训练时一样，也需要配置 *.prototxt 文件来设置网络结构以及数据集的相关信息。这里将该文件命名为 test. prototxt,配置详情可查看项目中的 test. prototxt 文件。

网络模型的测试指标主要是分类相关的指标。本案例采用召回率、准确率和 f_1 值这 3 个指标来衡量模型精度,测试的结果如图 2-8 所示,测试代码可查看项目中的测试代码。

```
I1205 22:30:56.566038 32610 net.cpp:202] conv1_relu does not need backward computation.
I1205 22:30:56.566042 32610 net.cpp:202] scale_conv1 does not need backward computation.
I1205 22:30:56.566046 32610 net.cpp:202] bn_conv1 does not need backward computation.
I1205 22:30:56.566049 32610 net.cpp:202] conv1 does not need backward computation.
I1205 22:30:56.566053 32610 net.cpp:202] data does not need backward computation.
I1205 22:30:56.566057 32610 net.cpp:244] This network produces output label
I1205 22:30:56.566061 32610 net.cpp:244] This network produces output score
I1205 22:30:56.566105 32610 net.cpp:257] Network initialization done.
I1205 22:30:56.603355 32610 upgrade_proto.cpp:79] Attempting to upgrade batch norm layers using deprecated params:
 ./saved_model/solver_iter_70000.caffemodel
I1205 22:30:56.603380 32610 upgrade_proto.cpp:82] Successfully upgraded batch norm layers using deprecated params.
I1205 22:30:56.611121 32610 net.cpp:746] Ignoring source layer focal_loss


************************** start testing ********************************
I1205 22:30:56.827277 32610 blocking_queue.cpp:49] Waiting for data
I1205 22:31:07.876340 32631 data_layer.cpp:82] Restarting data prefetching from start.


查准率: 0.7500

查全率: 0.7500

F1值:  0.7500


************************** end testing ********************************
```

图 2-8　测试结果

2.4　系统部署

本案例系统最终运行在 Atlas 推理卡平台上,是基于服务器/客户(Server/Client)端模式进行部署的。下面两个小节分别介绍如何在 Atlas 推理卡环境下部署和运行本案例的实验。2.4.1 节介绍如何借助 Atlas 推理卡环境进行 Caffe 模型文件的转换,以及进行服务器(Server)端部署的详细介绍。2.4.2 节介绍如何进行客户(Client)端的部署。

2.4.1　服务器端部署

服务器端的所有代码在本案例的配套程序中的 server 文件夹下面。进行服务器端部署时,需要将 server 文件夹下的所有文件复制到 Atlas 推理卡环境/home/HwHiAiUser/HIAI_PROJECTS/hpa 目录下。因为本程序是基于套接字(Socket)进行通信的,所以在运行程序之前需要修改程序 server. py 中的 IP 地址和端口,IP 是 Atlas 推理卡环境下的 IP,可采用如图 2-9 所示的方式查询。

在修改 IP 完成之后,可按照以下步骤进行部署操作。

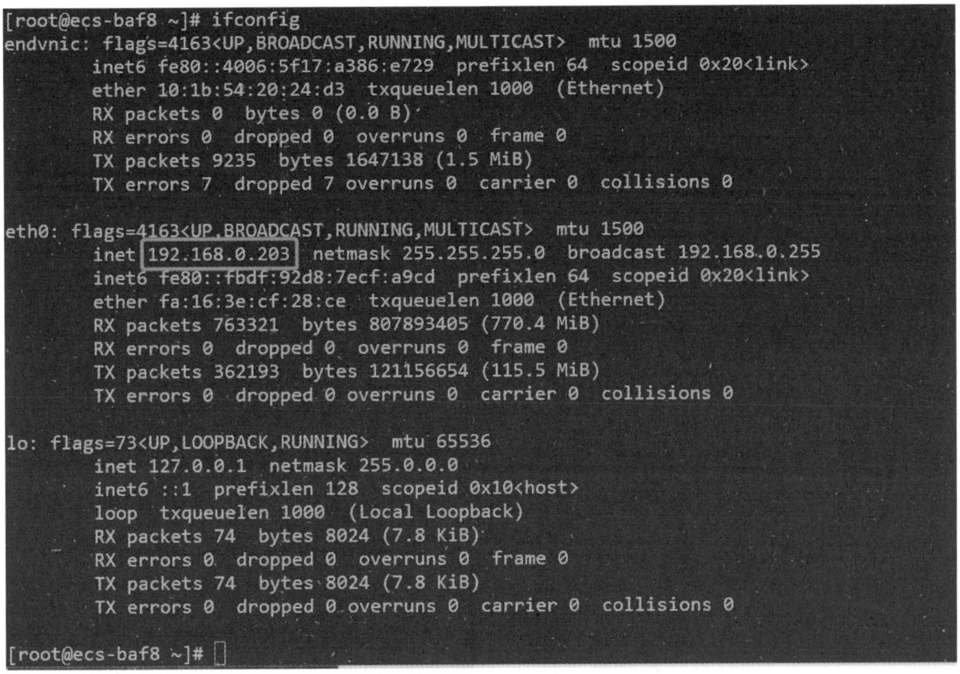

```
[root@ecs-baf8 ~]# ifconfig
endvnic: flags=4163<UP,BROADCAST,RUNNING,MULTICAST>  mtu 1500
        inet6 fe80::4006:5f17:a386:e729  prefixlen 64  scopeid 0x20<link>
        ether 10:1b:54:20:24:d3  txqueuelen 1000  (Ethernet)
        RX packets 0  bytes 0 (0.0 B)
        RX errors 0  dropped 0  overruns 0  frame 0
        TX packets 9235  bytes 1647138 (1.5 MiB)
        TX errors 7  dropped 7 overruns 0  carrier 0  collisions 0

eth0: flags=4163<UP,BROADCAST,RUNNING,MULTICAST>  mtu 1500
        inet 192.168.0.203  netmask 255.255.255.0  broadcast 192.168.0.255
        inet6 fe80::fbdf:92d8:7ecf:a9cd  prefixlen 64  scopeid 0x20<link>
        ether fa:16:3e:cf:28:ce  txqueuelen 1000  (Ethernet)
        RX packets 763321  bytes 807893405 (770.4 MiB)
        RX errors 0  dropped 0  overruns 0  frame 0
        TX packets 362193  bytes 121156654 (115.5 MiB)
        TX errors 0  dropped 0 overruns 0  carrier 0  collisions 0

lo: flags=73<UP,LOOPBACK,RUNNING>  mtu 65536
        inet 127.0.0.1  netmask 255.0.0.0
        inet6 ::1  prefixlen 128  scopeid 0x10<host>
        loop  txqueuelen 1000  (Local Loopback)
        RX packets 74  bytes 8024 (7.8 KiB)
        RX errors 0  dropped 0  overruns 0  frame 0
        TX packets 74  bytes 8024 (7.8 KiB)
        TX errors 0  dropped 0 overruns 0  carrier 0  collisions 0

[root@ecs-baf8 ~]#
```

图 2-9　查询 IP 地址

（1）转换 hpa 模型。

执行命令：

```
atc --model=caffe_model/hpa.prototxt \
    --weight=caffe_model/hpa.caffemodel \
    --framework=0 \
    --output=model/deploy_vel \
    --soc_version=Ascend310 \
    --input_format=NCHW \
    --input_fp16_nodes=data \
            -output_type=FP32 \
    --out_nodes="score:0"
```

该命令把 caffe_model 目录下的 Caffe 模型转换为 Atlas 推理卡环境需要使用的 om 模型，并保存到 model 目录下，命名为 deploy_vel.om。

（2）编译调用 om 模型的程序。

执行命令：

```
cd build/intermediates/host
cmake ../../../src -DCMAKE_CXX_COMPILER=g++ -DCMAKE_SKIP_RPATH = TRUE
make
```

（3）修改编译出来的文件权限。

执行命令：

```
cd ../../../out
chmod 777 main
```

（4）运行程序。

```
cd ..
python3.7.5 server.py
```

为了方便整个部署操作，本案例还提供了一键式部署脚本 run.sh，在使用之前，需要使用命令 chmod 777 run.sh 给该脚本设置权限，该脚本会自动进行模型转换和编译运行等操作，并且在首次运行时，需要按 Ctrl＋C 组合键结束，然后在 out 目录下给编译的结果 main 设置权限，使用命令 chmod 777 main 设置权限即可。之后，重新运行 run.sh 脚本文件。运行方式如下：执行 bash run.sh 或者./run.sh 命令。

2.4.2 客户端部署

在 2.4.1 节完成了对服务器端的部署了之后，本节将介绍如何在客户端部署，并在客户端进行推理以及推理结果的展示。

客户端部署所需要的所有代码在本案例提供的代码的 client 目录下。和服务器端部署类似，在部署之前，也需要进行 IP 地址的修改。具体的操作是修改 client 目录下的 client3.0.py 文件中 Socket 绑定的 IP 地址，如图 2-10 所示。

```
# global param
picname=''

try:
    s = socket.socket(socket.AF_INET, socket.SOCK_STREAM)
    s.connect(('124.70.69.88',3389))
except socket.error as msg:
    print(msg)
    sys.exit(1)
print("connected !")
```

图 2-10　客户端修改 IP

客户端采用 Python3 实现，运行所需要的库主要包括 Tkinter、PIL、NumPy 和 Socket，运行前需要确认这些库的安装。在完成依赖库的安装和 IP 地址的修改之后，就可以开始运行客户端的程序了。运行方式为：python client3.0.py。运行之后的主界面如图 2-11 所示。

选择图片，单击 Process 按钮进行推理，获得的可视化结果如图 2-12 所示。

图 2-11　客户端运行的主界面

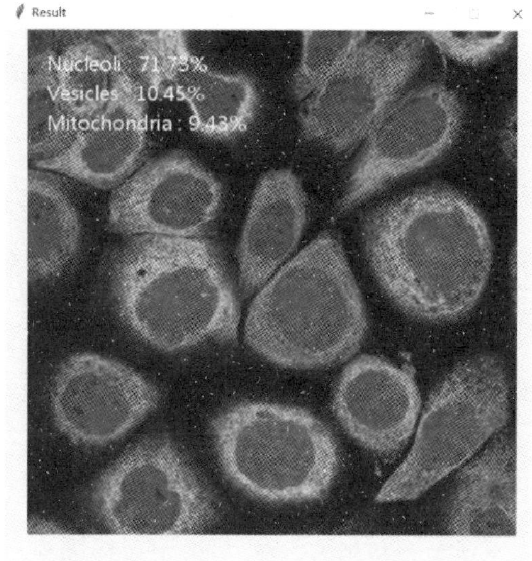

图 2-12　客户端预测结果的可视化结果

2.5　本章小结

本章提供了一个基于华为 Atlas 推理卡的人类蛋白质图谱分类案例，演示了如何利用深度学习工具开发人类蛋白质图谱的分类器，能够对任意输入的蛋白质图谱图片进行分类，并实时地给出分类的结果。

本章对案例系统做了详尽的剖析，阐明了整个系统的功能结构与流程设计，详细解释了如何下载筛选选取数据、构建深度学习模型、开发分类算法、移植模型到 Atlas 推理卡端等内容。部署后的系统在 MindStudio 平台和 Atlas 推理卡上做了测试，结果表明案例系统具有较快的展示效果。

第3章

遥感图像目标检测

3.1 案例简介

随着遥感卫星成像技术的发展,遥感卫星的成像分辨率得到了大幅度的提高,大量遥感卫星的成功发射,产生了海量的遥感数据,这些数据很难依靠人工去判读。遥感图像目标检测,是为了在难以判读的海量遥感图像中找到目标的位置。

遥感图像目标检测的主要过程包括:对输入的目标(这里是飞机)图像进行数据预处理以及特征提取,然后通过目标检测模型对目标对象的特征进行推理,最后对推理结果进行解析并标记输出,其流程如图 3-1 所示。

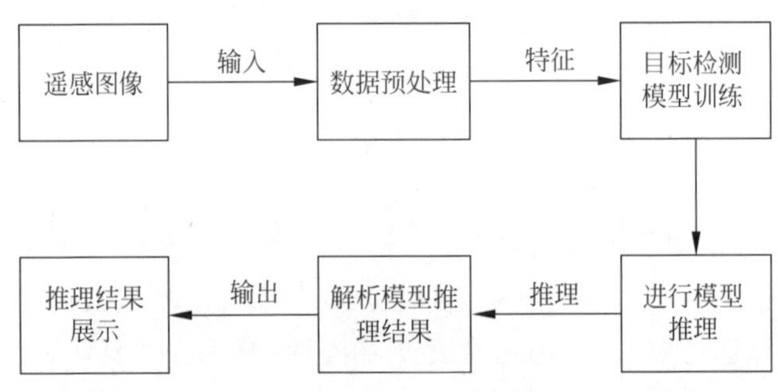

图 3-1　遥感图像目标检测过程

本章主要介绍基于华为 Atlas 开发者套件构建的遥感图像系统。借助 Atlas 开发者套件提供的 AscendCL API 接口完成案例的设计与实现。本案例涉及 Darknet 模型向 Caffe 模型的转换,开发板 OpenCV、ffmpeg 等科学计算依赖库的安装,根据 YOLOv3 构建目标检测模型等过程。本案例主要为读者提供一个遥感图像目标检测相关应用在华为 Atlas 开发者套件上部署的参考。

3.2 系统总体设计

系统首先构建Caffe框架的目标检测模型并训练，之后利用模型转换工具将Caffe模型转换为om模型，接下来通过om模型对输入张量进行推理，对推理结果进行处理，最终输出目标检测结果以及目标检测的最终图像。

3.2.1 功能结构

遥感图像目标检测系统可分为遥感图片预处理、模型推理和目标检测结果输出这几部分。系统的整体结构如图3-2所示。

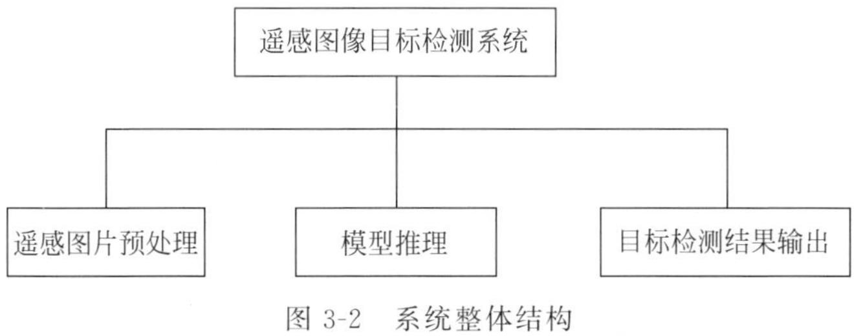

图3-2 系统整体结构

3.2.2 系统设计流程

该系统设计流程可分为模型训练阶段和模型推理阶段，如图3-3所示。前者主要在服务器端完成构建，后者主要在华为Atlas开发者套件上完成构建。

模型训练阶段首先构建目标检测模型，本案例中的目标检测模型采用深度学习框架Darknet中的神经网络Darknet53进行模型训练，然后将Darknet53训练所得的模型转换为Caffe模型，以此来满足MindStudio平台模型转换要求，最后对转换后的Caffe格式模型进行验证和评估。

模型推理阶段首先对输入图片进行图片预处理以及特征提取，并将结果作为目标检测模型的输入张量，利用华为MindStudio平台将Caffe格式的目标检测模型转换为华为Atlas开发者套件支持的om格式模型，接下来通过目标检测模型对输入张量进行推理，对推理结果进行处理，最终输出目标检测结果以及目标检测的最终图像。

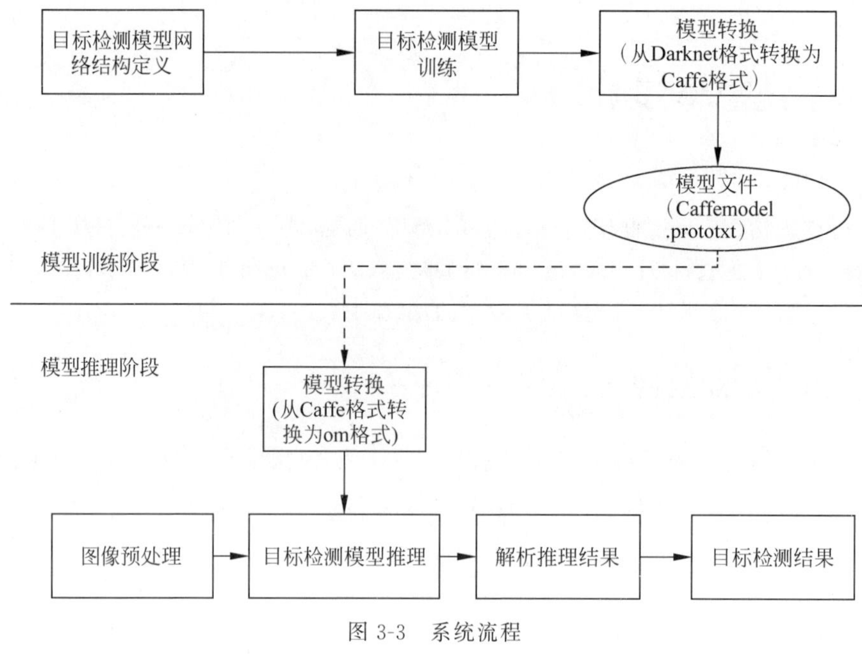

图 3-3　系统流程

3.3　系统设计与实现

本节将详细介绍系统各部分功能的设计与实现过程，该系统利用华为 Atlas 开发者套件提供的 AscendCL API 接口[2]实现系统搭建。

3.3.1　目标检测模型定义

该系统的检测模型基于 Caffe 框架构建 YOLOv3 神经网络模型。在基本的图像特征提取方面，YOLOv3 采用 Darknet53 网络（含有 53 个卷积层）作为骨干网络。Darknet 本身是专门为 YOLOv3 开发的网络结构，借鉴了残差网络（Residual Network）的做法，在一些层之间设置了捷径连接（Shortcut Connections），且不采用最大池化（maxpool），而是通过步长（Stride）为 2 的卷积层实现特征图的尺寸变换。YOLOv3 神经网络模型会在 Darknet53 骨干网络的基础上添加检测相关的网络模块。

3.3.2　目标检测模型训练

此目标检测训练模型参考 YOLOv3 的模型训练方法进行训练，最后获得

YOLOv3的模型文件。本次采用的模型训练数据从RSOD-Dataset、NWPU VHR-10数据集中分别选取446张大小为1044×915的遥感图像和80张大小约为958×808的遥感图像；通过旋转，mixup(一种线性插值的数据增强方法)等方式对数据集扩增，提升模型泛化能力。将所有数据的80%作为训练样本，剩余的20%作为测试样本。

模型训练代码请参见程序清单3-1的具体参数定义。

程序清单3-1　yolov3.cfg文件的部分参数定义

```
batch = 64                   # 仅表示网络积累多少个样本后进行一次反向传播(BP)
subdivisions = 16            # 表示将一批(batch)图片分 16 次完成网络的前向传播
width = 416                  # 网络输入的宽
height = 416                 # 网络输入的高
channels = 3                 # 网络输入的通道数
momentum = 0.9               # 动量 DeepLearning1 中最优化方法中的动量参数,这个值影响梯度
                             # 下降到最优值的速度
decay = 0.0005               # 权重衰减正则项,防止过拟合
angle = 5                    # 数据增强参数,通过旋转角度来生成更多训练样本
saturation  =  1.5           # 数据增强参数,通过调整饱和度来生成更多训练样本
exposure  =  1.5             # 数据增强参数,通过调整曝光量来生成更多训练样本
hue = .1                     # 数据增强参数,通过调整色调来生成更多训练样本

learning_rate = 0.001        # 学习率
burn_in = 1000               # 迭代次数大于 1000 时,才采用 policy 变量定义的更新方式
max_batches  =  2000         # 训练次数达到最大批(max_batches)后停止学习,一次为跑完一个批
policy = steps               # 学习率调整的策略
steps = 1600,1800
scales = .1,.1               # 变量 steps 和 scale 是设置学习率的变化,比如迭代到 1600 次时,
                             # 学习率衰减为 1/10,迭代到 1800 次时,学习率又会在前一个学习
                             # 率的基础上衰减 1/10
```

利用YOLO官网的原始YOLOv3网络模型，配合自己的数据集，根据实际情况通过修改部分参数进行训练，经过多次迭代实现模型的训练。

3.3.3　模型转换

该系统中原始的目标检测模型为使用Darknet53网络训练的模型，其网络模型文件为cfg文件及权重(weights)文件，这需要进行模型转换。华为MindStudio平台模型转换工具目前只支持Caffe和TensorFlow的pb格式模型的转换，所以首先需要将Darknet格式的模型转换为Caffe格式的模型。此处使用了由ChenYingpeng (https://github.com/ChenYingpeng/caffe-yolov3)提供的darknet2caffe转换工具，具体的转化操作可参考网址：https://blog.csdn.net/avideointerfaces/article/details/89111955。

模型转换成功后获得Caffe格式的模型文件。om格式文件的转换方式有两种：

一是通过 MindStudio 平台进行转换，二是通过命令行命令进行转换。此处采用的方法是使用命令行命令进行转换。具体的转换操作如下所述。

首先将 yolov3. caffemodel、yolov3. prototxt、aipp_nv12. cfg 三个文件放入同一文件夹下，例如 yolov3 文件夹，此处 aipp_nv12. cfg 已在代码文档中提供，C7x 对 . prototxt 文件有修改要求，可根据个人需要按照 https://support. huaweicloud. com/ti-atc-A200dk_3000/altasatc_16_024. html 网址中的文档介绍对其进行修改。接着进入 yolov3 文件夹，进行环境变量设置，具体代码如下：

```
cd $HOME/yolov3
export install_path=$HOME/Ascend/ascend-toolkit/20.0.RC1/x86_64-linux_gcc7.3.0
export PATH=/usr/local/python3.7.5/bin:${install_path}/atc/ccec_compiler/bin:
${install_path}/atc/bin:$PATH
export PYTHONPATH=${install_path}/atc/python/site-packages/te:${install_path}/
atc/python/site-packages/topi:$PYTHONPATH
export LD_LIBRARY_PATH=${install_path}/atc/lib64:$LD_LIBRARY_PATH
export ASCEND_OPP_PATH=${install_path}/opp
```

执行以下命令转换模型：

```
atc --model=yolov3.prototxt --weight=yolov3.caffemodel --framework=0 --output
=yolov3 --soc_version=Ascend310 --insert_op_conf=aipp_nv12.cfg
```

完成此项操作后即可得到对应的 om 模型。

3.3.4 模型推理

系统模型推理阶段在华为 Atlas 开发者套件上实现。需要安装 ffmpeg 和 OpenCV 的原因是适配多样性的数据预处理和后处理。本案例也是基于 ffmpeg 和 OpenCV 做的处理，此处依赖库的安装十分重要，将会影响后面绝大部分代码的运行。

系统推理部分利用华为 Atlas 开发者套件提供的 pyACL API 和数字视觉预处理 (Digital Vision Pre-Processing，DVPP)模块中的相关功能。模型推理部分主要包括以下子模块。

(1) 图像读取函数(acl_image 类中相关函数)：负责读取文件夹下的所有遥感图片，并对图片信息进行获取。

(2) 预处理函数(ObjectDetect 类中的 Preprocess 函数)：该函数完成的功能是对读取的遥感图片进行预处理，首先将图片从 JPEG 格式转换为 YUV 格式，然后对该转换后的 YUV 格式的图片进行缩放。

(3) 推理处理函数(ObjectDetect 类中的 Inference 相关函数)：该函数完成的功能是将图片信息送入模型进行模型推理，其中主要使用 pyACL API 中的模型推理 API。

(4) 后处理函数(ObjectDetect 类中的 Postprocess 函数)：处理推理结果，对输入图片的推理结果进行获取，解析推理结果，对其进行处理，然后输出检测结果，并将目标检测结果在原始图片中进行标记，作为检测结果进行输出，同时将检测结果信息存储为 json 文件。

特别地，针对宽和高均大于 1000 像素的图像，先裁剪(crop)后再对分块图像单独推理，最后将推理结果拼接起来。

3.3.5　系统运行界面设计

系统运行界面在用户主机上运行。该系统运行界面依托图 PyQt5 进行简易的窗口设计，在主机上运行后，即可通过相关接口，完成对遥感图片中目标检测(飞机)以及检测结果的查看。通过该界面，用户无须其他操作，即可上传待检测图片至开发板端，并对该图像的检测结果进行查看。

3.4　系统部署与运行结果

该案例系统运行在华为 Atlas 开发者套件上。系统基于 pyACL API 接口实现遥感图像飞机目标检测功能，Python 程序负责完成图片的预处理和模型推理、图片裁剪与拼接、图片检测结果输出。

在运行前，将工程文件上传至开发者套件，将待检测图片放入 data 文件夹。之后在主机端的 AtlasUI 文件夹下运行 uiHuawei. py，打开系统运行界面，如图 3-4 所示。

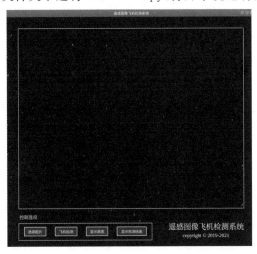

图 3-4　遥感图像飞机检测系统运行界面

该界面上有 4 个按钮,实现不同功能。单击"选择图片"按钮,即可加载用户所要检测的遥感图像,此处为选择图片的示意图,如图 3-5 所示。单击"显示原图"即可查看该图片原图。单击"飞机检测"按钮后,开始对选中的图片进行目标检测,同时检测结果的示意图也会展示在上方,如图 3-6 所示。在实际的检测中,较大图片检测结果可能在图片显示区进行展示时不是很清晰,因此可单击"显示检测结果"按钮可查看最后的检测结果原图。

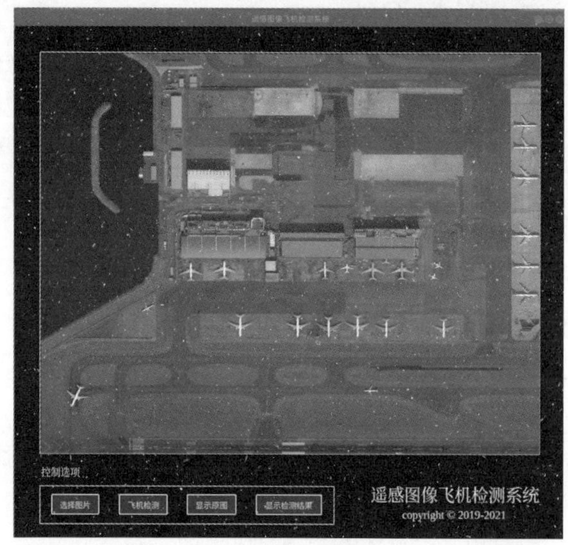

图 3-5　选中图片

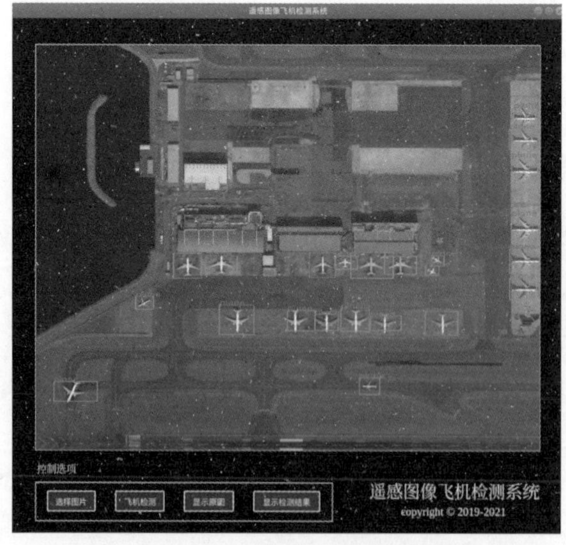

图 3-6　完成该图片的目标检测

3.5　本章小结

本章提供了一个基于华为Atlas开发者套件的遥感图像目标(飞机)的检测案例,本案例基于华为Atlas开发者套件提供的pyACL API接口,通过对目标图片进行预处理、特征提取及模型推理,最终实现了遥感图像目标检测的功能。

本章提供了从目标检测模型的构建,原始Darknet模型向Caffe模型的转换,以及相关环境配置到最终实现遥感图像目标检测全过程讲解,希望为读者提供一个基于华为Atlas开发者套件的遥感图像目标检测应用的参考,以及一些基础技术的支持。

第二篇　图 像 分 割

第4章

人像的语义分割

4.1 案例简介

图像分割的目的是将图像划分成多个不重叠的区域，每个区域对应一个语义标签。图像分割技术可应用在许多生活场景中，例如安防监控、自动驾驶、医疗影像分析等。本案例旨在设计一个运行于华为 Atlas 开发者套件上的高精度人像分割算法。通过摄像头获取室内人像场景，并对其进行语义分割。

本系统中的图像分割算法采用的是基于神经网络的深度学习方法。在常见的基于深度学习的图像分割算法中，网络对图像进行多次下采样，难以得到高分辨率的精确分割结果。本案例对基于 DeepLabV3＋网络的分割算法进行改进，以达到更精确的分割结果。为了提升分割精度，本项目设计了一个基于错误预测的图像分割算法。通过错误检测、错误纠正的机制来有效地改进现有分割算法。除此之外，图像分割神经网络往往参数量大，在推理过程中，需要具有强大的处理能力的硬件来保证系统的可用性。

本案例完成的系统在华为 Atlas 开发者套件上实现了借助摄像头对室内人像场景进行人像分割，可适用单人、多人场景，且在 Atlas 开发者套件上运行稳定。

4.2 系统总体设计

本系统使用摄像头获取视频数据，解析后得到每一帧的图像，作为分割模型的输入。分割算法对图像进行人像分割，并在分割结果中将人像区域用红色标记，显示在浏览器界面上。

4.2.1 功能结构

人像语义分割系统可划分为模型训练、模型优化、分割推理 3 个主要模块。

1. 模型训练

模型训练是系统中独立的一个模块，可根据算法定义的网络结构、损失函数，使用TensorFlow进行网络训练。

2. 模型优化

因模型中有部分节点是在训练模式下需要而推理时并不需要的，可对模型进行优化，去除不必要的节点，将TensorFlow模型导出为*.pb格式的模型文件。在MindStudio中，使用离线模型转换工具将*.pb格式的模型文件转换为能在Atlas开发者套件上运行的*.om格式的模型文件。

3. 分割推理

分割推理是系统的核心。模型转换成功后，将在Atlas开发者套件上完成推理。分割推理过程包括图像获取、图像预处理、网络推理、后处理等环节。

整个系统功能结构如图4-1所示。

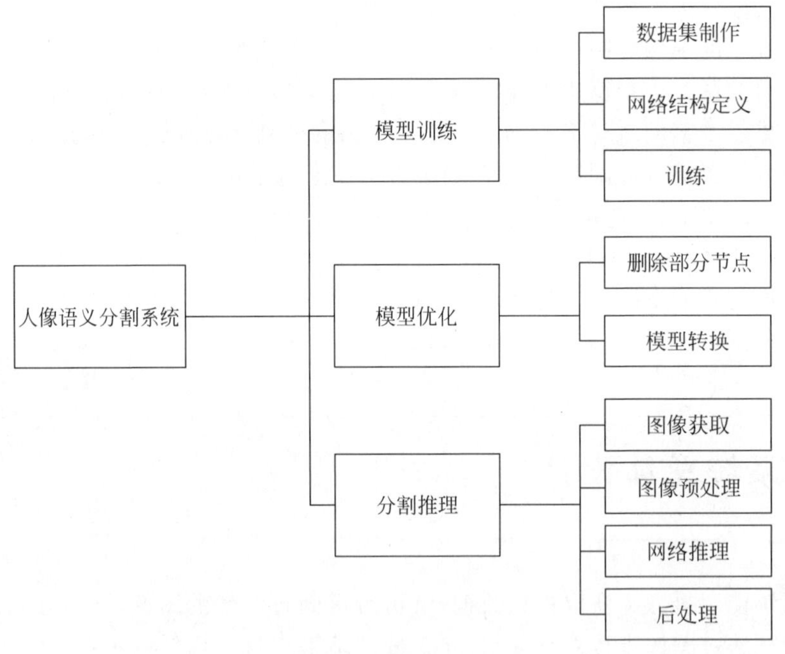

图4-1　系统功能结构

4.2.2　运行流程与体系结构

按照运行流程划分，系统流程分为训练阶段和推理阶段两个阶段，如图4-2所示。

在训练阶段,首先需要生成一个人像数据集,然后将数据集中所有图片制作成 LMDB 格式,以便训练时加速训练数据读取。然后在 DeepLabV3＋网络的基础上,进行本项目的基于错误预测分割网络的训练。最后通过在验证集上评估图像分割的交并比(Intersection over Union,IoU),来验证算法的有效性。

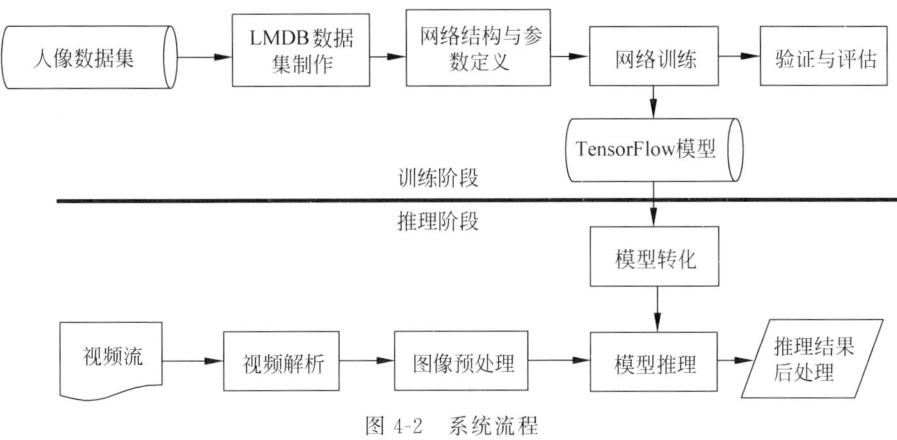

图 4-2　系统流程

推理阶段包含 5 个步骤: ①通过摄像头获取视频流; ②使用 Media API 进行视频解析; ③将解析后的图像经过预处理,交由分割网络进行模型推理; ④在模型推理环节中,执行网络的前向传播,得到分割图; ⑤对分割结果进行后处理,将分割图以半透明蒙版的形式叠加在原始图片上以便观察结果。

按照体系结构划分,整个系统可划分为 3 部分,分别为运行在主机端的训练层、运行在 Atlas 开发者套件端的推理层,以及运行在浏览器客户端的展示层,如图 4-3 所示。

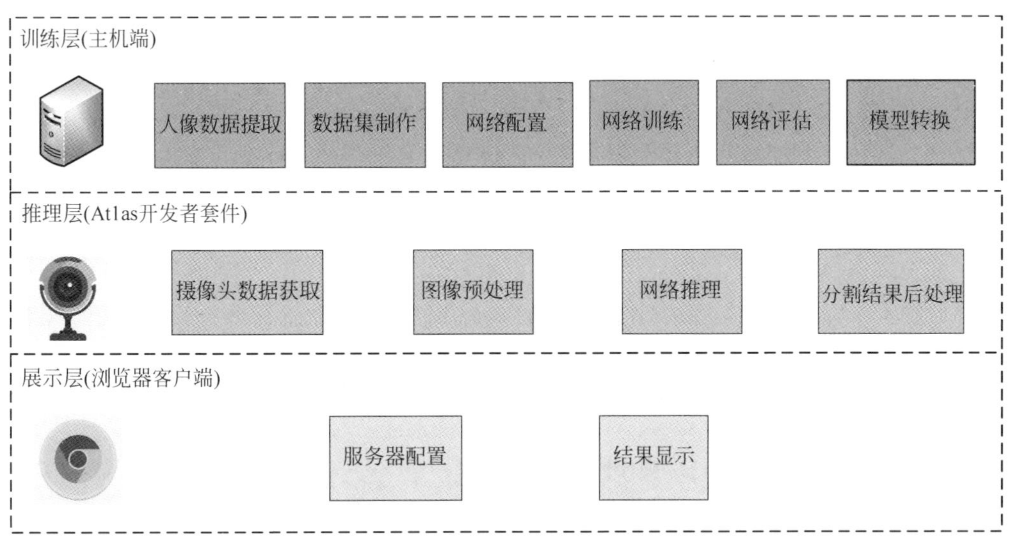

图 4-3　系统体系结构

其中，训练层运行在安装有 TensorFlow 训练环境的训练服务器上，服务器最低内存 16GB，显存 10GB。推理层运行在 Atlas 开发者套件上，开发板能够支持卷积神经网络的计算加速。展示层运行在带有浏览器的客户端，分割结果将以视频的形式展示在浏览器前端。各层之间存在数据依赖关系，其中训练层训练得到的模型将部署在 Atlas 开发者套件上，被推理层调用；推理层预测得到的分割结果将传输给展示层的后端，最终显示在浏览器前端。

4.3 系统设计与实现

本节将详细介绍系统的设计与实现。其中 4.3.1 节介绍人像分割数据集的生成过程，并将所有图片打包成 LMDB 格式；4.3.2 节详细介绍本项目中使用的基于错误预测的图像分割网络；4.3.3 节介绍分割网络的训练过程，并在数据集上对算法性能进行评估，验证算法的有效性；训练得到的 TensorFlow 模型，需要转换成能在 Atlas 开发者套件上部署的 *.om 模型，所以 4.3.4 节介绍模型转换工具的使用；4.3.5 节和 4.3.6 节详细介绍如何使用 MindStudio 进行推理引擎和后处理引擎的开发。

4.3.1 数据集生成

本项目中使用的人像分割数据集从 MS COCO 数据集中提取而来。MS COCO 分割数据集是多类别语义分割数据集，包含 80 个语义类别。为训练一个针对人像分割任务的模型，需要从 MS COCO 数据集中抽取包含人像的数据。MS COCO 提供了一个基于 Python 的 COCO API 来快速读取指定类别的图像数据。使用 COCO API 提取出人像图片及其标注后，对其进行筛选，去除人像在图片中面积占比过大或过小的数据。MS COCO 是实例分割数据集，即每个人像实例都有单独的标注。而本项目的算法不区分实例，因此在提取人像数据时，把所有实例的掩膜(mask)合并为一个掩膜。

本案例源码包中的 extract_person_images.py 代码是已编写好的 COCO 人像数据提取脚本。extract_person.sh 脚本将自动从训练集和验证集中提取、筛选人像数据，本案例使用了 4016 张训练图片及 540 张验证图片进行模型训练及验证。抽取出人像数据后，使用 dataset_to_lmdb.py 脚本，将图片数据集转换为 LMDB 格式。

4.3.2 基于错误预测的分割网络

为了对一个给定的分割算法进行错误预测、错误纠正，本案例设计了一个基于错误预测的分割网络，在现有分割网络基础上提高分割准确率。本网络分为三个分支，分别是语义分支、错误预测分支、细节分支，网络结构如图4-4所示。以下将详细介绍每个分支的网络结构。

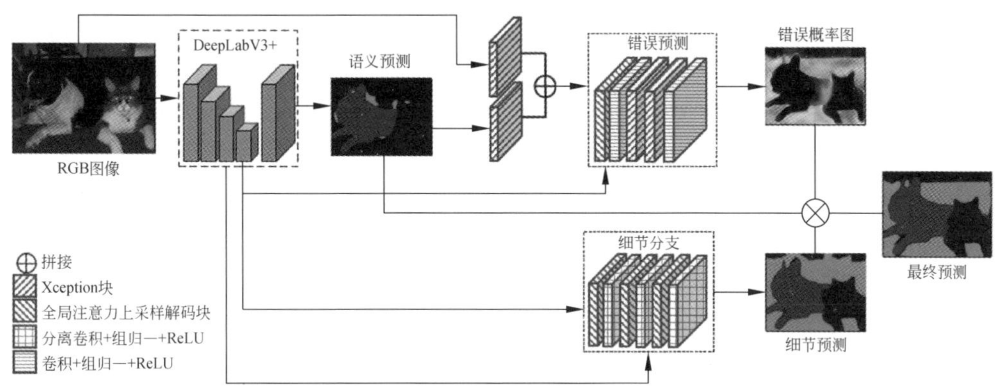

图4-4　基于错误预测的分割网络结构

1. 语义分支

语义分支是一个现有的分割网络。本案例中使用DeepLabV3＋网络作为语义分支，用于得到初始分割概率图、相应的浅层和深层卷积神经网络特征，这些卷积神经网络特征将会在后面的错误预测分支及细节分支中使用。对于像素i，语义分支为该像素预测的$P^i_{sb}(P^i_{sb}\in\mathbb{R}^{c\times 1})$，表示该像素属于$C$个类别中的每个类别的概率。

2. 错误预测分支

错误预测分支的目的是为每个像素判断语义分支给出的初始分割结果是否是错误的，因此错误像素的检测可被当作一个二分类问题。错误预测分支输出一个概率图P_{ep}，其中每个像素的值表示该像素被语义分支错误分类的概率。本分支的输入包含3部分：①语义分支生成初始分割概率图P_{sb}；②由所输入的RGB图像卷积得到浅层特征；③语义分支前向预测生成深层卷积神经网络特征。

3. 细节分支

一旦得到每个像素被初始分割网络错误分割的概率，接下来要做的就是使用细节分支来纠正这些错误。因此细节分支的训练目标是为所预测错误像素重新预测语义标签。细节分支输出的分割概率图P_{db}与初始分割结果P_{sb}具有相同的分辨率。

在错误预测分支预测得到每个像素i的错误的概率P^i_{ep}后，把错误概率大于阈值t(这里设置为0.7)的像素看作需要进行重新预测的错误像素。因此可生成一个二值

掩膜 E_{ep}，把所有像素分为两类，见式(4-1)。其中 $E^i_{ep}=1$ 的像素表示错误像素，即需要为其重新进行分割预测；$E^i_{ep}=0$ 的像素为正确像素，保留其语义分支得到的初始分割结果。

$$E^i_{ep}=\begin{cases}1, & P^i_{ep}>t\\ 0, & \text{其他}\end{cases} \tag{4-1}$$

因此，最终分割结果可表示为以 E^i_{ep} 为权重的线性组合，如式(4-2)所示。

$$P_f=E_{ep}\cdot P_{db}+(1-E_{ep})\cdot P_{sb} \tag{4-2}$$

融合后的分割概率图 P_f 是细节分支分割概率图 P_{db} 和初始分割概率图 P_{sb} 的线性插值组合。

训练代码可从源码包中的 EPP-release 文件夹中获得。语义分支、错误预测分支和细节分支的网络结构分别定义在 model. py、error_model. py、fusion_model. py 三个代码文件中。其中 model. py 定义了一个 DeepLabV3＋网络结构，该网络可分为三部分，分别是编码器、瓶颈层、解码器。DeepLabV3＋使用 Xception-65 作为编码器，相关结构定义在 backbone/xception_bn_model. py 文件里。DeepLabV3＋的瓶颈层，即 ASPP(Atrous Spatial Pyramid Pooling，空洞空间金字塔池化)结构定义在 backbone/bottleneck. py 文件中。DeepLabV3＋的解码器定义在 decoder\simple_decoder. py 文件中。完整的语义分支结构在 model. py 中的 SemanticBranch 类中定义。本项目使用 Tensorpack 作为网络搭建、训练工具，它是基于 TensorFlow 的一种轻量封装。SemanticBranch 类继承了 Tensorpack 中的 ModelDesc 类，继承该类时需要实现 inputs()函数定义网络的输入、build_graph()函数创建图并计算损失函数，返回损失函数值、optimizer()函数训练使用的优化器。

错误预测分支网络结构在 error_model. py 中的 ErrorPredictor 类中定义，需要实现定义网络结构的 error_predictor()函数和生成标注数据的错误图，用于错误预测分支训练的 def generate_wrong_mask()函数、generate_entropy_map()函数从初始结构中计算熵，作为错误预测分支的一个输入特征，network_graph()函数训练错误分支时的完整网络结构，get_loss()函数定义错误预测分支损失函数，类似地，训练细节分支时的网络结构定义在 fusion_model. py 的 FusionSegmentation 类中。

4.3.3 模型训练及评估

基于错误预测的人像分割网络的训练过程分为语义分支训练、错误预测分支训练和细节分支训练三个步骤。

1. 语义分支训练

在本案例中，语义分支训练相当于在人像数据集上训练 DeepLabV3＋模型。由于人像分割是个二分类问题，因此需要把原始 DeepLabV3＋网络输出层的输出通道数改为 1，并使用 sigmoid 函数作为激活函数。训练过程中使用二分类交叉熵作为损失函数。训练源码包中的 semantic_main. py 是语义分支训练及测试的主函数。使用 Tensorpack 进行网络训练时，首先要创建一个 TrainConfig 对象，创建该对象时可配置网络训练步数、训练回调函数等。定义好 TrainConfig 后，在 semantic_main. py 的 main 函数中调用 Tensorpack 工具函数 launch_train_with_config( ) 启动训练。semantic_main. py 各参数的含义说明如下。

-m：脚本执行模式，可为 train、eval 或 test。train 表示进行指定数据集的模型训练，eval 表示在指定验证集上进行推理并计算 mIoU 等指标，test 表示对给定测试图片进行推理。

--data：训练数据路径，COCO_NAME 即 4.3.1 节中制作数据集时定义的数据集根目录名称。

--load：载入预训练模型，本案例使用 DeepLabV3＋在 PASCAL VOC 上训练得到的模型作为训练起点。

-c/--class_num：输出层通道数。

--batch：训练时 batch_size。

2. 错误预测分支训练

错误预测分支可被看作一个二分类网络，它的损失函数采用交叉熵的形式。训练时通过判断语义分支的初始分割结果与真实标注分割结果是否一致来生成一个二值的真实标注错误图 M_{err}。M_{err} 中用 1 标识被错误分类的像素，用 0 标识被正确分类的像素，具体见式(4-3)。

$$M_{err}^{i}=\begin{cases}1, & S_{sb}^{i}\neq S_{gt}^{i}\\ 0, & \text{其他}\end{cases} \tag{4-3}$$

其中，S_{sb}^{i} 和 S_{gt}^{i} 分别表示语义分支对像素 i 的预测标签和数据集提供的真实类别标签。

由于错误像素的数量往往远小于正确像素的数量，所以为了解决训练数据不均衡对训练产生的影响，采用一种数据均衡形式的交叉熵作为损失函数。在本问题中，把所预测的错误像素分为两种类型：“简单”错误像素和“困难”错误像素。把语义分支预测的最高类概率小于阈值 ρ 的像素看作“简单”错误像素，即 $\max(P_{sb}^{i})\leqslant\rho$。把其余的最高类概率大于阈值 ρ 的像素定义为“困难”错误像素，即 $\max(P_{sb}^{i})>\rho$。这些“困难”错误像素以较大的确信度被语义分支错误地分类，因此较难被检测出。所以在损失函数中，对“困难”错误像素赋予一个更大的权重。综上所述，最终的均衡交叉熵表示为

$$L_{ep}=-w_{1}\sum_{i\in M_{err}^{+e}}\lg P_{ep}^{i}-w_{2}\sum_{i\in M_{err}^{+h}}\lg P_{ep}^{i}-w_{3}\sum_{i\in M_{err}^{-}}\lg(1-P_{ep}^{i}) \tag{4-4}$$

其中,M_{err}^{+e} 和 M_{err}^{+h} 分别表示简单错误像素和困难错误像素集合。M_{err}^{-} 是正确像素集合,即二分类中的负样本。在本方法中设置 $w_1=1.0$,$w_2=1.5$ 且 $w_3=0.04$。

错误预测分支损失函数定义在 error_mode.py 的 get_blending_weight_ce_loss()函数中。

3. 细节分支训练

错误预测分支预测出初始分割结果中的错误像素后,细节分支需要对错误像素进行重新预测。细节分支的训练聚焦于被错误预测分支检测出的错误像素,损失函数如式(4-5)所示。

$$L_{\mathrm{db}}=-\sum_{i}E_{\mathrm{ep}}^{i}\sum_{c}^{C}S_{\mathrm{gt}}^{i,c}\lg P_{\mathrm{db}}^{i,c} \tag{4-5}$$

其中,$P_{\mathrm{db}}^{i,c}$ 是像素 i 属于第 c 类的概率,$S_{\mathrm{gt}}^{i,c}$ 表示真实标签,如果像素 i 属于第 c 类,则 $S_{\mathrm{gt}}^{i,c}$ 等于1,否则为0。E_{ep}^{i} 是一个二值的掩膜,只有错误概率大于一定阈值的像素,才会参与细节分支损失函数的计算。细节分支训练的程序定义在 fusion_main.py 文件中。

训练时对图像进行随机缩放、旋转、裁剪等数据增强操作,并缩放到512×512固定尺寸作为网络输入。输入数据读取、数据增强相关代码见 dataflow.py 文件,Dataflow 的构建参见 Tensorpack 文档。其中,DataProcess::__call__()函数中定义了数据增强相关的变换操作。

训练结束后,在人像分割验证集上进行测试并计算 mIoU 等指标。源码包中 test_images 文件夹下附有若干张测试图片,test_images/list.txt 文件中的每一行是一个测试图片文件名,对 test_images/list.txt 中列出的图片文件进行测试。

部分测试图片结果如图4-5所示。其中图4-5(a)、(c)和(e)为原始输入,图4-5(b)、(d)和(f)为对应分割结果。

(a)

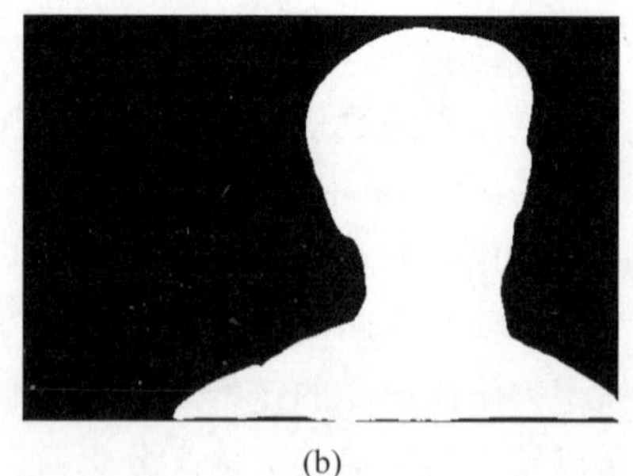
(b)

图4-5 测试图片分割结果

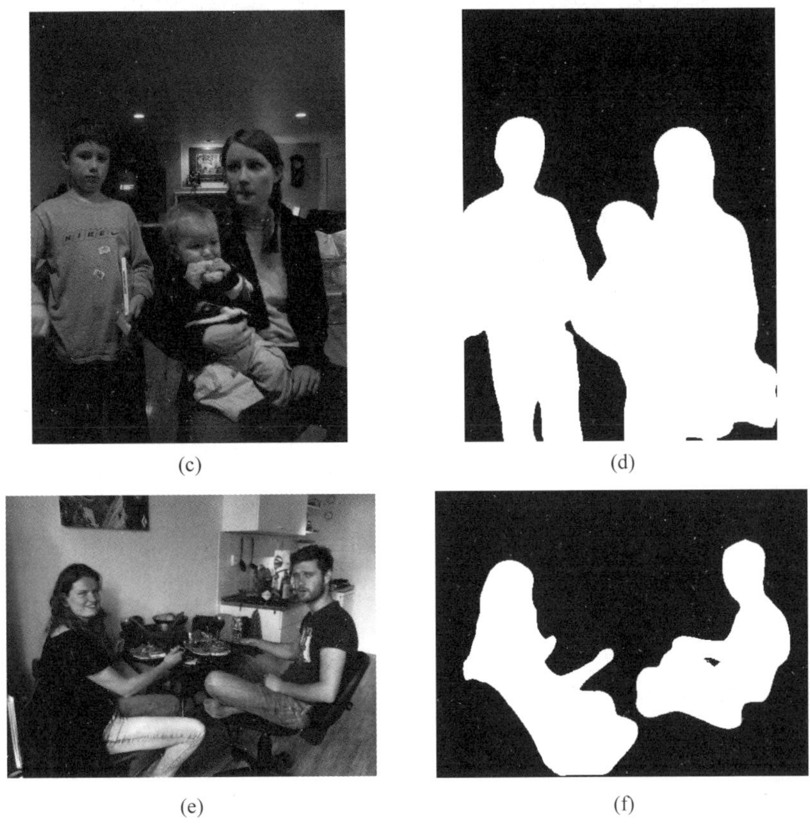

(c)　(d)　(e)　(f)

图 4-5 （续）

4.3.4 模型转换

4.3.3 节中各步骤完成模型训练后，本项目中使用 Tensorpack 提供的 ModelExporter 包将模型文件导出成 *.pb 格式。在源码包中的 light_model_for_ascend 文件夹下，提供了简化的模型代码，删去了部分推理时不需要的计算操作。从本案例源码包中可获取已训练好的人像分割网络模型(human512_3c_binary_512x512.pb)。要将训练好的 TensorFlow 模型应用到 Atlas 开发者套件上，将其转换为昇腾处理器支持的离线模型(*.om 文件)。转换过程描述如下。

首先，打开 MindStudio IDE 界面，单击上方 Ascend→Model Converter(模型版本)选项，选择所下载的 *.pb 模型，对于 Configure Input and Output(设置输入/输出)，设置输入节点 N、H、W、C 分别为 1、512、512、3，Input Type(输入类型)设为 FP32，对于 Configure Data Preprocessing(数据预处理配置)详细配置如图 4-6 所示，设置完成后单击 Finish 按钮。

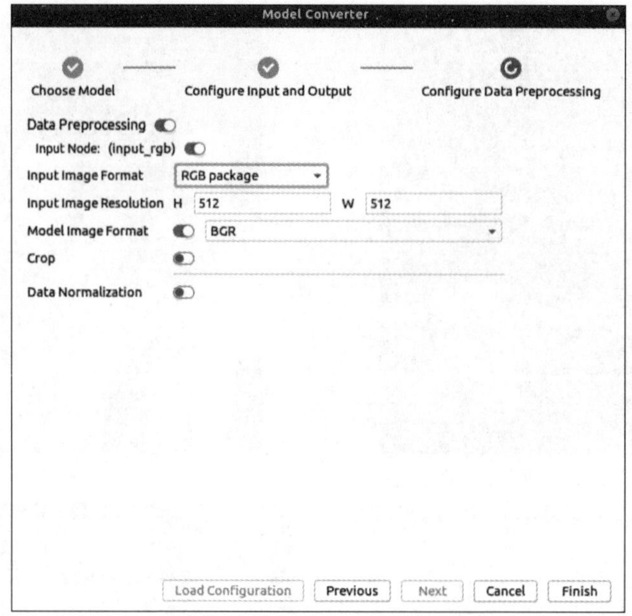

图 4-6　Configure Data Preprocessing 设置

完成后,MindStudio 控制台提示模型转换成功,文件保存在～/modelzoo 文件夹下,见图 4-7。

```
Output:  Output  Detail
2020-10-06 14:45:27  ATC run success, welcome to the next use.
2020-10-06 14:45:27  Convert model environment variables:
export PATH=/usr/local/python3.7.5/bin:$PATH:/home/xcc/Ascend/ascend-toolkit/20.0.RC1/atc/ccec_compiler/bin:/home/xcc/Ascend/ascend-toolkit/20.0.RC1/atc/bin && export PYTHONPATH=$PYTHONPATH:/home/xcc/A
2020-10-06 14:45:27  Convert model command:
/home/xcc/Ascend/ascend-toolkit/20.0.RC1/atc/bin/atc --output_type=FP32 --input_shape="input_rgb:1,512,512,3" --check_report=/home/xcc/modelzoo/human512_3c_binary_512x512/device/check_report_result.jso

2020-10-06 14:45:27  Model converted successully.
2020-10-06 14:45:27  Model input path:/home/xcc/HumanSegmentation_camera_mask_C31/human512_3c_binary_512x512.pb
2020-10-06 14:45:27  Model output path:/home/xcc/modelzoo/human512_3c_binary_512x512
2020-10-06 14:45:27  Model conversion log file path:/home/xcc/modelzoo/human512_3c_binary_512x512/ModelConvert.txt
2020-10-06 14:45:27  Model conversion config file path:/home/xcc/modelzoo/human512_3c_binary_512x512/device/human512_3c_binary_512x512_config.json
```

图 4-7　模型转换成功

转换之后的模型为 *.om 格式文件,将其复制到本案例工程目录的 script 文件夹下。

4.3.5　获取视频数据

调用 VideoCapture()方法,通过 OpenCV 打开视频文件。

4.3.6　模型推理

模型推理模块的数据结构参考了 Atlas 开发者套件自带的人脸检测样例的数据结构设计。完整代码见本书附带的该项目 common 文件夹中的 human_seg_params.h 文件,包括用于存储图像数据的结构体 NewImageParaT,用于存储神经网络输出结果的结构体 OutputT 和用于在推理引擎和后处理引擎之间传输数据的结构体

EngineTransT。模型推理模块的实现主要包含两部分，分别是初始化函数和数据处理函数。模型推理模块的实现可参照人脸检测样例。在数据处理函数中，推理引擎接收上一个引擎（摄像头引擎）传来的数据后，首先需要对其进行预处理。本案例中，做的预处理主要是将摄像头获取的数据缩放到 512×512 大小，预处理过程实现在 human_seg_inference.cpp 的 ImagePreProcess()函数中。图像预处理完成后，存放在一个类型为 ImageData < u_int8_t >的张量里。

使用 Atlas 开发者套件自定义的数据结构 AINueralNetworkBuffer 为每张图片设置输入缓冲区，将缓冲区的元素添加到输入张量，并创建输出张量，调用模型管家 Process 函数，执行推理，并将输出结果添加到 EngineTransT 数据结构中，以便传给下一个引擎。

4.3.7　推理结果后处理

推理引擎将网络输出的分割结果通过 EngineTransT 数据结构传递给后处理引擎，在后处理引擎中需要对数据进行解析，将分割结果处理成半透明蒙版的形式，以便由展示器服务端（Presenter Server）进行显示。

首先，取出推理引擎传入的 EngineTransT 对象中的输出数据。在本案例中网络输出的是一个 float32 类型的单通道 mask（掩膜），将网络输出的内存数据转换为 OpenCV 的 Mat 类型图像。将解析得到的单通道 mask（掩膜）图像转成 3 通道图像以便后续与 RGB 输入图像进行叠加，然后将分割结果以红色半透明蒙版的形式叠加到原始图像上，最后将叠加后的图像编码成 JPEG 数据流，传输到 Presenter Server。

4.4　系统部署

本案例所介绍的人像语义分割系统分为摄像头模块（代码中的 camera_datasets 文件夹）、推理模块（代码中的 human_seg_inference 文件夹）、后处理模块（代码中的 human_seg_post_process 文件夹）三个模块。这三个模块是对图 4-2 中各功能的重新封装，部署流程如图 4-8 所示。详细说明如下。

（1）摄像头模块，将视频按照每一帧读取，对每张图像进行逐一处理。

（2）推理模块接收摄像头数据，对 YUV420SP 格式的每帧图像进行以下两方面的处理：一方面需通过 DVPP 将 YUV 格式图像解析为 RGB 图像（参考 Media API 文档[1]），并缩放为分割网络要求的尺寸，输入分割网络中；另一方面将原 YUV 格式图像转换成 JPEG 格式，传输给后处理引擎，以便进行数据传输、查看。因此，推理模块

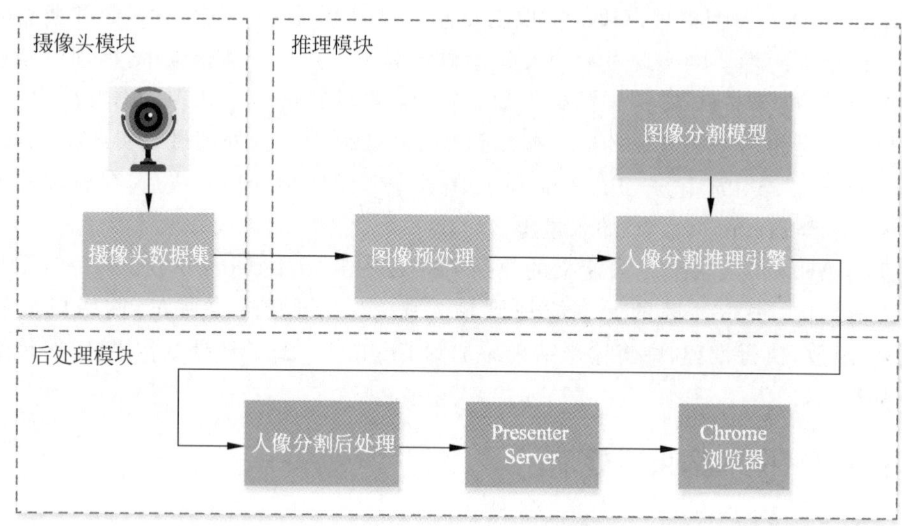

图 4-8　图像分割系统部署流程

传输给后处理模块的数据包括分割结果、JPEG 格式原始图像。

(3) 后处理模块介绍上一个模块的推理结果与摄像头获取的 JPEG 图像。为便于用户在前端查看、比较分割结果，在本模块中使用 OpenCV 对图像进行处理，将分割网络输出的掩膜以半透明蒙版的形式叠加在原始图像上。生成的叠加图像压缩成 JPEG 格式，通过使用展示器代理（Presenter Agent）API 传输给 Presenter Server（展示器服务端），最终在 Web UI 上显示（详细使用方法可参考 AscendCL API 文档[2]）。

4.5　运行结果

首先在人像数据集的验证集上进行测试，并计算人像分割结果的平均交并比（mean Intersection over Union，mIoU），测试结果如表 4-1 所示。可见本案例中的基于错误预测的分割算法能够在基准方法基础上提升 mIoU，得到更精确的分割结果。

表 4-1　人像分割数据集测试结果

参　数	值
推理图像分辨率	512×512
Atlas 开发者套件平均推理时间（秒/图）	0.648
基准方法（DeepLabV3＋）mIoU	87.94％
基于错误预测的图像分割算法 mIoU	88.26％

使用摄像头获取人像场景图片时，硬件布局如图 4-9 所示。对不同类型的图像进行了测试，测试结果如图 4-10 所示。其中图 4-10(a)为单人背面场景，图 4-10(b)为双人正面场景，图 4-10(c)为部分遮挡场景，图 4-10(d)为局部人体场景。

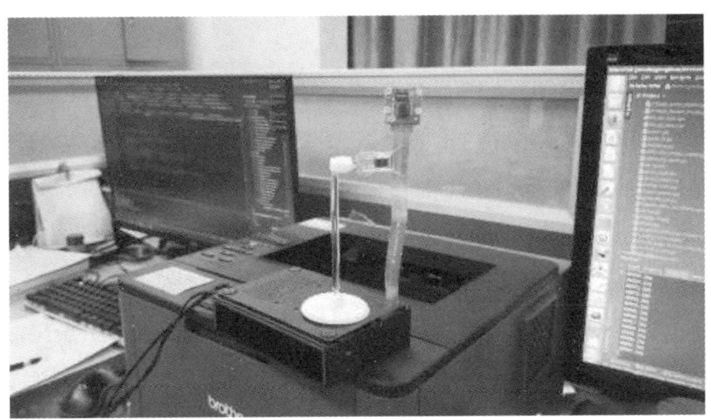

图 4-9 硬件布局

(a) 单人背面场景

(b) 双人正面场景

(c) 部分遮挡场景

(d) 局部人体场景

图 4-10 系统实际运行时的分割结果

4.6 本章小结

本章提供了一个基于华为 Atlas 开发者套件的图像分割案例。本案例通过摄像头获取场景图像,对场景中的人像进行分割。本案例介绍了一种基于错误预测的图像分割算法,该算法能够在基准方法的基础上提高分割精度。实验证明该算法适用于多种场景图像的人像分割,包括单人场景、多人场景等。

本章详细介绍了算法原理、系统功能结构及基于 Atlas 开发者套件的开发指导等内容。本案例的图像分割系统能够稳定运行在 Atlas 开发者套件上,用户可通过浏览器查看人像分割的结果。读者可在本案例的基础上进一步进行实例分割、全景分割等复杂分割系统的开发。

第5章

人像分割与背景替换

5.1 案例简介

人像分割及背景替换技术一向是学术界以及工业界研究的热点话题，在娱乐平台的视频直播、在线教育、远程视频会议、绿幕拍摄替代和后期制作等方面具有广泛的应用。除此之外，人像分割技术还可与其他技术相结合，如在虚拟现实领域，人像分割技术在便利数据采集、提升用户体验、多样化商业模式等方面能够发挥巨大的作用；当人像分割与人像变换技术结合时，可使用人像分割进行抠像处理，对分割出来的人脸采用编辑和生成算法，可做到人脸随年龄变化等应用。

本章主要介绍基于华为Atlas开发者套件构建人像分割与背景替换系统。该系统能够使用摄像头捕获视频/图像，实时检测人像区域并对背景进行替换。该系统与用户交互的部分包括从摄像头图像采集、模型推理到输出结果的完整流程。本案例主要为读者提供一个人像分割相关应用在华为Atlas开发者套件上部署的参考，具有代表性和实用性。

5.2 系统总体设计

本节介绍系统功能结构与系统设计流程。

5.2.1 功能结构

人像分割与背景替换系统可以分为图片预处理模块、人像分割模型模块和背景替换模块，系统整体结构如图5-1所示。图片预处理模块负责对输入的人像图片进行预处理，并将处理后的图像送入人像分割模型；人像分割模型负责从预处理图像中提取人像掩膜的信息；背景替换模块负责将原始图像的背景进行替换。

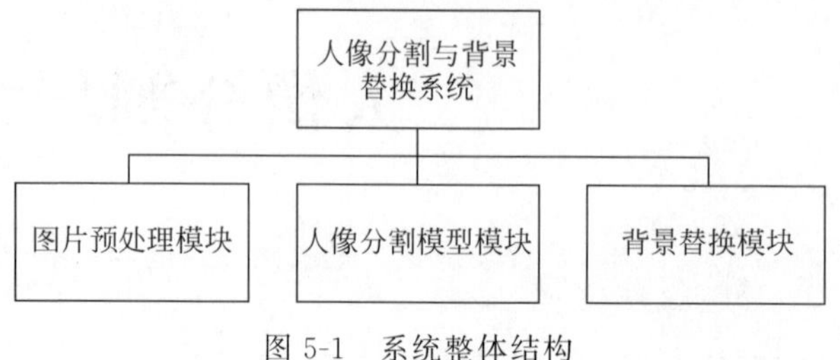

图 5-1 系统整体结构

5.2.2 系统设计流程

该系统设计流程可分为模型训练阶段和推理阶段，如图 5-2 所示。前者主要在服务器端完成构建，而后者主要在华为 Atlas 开发者套件上完成构建。

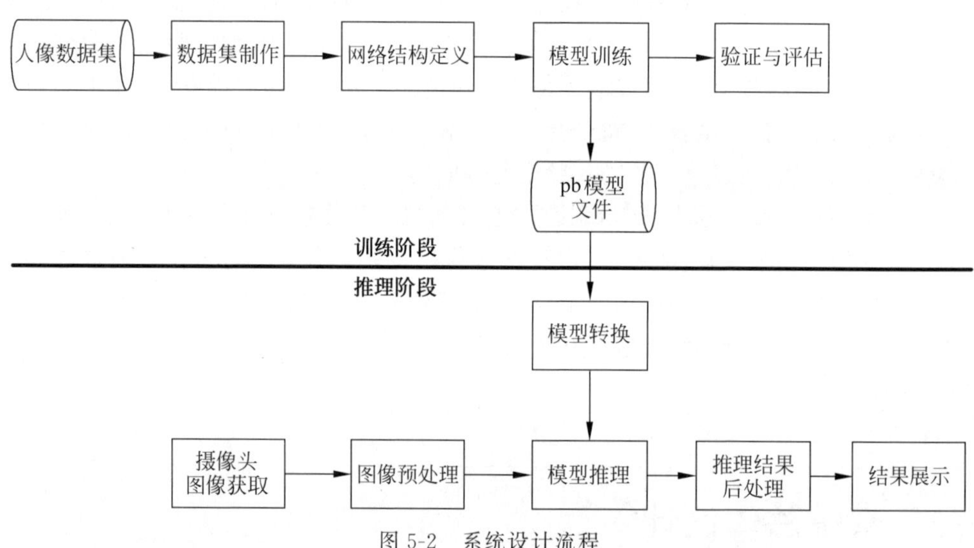

图 5-2 系统设计流程

训练阶段首先构建人像分割模型，本案例中的人像分割模型采用深度学习框架 TensorFlow 定义其神经网络结构，并将加入的边缘信息作为辅助损失函数对模型进行训练，然后对训练所得的模型进行验证和评估。

推理阶段主要包括三个步骤：①获取输入数据，系统从摄像头中获取实时人像数据，作为人像分割网络的输入；②在推理模块中执行预处理和网络的前向传播，得到人像的掩膜结果；③对得到的数据进行后处理，并通过 Presenter Server 进行展示。

5.3　系统设计与实现

本节将详细介绍系统各部分功能的设计与实现过程。该系统基于华为 Atlas 开发者套件实现系统搭建。

5.3.1　构建数据集

由于使用目标场景为肖像分割,因此训练数据集采用网上公开数据集。本案例使用 EG1800 作为训练集,其中训练数据约 1500 张图片,测试数据为剩余的 300 张图片。

数据增强方式包括图像的旋转、翻转、缩放、裁切,改变图像的亮度、对比度、锐化、高斯滤波,添加随机噪点等,输出图像的大小为 224×224 像素,对于原始长宽不相等的图像,首先会对较短的边进行填充,填充像素值为 128。

5.3.2　定义人像分割网络

基于深度学习的语义分割模型是目前语义分割领域准确率最高的方法,我们考虑将语义分割与针对移动设备的轻量级卷积神经网络研究工作相结合,设计一个适用于移动设备的轻量级语义分割模型,使得该模型既可以取得较高的准确率又可以有较快的运行速度,满足在移动设备上运行的需求。本章主要介绍人像分割的模型结构与设计思路。

模型为 U 形架构[11],主要分为两个模块:编码器与解码器模块,网络结构如图 5-3 所示。网络的输入为三通道的图像,输出为与输入相同大小的逐像素分割结果,对每个像素点分别进行预测,预测为背景还是人像。编码器模块主要用于从原始 RGB 图像中提取特征,相比于一般的物体分割,人像通常会占据图片中大部分区域,所以要想达到高精度的人像分割,需要模型对全局信息和空间信息有很好的理解。与此同时,为了达到实时性的要求,在编码器模块中采用了 224×224 像素的小尺寸输入并进行 32 倍的下采样,从而充分利用图像的全局信息。在解码器模块中将特征图全部融合从而充分利用模型,同时进行了 32 倍的上采样来重建空间信息。

受轻量级研究工作的启发,使用深度可分离卷积(Depthwise Separable Convolution)来降低网络的参数量,并代替传统卷积从而提高推理效率。每个卷积层之后是 BatchNorm 层和 ReLU 层。为了降低模型的复杂性,与编码器模块相比,解码器模块的架构相对简单。它仅包含两个主要操作,即上采样和过渡。上采样层采用反

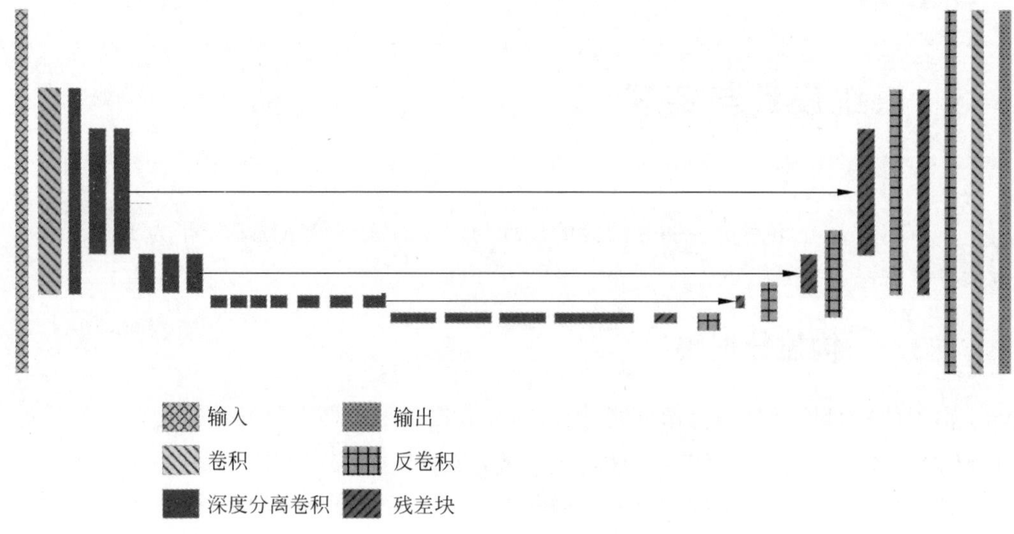

图 5-3 人像分割模型网络结构

卷积对特征图进行上采样，每次扩大倍数为 2 倍。在反卷积层之间，添加残差块来进行过渡，采用残差块的出发点是希望能更好地保存图像的边缘信息。该块中有两个分支：一个分支包含两个深度可分离的卷积；另一个分支包含单个 1×1 卷积以调整通道数。

利用定义好的网络模型进行训练，模型训练和模型保存代码请见程序清单 5-1。

程序清单 5-1 模型训练过程

```
# 读取数据集
exp_args.istrain = True
dataset_train = Human(exp_args)
dataLoader_train = torch.utils.data.DataLoader(dataset_train, batch_size = args
.batchsize,

# 模型训练
with tf.Session() as sess:
    init = tf.global_variables_initializer()
    sess.run(init)
    saver = tf.train.Saver()
    for epoch in range(gap, 2000):
        print ('===========> training <=========== {}/{}'.format(epoch + 1,
2000))
        for i, (input_ori, input, edge, mask) in enumerate(dataLoader_train):
            input_x = input.cpu().detach().numpy()
            input_x = np.transpose(input_x, (0, 2, 3, 1))
```

```
            input_y = mask.cpu().detach().numpy()
            input_z = edge.cpu().detach().numpy()
            _, loss_ = sess.run([optimizer, lossSum], {x: input_x, y: input_y, z:
input_z})
        # 保存模型
        if loss_ < minloss:
            minloss = loss_
            if minloss < 0.1:
                saver.save(sess, './Model/portrait_{}'.format(epoch + 1))
            print("minloss:", minloss)

# 转换模型为.pb格式
with tf.Session() as sess:
    input_x = np.transpose(in_, (0, 2, 3, 1))
    saver = tf.train.import_meta_graph("Model/tf_lite_4_1710.meta")
    saver.restore(sess, "Model/tf_lite_4_1710")
    graph = tf.get_default_graph()
    x = graph.get_tensor_by_name('Inputs/x_input:0')
    y = graph.get_tensor_by_name('result:0')
    img_out = sess.run(y, feed_dict = {x:input_x})
    constant_graph = graph_util.convert_variables_to_constants(sess, sess.graph_def,
["result"])
    with tf.gfile.FastGFile('Model/tf_lite_4.pb', mode = 'wb') as f:
        f.write(constant_graph.SerializeToString())
```

训练后生成的模型文件分别为.pb(如图 5-4 所示)和.ckpt(.pb之外的文件)两种。

```
result.pb
result1950.data-00000-of-00001
result1950.index
result1950.meta
```

图 5-4　训练后的模型文件

5.3.3　模型转换

在完成人像分割模型的训练,得到全精度的算法模型之后,首先需要进行离线模型转换这一步骤,将 TensorFlow 模型转换为昇腾处理器(这里以昇腾 310 为例)支持的模型,才可进一步将其部署在 Atlas 开发者套件上。

在 MindStudio 界面中,通过图形化的离线模型转换工具,可将 TensorFlow 模型转换为 om 格式模型,完成离线模型转换。图 5-5 展示了将训练完成的人像分割模型转换为 om 格式模型的参数配置：Model Name(模型名)可根据读者自行定义；Target SoC Version(目标推理硬件版本)设置为 Ascend310；Input Type(输入类型)设置为 FP16；Input Format(输入格式)设置为 NHWC；Input Nodes(输入节点)下的 input_rgb 设置为 N：1、H：224、W：224、C：3；开启 Data Preprocessing(数据预处理配置),Input Image Format(输入图像格式)选择 YUV420SP、BT.601,Input Image Resolution(输入图像分辨率)选择 H：224、W：224,Model Image Format(模型图像格式)选择 BRG 格式；开启 Normalization(归一化)设置，其中 Variance(方差)设置为 R：0.017、G：0.017、B：0.017，单击 Finish 按钮即可。

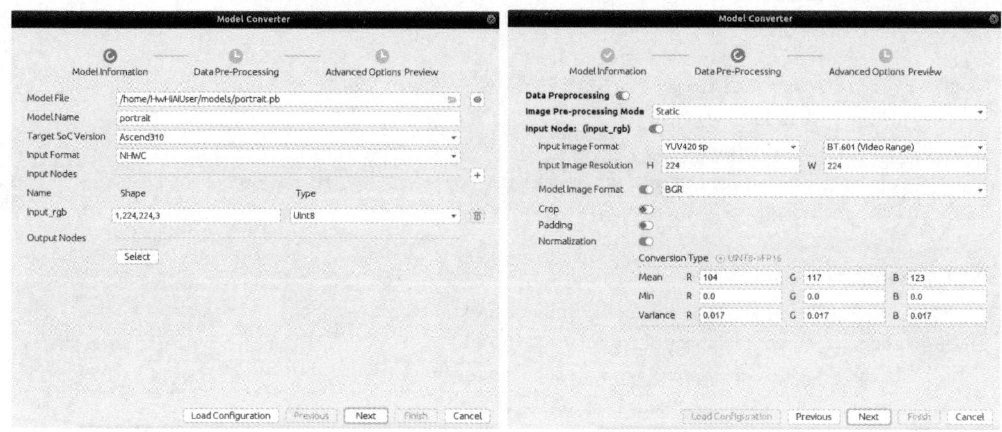

图 5-5　MindStudio 模型转换

5.3.4　模型推理

系统模型推理部分在华为 Atlas 开发者套件上实现，主要利用华为 Atlas 开发者套件提供的 C++接口和展示器代理(Presenter Agent)展示工具。Presenter Agent 的安装和配置请参考华为社区案例[2]。模型推理部分主要包括以下子模块。

(1) 预处理(Preprocess 函数，请见程序清单 5-2)模块：预处理模块的作用是对摄像头输入的图像进行预处理，其中大部分都集成在 om 模型中的图像预处理模块 AIPP(AI Preprocessing)中，Preprocess 函数主要对图像进行缩放操作。

(2) 模型推理(Inference 函数，请见程序清单 5-3)模块：负责执行推理引擎，并生成推理结果。

(3) 后处理(Postprocess 函数，请见程序清单 5-4)模块：处理推理结果，包括对输出掩膜进行格式转换和将掩膜数据与原始图像数据拼接在一起传到 Presenter Agent。

(4) 结果展示(_process_image_request 函数，请见程序清单 5-6)模块：利用推理结果，将原始图像的背景替换并通过浏览器进行展示。

预处理 Preprocess 函数主要调用了 Atlas 开发者套件提供的 DVPP(数字视觉预处理)接口中的 Resize 函数。

程序清单 5-2　Preprocess 函数代码

```
Result Preprocess(ImageData& resizedImage, ImageData & srcImage) {
    //归一化
    Result ret = dvpp_.Resize(resizedImage, srcImage, modelWidth_, modelHeight_);
```

```
    if (ret == FAILED) {
        ERROR_LOG("Resize image failed\n");
        return FAILED;
    }
    INFO_LOG("Resize image success\n");
    return SUCCESS;
}
```

Inference 函数主要使用了函数库所提供的模型推理函数，其中 resizedImage 参数为输入图像，使用 model_. CreateInput 函数生成对应输入张量；得到输入张量后，利用 model_. Execute 函数进行模型推理，并返回分割结果。

程序清单 5-3　Inference 函数代码

```
Result Inference(aclmdlDataset * & inferenceOutput, ImageData& resizedImage) {
    Result ret = model_.CreateInput(resizedImage.data.get(), resizedImage.size);
    if (ret != SUCCESS) {
        ERROR_LOG("Create mode input dataset failed\n");
        return FAILED;
    }
    ret = model_.Execute();
    if (ret != SUCCESS) {
        model_.DestroyInput();
        ERROR_LOG("Execute model inference failed\n");
        return FAILED;
    }
    model_.DestroyInput();
    inferenceOutput = model_.GetModelOutputData();
    return SUCCESS;
}
```

后处理 Postprocess 函数对推理模块数据范围在[0,1]的输出数据进行了数值范围转换，将浮点数据投射到[0,255]，最终数据格式为 uint8_t。具体代码如程序清单 5-4 所示。

程序清单 5-4　Postprocess 函数代码

```
Result Postprocess(ImageData& image, aclmdlDataset * modelOutput) {
    uint32_t dataSize = 0;
    float * detectData = (float * )GetInferenceOutputItem(dataSize, modelOutput, 0);
    if (detectData == nullptr)
        return FAILED;

    vector < DetectionResult > detectResults;

    uint8_t * mask = new uint8_t[100352];
```

```
    for (uint32_t i = 0; i < 100352; i++) {
        if (detectData[i] >= 1) {
            mask[i] = 255;
        }
        else if (detectData[i] <= 0) {
            mask[i] = 0;
        }
        else {
            mask[i] = (uint8_t) (detectData[i] * 255);
        }
    }

    Result ret = SendImage(chan_.get(), image, mask, detectResults);
    return ret;
}
```

其中，SendImage 函数负责将原始图像和推理结果的掩膜发送到服务器端，将掩膜数据与图像数据拼接到一起进行传输。具体代码如程序清单 5-5 所示。

程序清单 5-5　SendImage 函数代码

```
Result SendImage(Channel * channel, ImageData& jpegImage, uint8_t * mask, vector<DetectionResult>& detRes) {
    ImageFrame frame;
    frame.format = ImageFormat::kJpeg;
    frame.width = jpegImage.width;
    frame.height = jpegImage.height;
    frame.size = jpegImage.size + 100352;

    unsigned char * data = new unsigned char[1482752];
    memcpy(data, jpegImage.data.get(), sizeof(char) * 1382400);
    memcpy(data + 1382400, mask, sizeof(char) * 100352);
    frame.data = data;
    frame.detection_results = detRes;

    PresenterErrorCode ret = PresentImage(channel, frame);
    // 发送至 presenter 失败
    if (ret != PresenterErrorCode::kNone) {
        ERROR_LOG("Send JPEG image to presenter failed, error %d\n", (int)ret);
        return FAILED;
    }

    INFO_LOG("Send JPEG image to presenter success, ret %d,num = %d \n", (int)ret, gSendNum++);
    return SUCCESS;
}
```

_process_image_request 函数主要根据传输到 Presenter Agent 的原始图像和掩膜对原始图像进行人像分割和背景替换处理，并将处理结果在浏览器中展示。具体代码如程序清单 5-6 所示。

程序清单 5-6　_process_image_request 模型推理函数

```
def _process_image_request(self, conn, msg_data):
    request = pb2.PresentImageRequest()
    response = pb2.PresentImageResponse()

    # 从 protobuf 中解析 msg_data
    try:
        request.ParseFromString(msg_data)
    except DecodeError:
        logging.error("ParseFromString exception: Error parsing message")
        err_code = pb2.kPresentDataErrorOther
        return self._response_image_request(conn, response, err_code)

    sock_fileno = conn.fileno()
    handler = self.channel_manager.get_channel_handler_by_fd(sock_fileno)
    if handler is None:
        logging.error("get channel handler failed")
        err_code = pb2.kPresentDataErrorOther
        return self._response_image_request(conn, response, err_code)

    # 目前图像格式只支持 JPEG 格式
    if request.format != pb2.kImageFormatJpeg:
        logging.error("image format %s not support", request.format)
        err_code = pb2.kPresentDataErrorUnsupportedFormat
        return self._response_image_request(conn, response, err_code)

    rectangle_list = []

    imageData = request.data[:1382400]
    maskData = request.data[-100352:]

    # 将 YUV420SP(nv12)格式转换为 JPG 格式
    yuvNum = len([lists for lists in os.listdir('yuv') if lists.endswith(".yuv")])
    with open(os.path.join('yuv', str(yuvNum) + '.yuv'), 'wb') as f:
        f.write(imageData)
    ff = ffmpy.FFmpeg(inputs={os.path.join('yuv', str(yuvNum) + '.yuv'): '-s 1280*
720 -pix_fmt nv12'}, outputs={os.path.join('yuv', str(yuvNum) + '.jpg'): None})
    ff.run()

    # 读取数据
```

```
imgNow = cv2.imread(os.path.join('yuv', str(yuvNum) + '.jpg'))
background = cv2.imread("background.jpg")

maskarr = np.fromstring(maskData, np.uint8).astype(np.float32)
maskarr = np.reshape(maskarr, (224, 224, 2))
alphargb = cv2.resize(maskarr[:,:,1], (request.width, request.height))

# 输出掩膜,将结果与模型的输出进行比较
cv2.imwrite(os.path.join('yuv', str(yuvNum) + 'alpha.jpg'), alphargb)

alphargb = alphargb / 255
alphargb = np.repeat(alphargb[..., np.newaxis], 3, 2)
result = np.uint8(imgNow * alphargb + background * (1 - alphargb))

img_decode = cv2.imencode('.jpg', result)[1].tostring()
handler.save_image(img_decode, request.width, request.height, rectangle_list)
return self._response_image_request(conn, response, pb2.kPresentDataErrorNone)
```

5.4 系统部署

本案例系统运行在华为 Atlas 开发者套件和服务器上。系统基于 C++接口和 Presenter Agent 实现人像分割与背景替换功能。Atlas 开发者套件上使用 C++接口，完成预处理、推理和后处理，服务器上使用 Python 程序进行背景替换和结果展示。具体部署运行流程如下。

(1) 配置 Presenter Agent 环境。

(2) 将案例程序下载至服务器，修改配置至与实际情况相符，然后进行编译。

(3) 在服务器上启动 Presenter Server，在华为 Atlas 开发者套件的终端的 HIAI_PROJECTS/workspace_mind_studio/facedetection_xxx/out 路径中运行 run.sh，执行人像分割与背景替换程序，最终的人像分割与背景替换结果将展示在浏览器中。

5.5 运行结果

硬件配置情况如图 5-6 所示，运行结果如图 5-7 所示。

图 5-6　硬件配置情况

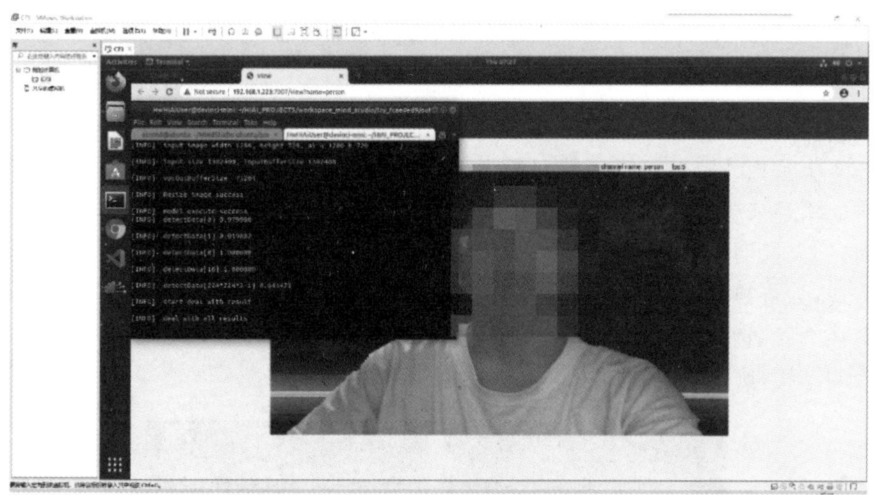

图 5-7　人像分割与背景替换结果

5.6　本章小结

本章提供了基于华为 Atlas 开发者套件的人像分割与背景替换案例。演示了使用 Atlas 开发者套件提供的 C++接口和 Presenter Agent 工具，通过对包含人像的图片提取人像掩膜，并利用掩膜对原始图像进行背景替换，最终实现了人像分割与背景替换的功能。

本案例从人像分割与背景替换模型的定义、模型的训练、模型转换与部署到华为 Atlas 开发者套件，对人像分割与背景替换的全过程进行讲解，为读者提供基于华为 Atlas 开发者套件的人像分割与背景替换应用的参考。

第6章

眼底视网膜血管图像分割

6.1 案例简介

眼底视网膜图像可以间接反映脑血管系统的变化。研究视网膜血管变化可以为了解脑卒中及相关脑血管疾病的病理生理学提供线索。近年来，眼底视网膜图像分析技术的应用越来越普遍，并且提供了越来越复杂的技术来分析视网膜血管形态学的不同方面，例如视网膜微血管的宽度、血管跟踪等。这些技术的自动化程度较高且研究结果客观，为将视网膜微血管异常作为脑血管病理学标志的研究提供了机会。图6-1是眼底视网膜图像及血管分割标注图像。如果计算机可以根据眼底视网膜图像预测出血管的结构，则可对眼科医生提供帮助。

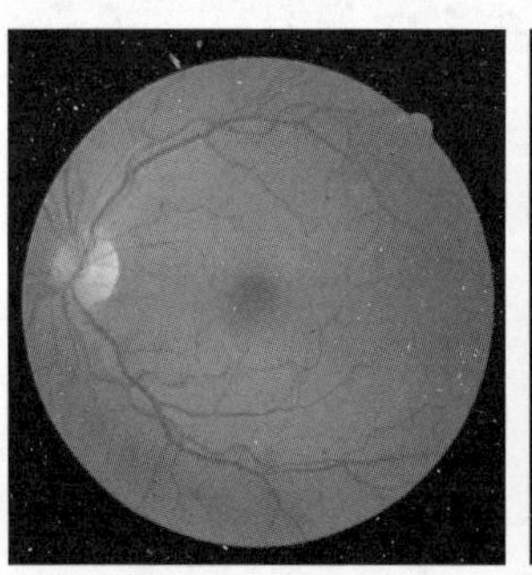
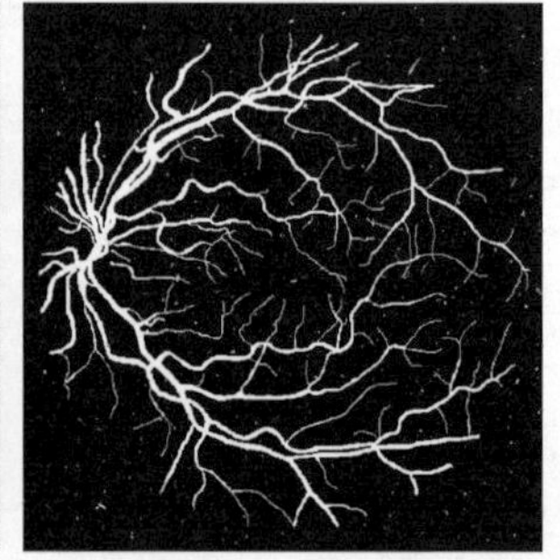

图6-1　眼底视网膜图像(左)与血管分割标注图像(右)

近些年，已有大量研究者利用深度学习技术对眼底血管进行分割。但是，在实际应用中，由于血管分割模型存在参数量大、计算时间复杂度高等问题，需要昂贵的训练服务器才能达到较快的分割速度。这无疑增加了模型部署的成本，限制了其使用范围，并使得模型难以应用在小型移动终端上(如智能手机、手持式医疗设备)。因此，本项目的目的是在华为Atlas推理卡上开发一套从眼底视网膜图像采集到输出血管分割结果的系统。该系统能够利用Atlas推理卡强劲的神经网络计算加速能力，提高模型运行效率，实时对眼底血管进行分割。

6.2　系统总体设计

本节介绍整个系统的功能结构以及系统的体系结构。

6.2.1　功能结构

眼底视网膜血管图像分割系统可以划分为图像采集及处理、模型构建、用户交互三个主要子系统。其中图像采集及处理子系统包括图像采集和图像尺寸归一化；模型构建子系统包括网络定义、模型训练和模型推理；用户交互子系统包括图像选择、启动分割模型、分割结果展示等功能。为了说明各模块之间的结构关系，细化的系统功能结构如图 6-2 所示。

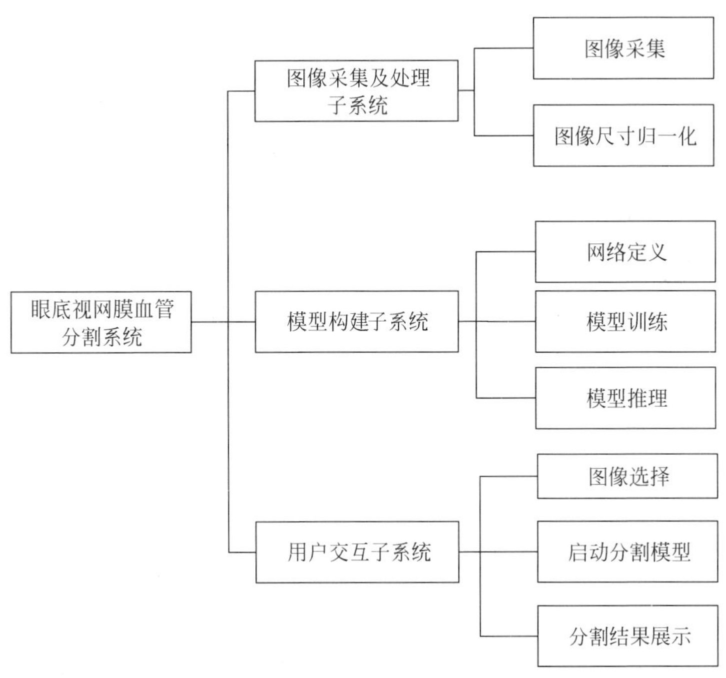

图 6-2　系统功能结构

6.2.2　体系结构

按照体系结构划分，整个系统分为三部分：主机端的训练层、Atlas 推理卡端的推理层以及带有浏览器的客户端的用户交互层，如图 6-3 所示。各层侧重点各不相同。训练层运行在安装有 Caffe 框架和训练加速卡的工作站上。推理层运行于 Atlas 推理卡环境，能够支持卷积神经网络的加速。用户交互层运行于安装有 Python 环境的客户端，能够与用户及搭载 Atlas 推理卡的环境进行交互并实时显示推理层的计算结果。各层之间存在依赖关系。推理层需要的血管分割网络由训练层提供。用户交互层要显示的数据需要由推理层计算得到。

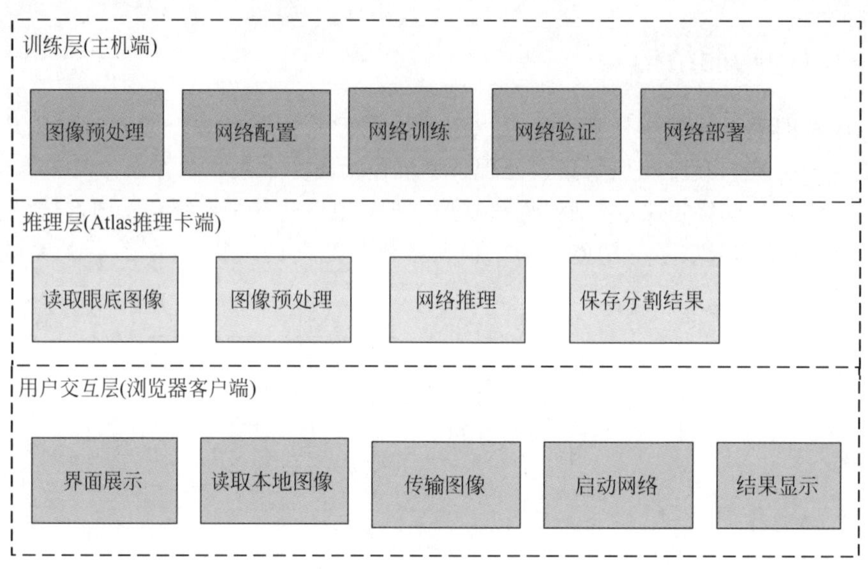

图 6-3　系统体系结构

6.3　系统设计与实现

本节详细介绍系统的设计与实现。6.3.1 节给出眼底视网膜图像数据集的制作；6.3.2 节介绍如何基于 Caffe 训练一个血管分割网络；6.3.3 节解释如何将模型部署到 Atlas 推理卡上，然后执行模型推理并保存分割结果；6.3.4 节介绍客户端的设计与实现。

6.3.1　数据集制作

本小节使用公开的眼底血管分割数据集 DRIVE。DRIVE 是目前使用最为广泛的评估眼底血管分割模型的数据集。它共包含 40 张分辨率为 565×584 的彩色眼底视网膜图像。划分为训练集和测试集，分别包括 20 张图像。训练集中的每张图片都提供了一组专家的标注结果及掩膜(mask)文件。测试集中的每张图片都提供了两组专家的标注结果及 mask 文件。第一组专家的标注结果作为金标准，用来评估血管分割模型，第二组专家的标注用来与计算机算法产生的结果进行对比。眼底视网膜图像以 TIF 文件格式存储，标注结果和 mask 文件以 GIF 格式存储。测试集上的眼底视网膜图像、标注和 mask 文件如图 6-4 所示。

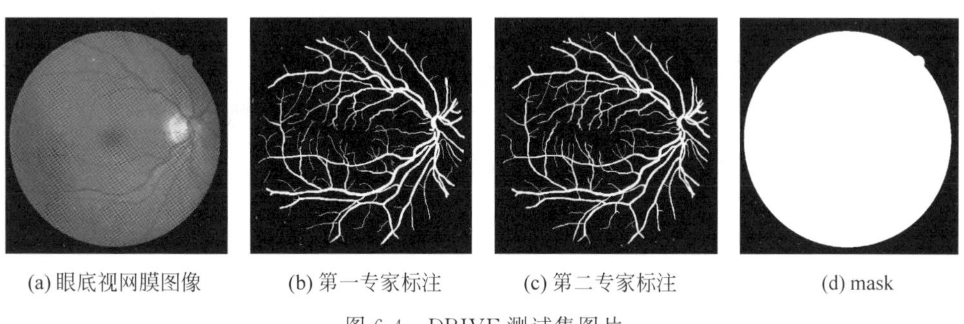

图 6-4　DRIVE 测试集图片

使用训练集中的 20 张眼底视网膜图像训练血管分割模型。首先对眼底视网膜图像进行预处理，将图像及专家标注尺寸缩放到 512×512，图像缩放到 512×512 之后，眼底视网膜图像以 JPG 格式存储，专家标注以 TIF 格式存储，血管像素标注为 1，其余像素标注为 0。然后，使用旋转和镜像操作对训练集进行扩充。具体包括旋转 90°、180°、270°和垂直翻转与水平翻转。扩充之后训练集图像共包括 120 张眼底视网膜图像。

6.3.2　网络训练

使用自定义的全卷积神经网络进行血管分割任务。血管分割网络结构如图 6-5 所示。网络一共包括 16 个卷积层：conv1～conv12，每个卷积核大小为 3×3，步长为 1，深度为 16；conv13～conv15，每个卷积核大小为 3×3，步长为 1，深度为 8；conv16 使用 3×3 卷积核得到单通道的特征图。随后，经过 sigmoid 函数处理得到血管分割概率图。

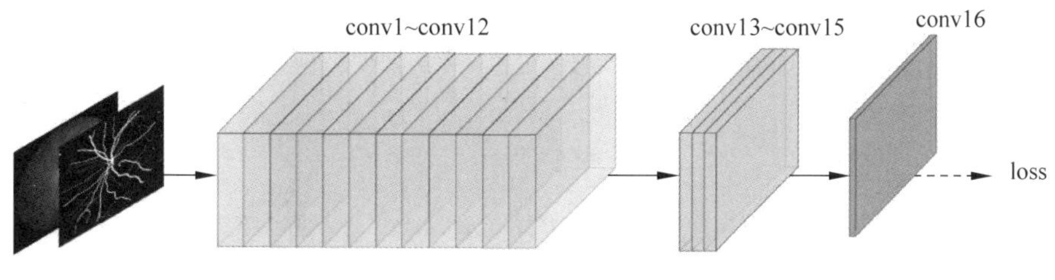

图 6-5　血管分割网络结构

Caffe 的网络定义主要在.prototxt 文件中完成。在网络的数据层中，ImageSegData 层并非官方 Caffe 自带的层，可从网址 https://github.com/guomugong/FFIA 下载编译。语句 mirror：true 表示对每一张图片会进行随机镜像，crop_size 意为对每一张眼底视网膜图像随机裁剪出 500×500 的图像块进行前向传播。

train_drive_512.lst 文件保存图像和标注路径，共包括 120 行，每行代表一个图像-标注对。当洗牌(shuffle)参数设置为 false 时，ImageSegData 层逐行读取此文件，将图像和标注读取到内存。

在训练时，由于眼底视网膜图像中血管像素比例只占 10%左右，血管像素与背景像素存在类别不均衡的问题，因此，使用类平衡的交叉熵损失函数，如式(6-1)的定义。

$$L_{\mathrm{WCE}}(P,Y)=-\beta\sum_{j\in Y_+}\lg p_j-(1-\beta)\sum_{j\in Y_-}\lg(1-p_j) \tag{6-1}$$

其中，$\beta=\dfrac{|Y_-|}{|Y_+|+|Y_-|}$为权重因子，$Y_+$ 为血管像素集合，Y_- 为背景像素集合，p_j 为第 j 个像素经过 sigmoid 函数操作之后的激活值。

在测试时，直接对网络输出层定义文件中的分值(score)，执行 sigmoid 函数变换得到分割概率图，图中每个像素值在 0 和 1 之间。

写好定义网络结构的.prototxt 文件后，还需在 solver.prototxt 文件中定义训练的各种参数，如程序清单 6-1 所示，这里使用训练服务器进行计算。

程序清单 6-1　solver.prototxt 的参数定义

```
#网络模型 prototxt 路径
net: "vel_ascend.prototxt"
#训练时不进行测试
test_iter: 0
test_interval: 10000000
display: 100
#学习率和求解器
base_lr: 1e-3
solver_type: "Adam"
momentum: 0.90
weight_decay: 0.0005
#最大迭代次数
max_iter: 10000
snapshot: 10000 # 快照
snapshot_prefix: "snapshot/ascend"
```

最后，在命令行里启动 Caffe 训练程序开始训练，即 train -solver solver.prototxt。

训练过程如图6-6所示。

```
I1118 16:26:37.993448  7621 upgrade_proto.cpp:1082] Attempting to upgrade input file specified using deprecated 'solver_type' field
(enum)': snapshot/ascend_vel/solver.prototxt
I1118 16:26:37.993887  7621 upgrade_proto.cpp:1089] Successfully upgraded file specified using deprecated 'solver_type' field (enum)
 to 'type' field (string).
W1118 16:26:37.993916  7621 upgrade_proto.cpp:1091] Note that future Caffe releases will only support 'type' field (string) for a so
lver's type.
I1118 16:26:37.994109  7621 caffe.cpp:218] Using GPUs 0
I1118 16:26:40.311775  7621 caffe.cpp:223] GPU 0: GeForce GTX 1080 Ti
I1118 16:26:40.903450  7621 solver.cpp:44] Initializing solver from parameters:
test_iter: 0
test_interval: 20000000
base_lr: 0.001
display: 100
max_iter: 10000
lr_policy: "fixed"
momentum: 0.9
weight_decay: 0.0005
snapshot: 1000
snapshot_prefix: "snapshot/ascend"
solver_mode: GPU
device_id: 0
net: "vel_ascend.prototxt"
train_state {
  level: 0
  stage: ""
}
```

图6-6　训练过程显示

网络训练结束之后，会生成模型文件ascend_iter_10000.caffemodel。

6.3.3 模型部署

推理层项目的实现基于样例acl_resnet50，模型部署主要包括如下步骤。

(1) 新建项目。将/home/HwHiAiUser/Ascend/acllib/sample/acl_execute_model目录下的acl_resnet50样例项目文件复制到用户项目文件夹中，例如HIAI_PROJECTS，并重命名为自定义的项目名称，如acl_vessel。

(2) 模型转换。模型转换需要借助昇腾张量编译器(Ascend Tensor Compiler，ATC)，首先将模型结构定义文件和权重文件上传至caffe_model目录下，通过执行以下命令即可将Caffe模型转换为昇腾处理器(这里以昇腾310为例)所支持的模型。

程序清单6-2　ATC模型转换命令

```
atc --model=caffe_model/deploy_vel_ascend.prototxt --weight=caffe_model/vel_hw_iter_5000.caffemodel --framework=0 --output=model/vessel --soc_version=Ascend310 --input_format=NCHW --input_fp16_nodes=data -output_type=FP32 --out_nodes="output:0"
```

模型转换成功之后，model目录下会生成一个*.om文件。

(3) 编译运行。需要对sample_process.cpp代码文件进行修改，主要包括以下三部分：

① 读入模型路径。模型路径需要由默认的resnet50.om更改为由ATC工具转换而来的血管分割模型路径。

② 指定模型输入文件，默认输入文件为data文件夹下doge.jpg经过处理得到的

二进制文件，这里需要更改为用户自定义输入。

③ 将原 OutputModelResult()函数改为结果保存函数 DumpModelOutputResult()。原函数采用输出模型的 top-5 精度，改为调用 DumpModelOutputResult()函数将模型结果以二进制的方式保存在文件中。

至此，就实现了模型推理程序，随后就需要搭建推理层的服务器程序，以便调用模型推理程序来处理客户端发来的眼底视网膜图像。服务器程序具有以下功能：接收客户端发起的 TCP 连接请求，接收客户端发来的眼底视网膜图像，对接收的眼底视网膜图像进行预处理，调用模型推理程序进行血管分割，处理模型分割结果，返回血管分割图像至客户端。

服务器接收客户端发起的 TCP 连接请求，如程序清单 6-3 所示，需要绑定服务器的 IP 地址和端口号。接受了客户端发起的连接请求后会新建一个线程对此请求进行处理。

程序清单 6-3　Atlas 推理卡服务器等待连接请求

```
try:
    s = socket.socket(socket.AF_INET, socket.SOCK_STREAM)
    s.setsockopt(socket.SOL_SOCKET, socket.SO_REUSEADDR, 1)
    s.bind(('192.168.0.103', 23456))
    s.listen(10)
except socket.error as msg:
    sys.exit(1)
while 1:
    conn, addr = s.accept()
    t = threading.Thread(target = deal_data, args = (conn, addr))
    t.start()
};
```

接收图像代码如程序清单 6-4 所示，首先接收图像大小，然后分批接收图像数据，图像保存至 data 目录下。

程序清单 6-4　Atlas 推理卡服务器接收客户端发来的眼底图像

```
while 1:
    buf = conn.recv(1024)
    if buf:
        filesize = str(buf,encoding = "utf - 8")
        new_filename = './data/test.jpg'
        recvd_size = 0
        filesize = int(filesize)
```

```
        fp = open(new_filename, 'wb')
        while not recvd_size == filesize:
            if filesize - recvd_size > 1024:
                data = conn.recv(1024)
                recvd_size += len(data)
            else:
                data = conn.recv(filesize - recvd_size)
                recvd_size = filesize
            fp.write(data)
        fp.close()
```

之后需要进行图像预处理，将图像进行缩放和色域变换，主要是将 RGB 转换为 BGR 格式，然后保存为二进制文件。

随后通过 os.system()函数调用推理模型程序对图像预处理得到的二进制文件进行推理，推理得到的结果同样也是二进制文件，保存在 out 目录下。需要对结果文件进行后处理，得到对应的血管分割图片。此部分代码如程序清单 6-5 所示。

程序清单 6-5　模型推理结果后处理

```
resultfile = './out/output1_0.bin'
if os.path.isfile(resultfile):
    result = []
    with open(resultfile,'rb') as fin:
        while True:
            item = fin.read(4)
            if not item:
                break
            elem = struct.unpack('f',item)[0]
            result.append(elem)
        fin.close()
    img = np.array(result)
    img = np.reshape(img * 255,(512,512))
    # 保存图片
    resultimage = Image.fromarray(np.uint8(img))
    resultimage.save(savepath)
    print("result save success")
else:
    print("result file is not exist")
```

最后将结果文件返回至客户端即可。

6.3.4　用户交互层

用户交互子系统以 GUI 的形式与用户交互。主要功能包括：与搭载 Atlas 推理卡的服务器通信，将本地硬盘上的眼底视网膜图像传送到服务器；等待服务器发送血管分割结果，并展示分割结果图。

在 Windows 平台下基于 Python3 开发此子系统，主要使用了套接字(Socket)、Tkinter、PIL、Paramiko 和 NumPy 等库。此软件运行时，会通过网络与 Atlas 推理卡服务器建立 TCP 连接。通过此连接来与服务器通信并传输文件。

用户交互子系统的主界面如图 6-7 所示。由于眼底视网膜图像的采集需要专业的相机，这里跳过眼底视网膜图像采集的功能，仅模拟从本地硬盘选择眼底视网膜图像。主界面中的 Select 按钮用于选择眼底视网膜图像，Process 按钮用于进行血管分割。

用户单击 Select 按钮，从本地选择眼底视网膜图片，如图 6-8 所示。

图 6-7　用户交互子系统界面

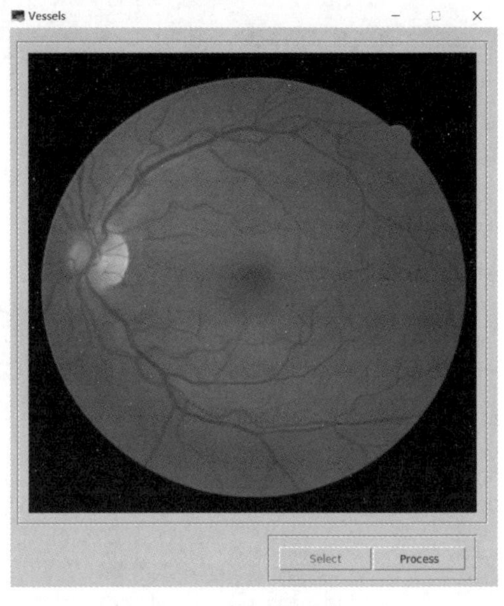

图 6-8　选择本地图片

图片选中之后，用户可单击 Process 按钮进行下一步操作。对应地，Process 操作会通过 TCP 连接发送选中的图片，然后阻塞等待服务器返回的眼底图像的分割结果，此部分代码如程序清单 6-6 所示。

程序清单 6-6　连接 Atlas 推理卡服务器

```
fileprefix = picname.split('.')[0]
filepath = './tmp/' + picname
if os.path.isfile(filepath):
    filesize = os.stat(filepath).st_size
    s.sendall(bytes(str(filesize),encoding = 'utf - 8'))
    print('client filepath: {0}'.format(filepath))
```

```
    fp = open(filepath, 'rb')
    while 1:
        data = fp.read(1024)
        if not data:
            print('{0} file send over...'.format(filepath))
            break
        s.send(data)

    # 接收结果
    print("start recv")
    while 1:
        buf = s.recv(1024)
        if buf:
            res_size = str(buf,encoding = "utf - 8")
            new_filename = './result/' + fileprefix + '_result.jpg'
            print('file new name is {0}, filesize if {1}'.format(new_filename, res_size))

            recvd_size = 0
            res_size = int(res_size)
            fp = open(new_filename, 'wb')
            print("start receiving...")
            while not recvd_size == res_size:
                if res_size - recvd_size > 1024:
                    data = s.recv(1024)
                    recvd_size += len(data)
                else:
                    data = s.recv(res_size - recvd_size)
                    recvd_size = res_size
                fp.write(data)
            fp.close()
            print("end receive...")
            break
```

收到服务器返回的血管分割图之后需要通过窗口展示分割结果，这部分代码如程序清单 6-7 所示。

程序清单 6-7　二进制文件转换成图片——Python

```
resultimage = ImageTk.PhotoImage(resultimage)
tempapp = tk.Toplevel()
tempapp.title('Result')
tempapp.geometry('560x560')
tempapp.resizable(width = False, height = False)
label_img = tk.Label(tempapp, image = resultimage)
label_img.pack()
tempapp.mainloop()
```

6.4 系统部署

本案例系统最终需要部署模型推理模块和用户交互模块。推理模块部署到 Atlas 推理卡平台上，负责眼底视网膜图像的分割。用户交互模块部署到配有相关开发环境可以与用户交互的笔记本电脑（或者台式计算机）上。笔记本电脑与搭载 Atlas 推理卡的服务器通过网络连接。需要注意的是，仅使用搭载 Atlas 推理卡的服务器可以实现对眼底视网膜图像的分割，但只能处理存储在推理卡上的眼底视网膜图像。加入用户交互模块，则可以实现从眼底视网膜图像采集、眼底血管分割到保存分割结果等完整的操作流程。系统部署流程图如图 6-9 所示。

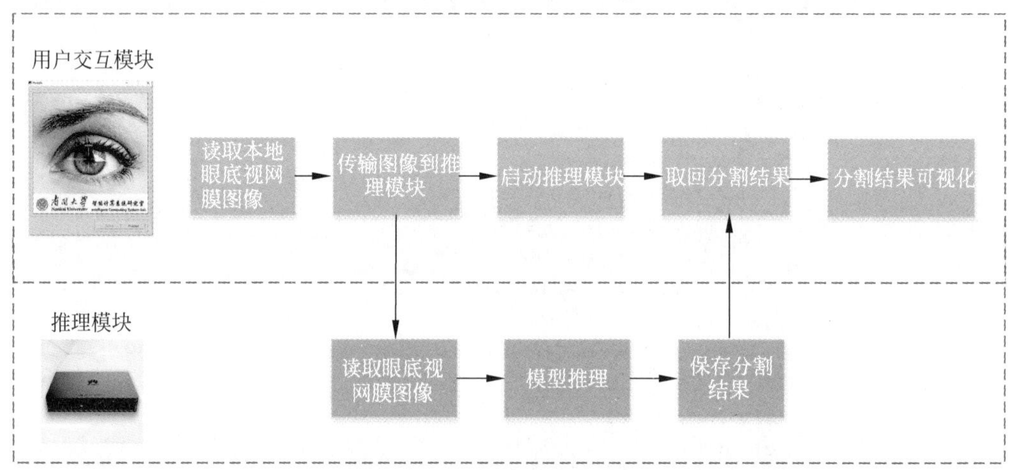

图 6-9　系统部署流程图

部署完成之后，就可以通过操作客户端来对眼底视网膜图像进行实时血管分割。Atlas 推理卡作为神经网络加速器，用以提高血管分割模型运行效率，用户交互模块作为主控程序让 Atlas 推理卡与用户交互。

6.5 运行结果

在 DRIVE 数据集上对血管分割模型进行训练和测试。图 6-10 为测试集上的接收者操作特征（Receiver Operating Characteristic，ROC）曲线，ROC 曲线下方的面积大小(Area Under Curve,AUC)值为0.9646。AUC值通过MATLAB脚本进行计算，需要注意的是，计算AUC的脚本需要用到DRIVE数据集的标注和掩膜(mask)文件。图6-11为从20张测试眼底视网膜图像中选中的4张图像的血管分割结果。

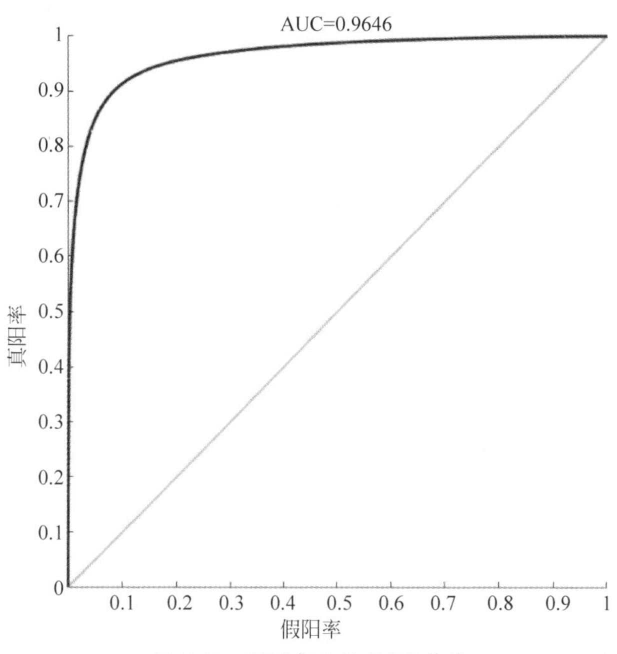

图6-10 测试集上的ROC曲线

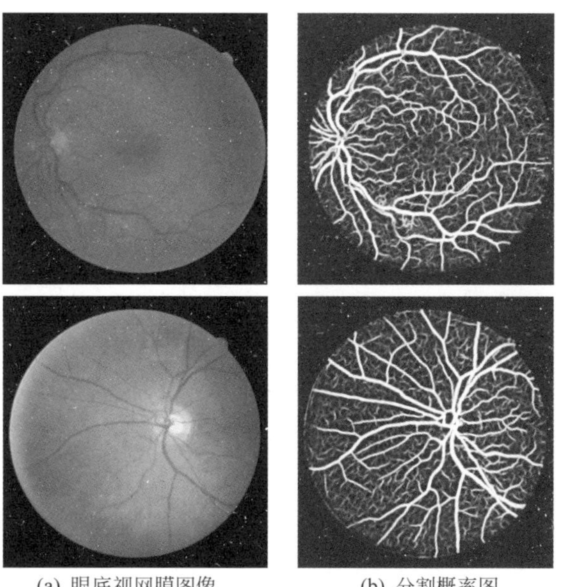

(a) 眼底视网膜图像 (b) 分割概率图

图6-11 血管分割结果

最后，测算系统的主要时间消耗情况，如表 6-1 所示。20 张尺寸为 512×512 像素的眼底视网膜图像的总耗时（总耗时＝图像预处理时间＋模型推理时间＋保存结果时间）约为 1000ms。20 张图像的推理时间为 750.44ms，平均 1 张图像的推理耗时 37.5ms。

表 6-1　系统时间消耗统计

主要功能	时间消耗/ms
图像预处理	64.81
模型推理	750.44
保存结果	169.25

6.6　本章小结

本章提供了一个基于华为 Atlas 推理卡的眼底视网膜血管分割案例，属于典型的基于深度学习的医疗影像分割任务。演示了如何利用用户交互模块启用 Atlas 推理卡的神经网络计算能力实现实时地眼底视网膜图像的血管分割，结果表明案例系统具有较快的推理速度和较好的分割结果。

第7章

边缘检测

7.1 案例简介

边缘检测是图像处理和计算机视觉中的基本问题，边缘检测的目的是标识数字图像中亮度变化明显的点。图像属性中的显著变化通常反映了属性的重要事件和变化，包括深度上的不连续、表面方向的不连续、物质属性的变化与场景照明的变化。边缘检测是图像处理和计算机视觉中，尤其是特征提取中一个重要的研究领域。图 7-1 给出了两个边缘检测的例子。

(a) 原始图像　　(b) 人工标注的边缘　　(c) 本文算法预测的边缘

图 7-1　边缘检测示例

本案例属于边缘检测应用，旨在通过深度学习工具，对输入图像进行边缘检测。本案例将训练好的基于深度学习的边缘检测模型移植到华为 Atlas 推理卡上，然后快速地对输入的图像进行边缘检测。该系统与用户交互的部分包括从图像输入、模型推理到输出结果的完整流程。其中模型推理部分采用的是深度神经网络。目前深度学习在计算机视觉和图像处理领域有着广泛的应用。本章所演示的基于深度学习的边缘检测算法是于 2019 年发表于期刊 IEEE TPAMI 的全卷积神经网络 RCF(Richer

Convolutional Features,更丰富的卷积特征)[12],该方法是第一个在使用广泛的公共数据集BSDS500[13]上效果超越人类视觉并且速度实时的边缘检测方法。此外,该方法简单,运行速度快,因而方便在Atlas推理卡上开发和运行。

本案例完成的系统在华为Atlas推理卡上实现了对输入的任意图像进行边缘检测,同时将预测结果可视化,最终保存可视化的结果,满足了对图像进行自动化边缘分析的需求,具有很大的便捷性和丰富的应用场景。

7.2 系统总体设计

系统使用深度学习框架Caffe来训练模型,然后在Atlas推理卡环境上将训练好的Caffe模型转换成Atlas推理卡需要的om模型,之后将转换的模型和待推理的测试图片一同导入Atlas推理卡环境中进行模型的推理,以及预测结果的可视化。

7.2.1 功能结构

边缘检测系统可以分为数据处理、模型构建、图像边缘感知三个主要子系统。各子系统相对独立,但又存在数据关联。其中数据处理子系统包括的功能有数据集制作、图像预处理;模型构建子系统包括的功能有网络定义、模型训练;图像边缘感知子系统包括视频解析、图像预处理、边缘识别与展示等功能。为了说明各模块之间的结构关系,细化的系统功能结构如图7-2所示。

7.2.2 运行流程与体系结构

按照运行流程划分,系统分为两个阶段:训练阶段和推理阶段,如图7-3所示。训练阶段首先解析包含BSDS500[13]和PASCAL Context[14]的数据集,得到每一张图像和对应的边缘图;其次对图像和对应的边缘图进行必要的数据增强,增加训练样本的数量,防止过拟合;然后基于Caffe框架制作数据集,定义一个可以处理训练数据的数据层,并定义网络的结构和训练参数,这里遵循RCF模型选用VGG16作为骨架网络;接着进行网络的训练,得到能够完成边缘检测的模型文件;最后通过验证与评估环节评估训练过程的质量,进行模型选择。

推理阶段包括可视化GUI工具的开发,用GUI工具进行图像选择并且导入被选择的图像;之后启动预测模型,执行图像预处理,让输入图像与数据库中图像保持一致,执行网络的前向传播进行模型推理以预测边缘;最后,将推理的边缘图像用GUI

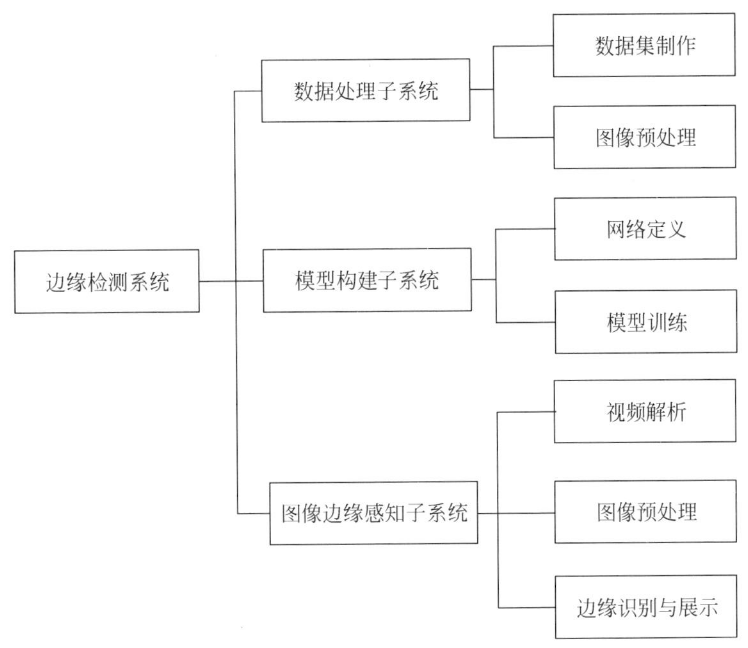

图 7-2　系统功能结构

工具进行展示。另外有一个额外的可选步骤，有时要根据部署环境的情况进行模型格式的转换或加速重构，以充分利用部署环境的硬件能力。

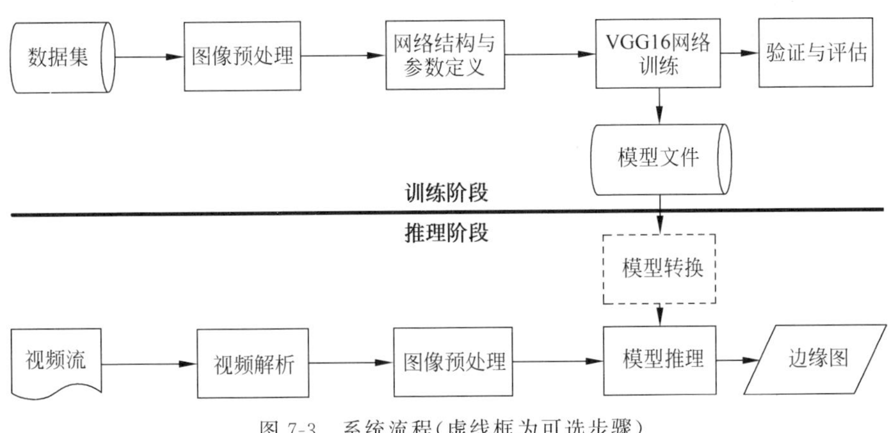

图 7-3　系统流程（虚线框为可选步骤）

按照体系结构划分，整个系统的体系结构可以划分为三部分，分别是主机端的训练层、Atlas 推理卡端的推理层以及 GUI 客户端的展示层，如图 7-4 所示。各层侧重点各不相同。训练层运行在安装有 Caffe 框架的工作站或服务器上。推理层运行于 Atlas 推理卡环境，能够支持卷积神经网络的加速。展示层运行于带有 GUI 的客户端，能够显示推理层的计算结果。各层之间存在依赖关系：推理层需要的 RCF 网络模型由训练层提供，并根据需要进行必要的格式转换或加速重构；推理层测试的图片由展示层提供，由用户进行选择；展示层要显示的数据需要由推理层计算得到。

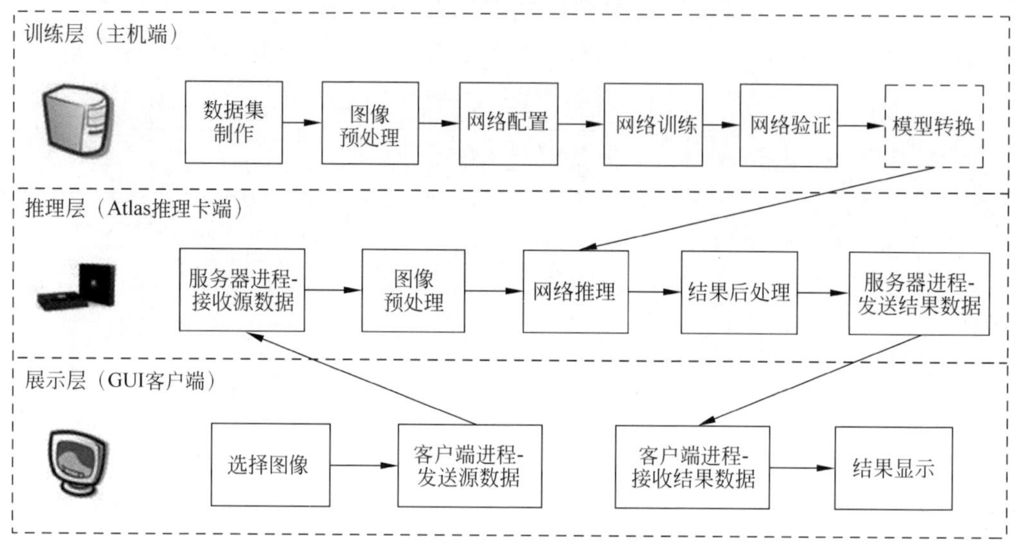

图 7-4　系统体系结构(虚线框为可选内容)

训练层的相关内容已经在本书的前述章节予以详述，这里重点结合 Atlas 推理卡环境说明推理层和展示层。

(1) 图像预处理模块以服务器端接收到的图像作为输入，使用 Python 中的 PIL 包和 NumPy 包中的方法对图像做预处理，使其满足 RCF 模型的输入要求。

(2) 网络推理模块会加载已训练好的边缘检测 RCF 网络模型文件，对输入的图片做推理并得到网络的输出。

(3) 结果后处理模块将接收到的推理结果进行处理得到最终预测的边缘图像，通过调用服务器进程将结果发送给客户端。

(4) 客户端进程将接收到的预测边缘图用 GUI 工具显示并保存在本地，用户可以查看所选择图像的边缘检测结果。

7.3　系统设计与实现

本节详细介绍系统的设计与实现。7.3.1 节介绍用于训练边缘检测模型的数据集制作；7.3.2 节讲述图像预处理；7.3.3 节介绍如何基于 Caffe 训练一个 RCF 模型；

7.3.4节介绍如何对训练的模型进行验证和评估，并展示相应的结果。本节模型训练和推理所用到的代码、数据和预训练的Caffe模型等可以在网址https://github.com/yun-liu/rcf上下载。

7.3.1 数据集制作

本项目使用BSDS500[13]和PASCAL Context[14]数据集来训练模型。BSDS500数据集是最权威的边缘检测数据集，它包含200张训练图片、100张验证图片和200张测试图片以及它们对应的边缘图，这里使用训练集和验证集中的300张图像来训练模型。对于这300张图片，将每张图片缩放到3个尺度(0.5,1.0,1.5)，然后再旋转到16个不同的尺度($22.5n, n=0,1,\cdots,15$)，从旋转之后的图像中裁剪出内接的最大矩形，最后将裁剪的结果随机翻转。如此一来，BSDS500中的训练图片数目就扩大了$3\times16\times2=96$倍，达到了28800张。PASCAL Context包含10103张图片，将每一张图片随机左右翻转，从而得到20206张图片。这里将BSDS500和PASCAL Context中的数据合并起来，一共得到49006张训练图片，用它们来训练RCF边缘检测模型。构造一个列表文件，每行包括一张图像的路径和其对应的边缘图的路径，用空格隔开。用BSDS500数据集中的200张测试图片来验证训练得到的模型的性能。上述介绍的数据增强都是边缘检测研究中的标准技术，所需的全部数据都可以在网上搜索到。

7.3.2 图像预处理

构造Caffe的数据层(ImageLabelmapDataLayer)，用这个层来读取和预处理训练数据。在训练过程中，每个训练周期要将数据集中的图像顺序打乱，以防止卷积神经网络的过拟合。

因为RCF模型的骨架网络VGG16需要使用ImageNet数据集训练的模型进行初始化，所以RCF模型输入的图像需要和训练ImageNet时的图像对齐，即减去ImageNet的均值。ImageNet的像素均值按照RGB的顺序分别是122.67891434、116.66876762和104.00698793。对于BSDS500数据集，每张图像可能对应多个人工标注的边缘图。对于每个像素点，如果有超过一半的人将该点标记为一个边缘点，那么该点为正样本；如果没有人将该点标记为边缘点，那么该点为负样本，否则，在计算损失时该点将被忽略。

7.3.3 模型训练

边缘检测采用RCF模型，它以VGG16作为骨架网络。RCF模型移除了VGG16网络的最后一个池化层和之后的全连接层，剩下的13个卷积层被4个池化层分隔成5

个卷积阶段，分别包含 2、2、3、3、3 个卷积层。RCF 模型的原理即为融合每个卷积阶段的所有卷积层生成的特征进行边缘检测，然后将 5 个阶段的结果融合起来。

Caffe 的网络定义主要在. prototxt 文件中完成，RCF 模型的骨干网络的配置和 VGG16 一样，第一阶段的网络定义如程序清单 7-1 和程序清单 7-2 所示，即将第一阶段的两个卷积层的输出特征融合，然后做边缘预测，其他阶段的定义类似。

程序清单 7-1　网络定义文件定义的第一卷积阶段的输出

```
layer { name: "conv1_1_down" type: "Convolution"
bottom: "conv1_1" top: "conv1_1_down"
param { lr_mult: 0.1 } param { lr_mult: 0.2 }
convolution_param { num_output: 21 kernel_size: 1 } }
layer { name: "conv1_2_down" type: "Convolution"
bottom: "conv1_2" top: "conv1_2_down"
param { lr_mult: 0.1 } param { lr_mult: 0.2 }
convolution_param { num_output: 21 kernel_size: 1 } }
layer { name: "score_fuse1" type: "Eltwise"
bottom: "conv1_1_down" bottom: "conv1_2_down"
top: "score_fuse1" eltwise_param { operation: SUM } }
layer { name: "score-dsn1" type: "Convolution"
bottom: "score_fuse1" top: "upscore-dsn1"
param { lr_mult: 0.01 } param { lr_mult: 0.02 }
convolution_param { num_output: 1 kernel_size: 1
weight_filler { type: "gaussian" std: 0.01 } } }
layer { name: "dsn1_loss" type: "SigmoidCrossEntropyLoss"
bottom: "upscore-dsn1" bottom: "label" top: "dsn1_loss"
loss_weight: 1 }
```

程序清单 7-2　网络定义文件定义的模型输出

```
layer { name: "concat" bottom: "upscore-dsn1" bottom: "upscore-dsn2"
bottom: "upscore-dsn3" bottom: "upscore-dsn4"
bottom: "upscore-dsn5" top: "concat-upscore"
type: "Concat" concat_param { concat_dim: 1 } }
layer { name: 'new-score-weighting' type: "Convolution"
bottom: 'concat-upscore' top: 'upscore-fuse'
param { lr_mult: 0.001 } param { lr_mult: 0.002 }
convolution_param { num_output: 1 kernel_size: 1
weight_filler { type: "constant" value: 0.2 } } }
layer { name: "fuse_loss" type: "SigmoidCrossEntropyLoss"
bottom: "upscore-fuse" bottom: "label" top: "fuse_loss"
loss_weight: 1 }
```

定义完. prototxt 文件后，还需在 solver. prototxt 文件中定义训练的各种参数，如程序清单 7-3 所示。

程序清单 7-3　solver.prototxt 的参数定义

```
net: "train_vgg16.prototxt"
base_lr: 1e-6
lr_policy: "step"
gamma: 0.1
iter_size: 10
stepsize: 10000
display: 20
average_loss: 50
max_iter: 40000
momentum: 0.9
weight_decay: 0.0002
snapshot: 10000
snapshot_prefix: "snapshots/rcf_bsds"
```

做好这些定义之后，可通过运行一个 Python 脚本来训练模型，这个脚本首先将网络的反卷积层初始化为双线性插值核；然后用 ImageNet 预训练的 VGG16 模型来初始化骨干网络；最后开始训练，如程序清单 7-4 所示。

程序清单 7-4　Python 训练脚本

```
from __future__ import division
import numpy as np
import sys
caffe_root = '../../'
sys.path.insert(0, caffe_root + 'python')
import caffe

# 构造双线性插值核
def upsample_filt(size):
    factor = (size + 1) // 2
    if size % 2 == 1:
        center = factor - 1
    else:
        center = factor - 0.5
    og = np.ogrid[:size, :size]
    return (1 - abs(og[0] - center) / factor) * \
           (1 - abs(og[1] - center) / factor)

# 设置参数使反卷积层计算双线性插值
# 注意,这是用于没有组的反卷积
def interp_surgery(net, layers):
    for l in layers:
```

```
        m, k, h, w = net.params[l][0].data.shape
        if m != k:
            print 'input + output channels need to be the same'
            raise
        if h != w:
            print 'filters need to be square'
            raise
        filt = upsample_filt(h)
        net.params[l][0].data[range(m), range(k), :, :] = filt

# 基础网络——按照编辑模型参数的例子进行
# 全卷积 VGG16 网络
base_weights = '5stage-vgg.caffemodel'

# 初始化
caffe.set_device(0)

solver = caffe.SGDSolver('solver.prototxt')

# 设置双线性插值的反卷积权重
interp_layers = [k for k in solver.net.params.keys() if 'up' in k]
interp_surgery(solver.net, interp_layers)

# 复制基础权重进行微调
solver.net.copy_from(base_weights)

# 开始训练
solver.step(40000)
```

所有训练所需的代码和数据都已在网址 https://github.com/yun-liu/rcf 上公开，读者可遵照网站上的指导进行训练，以得到 RCF 的 Caffe 权重模型。此外，读者也可以直接从该网站上下载本章已经训练好的模型，跳至 7.3.4 节开始将其迁移到 Atlas 推理卡上。

7.3.4 模型评估和验证

为了测试训练的模型是否成功，可以将得到的模型在 BSDS500 [13] 的测试集的 200 张测试图像上进行测试，测试方法和普通 Caffe 模型的测试完全相同，在此不再赘述，请读者参照 Caffe 教程或者 RCF 项目主页。得到预测的边缘图像后，不仅可以进行定性观察，还可以用 BSDS500 数据集公布的标准测试代码就行定量分析，评测代码的下载网址为 https://www2.eecs.berkeley.edu/Research/Projects/CS/vision/

grouping/resources. html。评测之前先对图像进行非极大值抑制(NMS),下载开源代码可参考网址 https://github. com/pdollar/edges,运行 NMS 程序。然后用下载的评测代码来评测 NMS 之后的边缘图像。

BSDS500 数据集上有 ODS F-measure 和 OIS F-measure 两个指标。单尺度的 RCF 能分别达到 0.806 的 ODS F-measure 和 0.823 的 OIS F-measure,多尺度(尺度 0.5、1.0、1.5 的平均)的 RCF 能够达到 0.811 的 ODS F-measure 和 0.830 的 OIS F-measure。而 BSDS500 数据公布的人类视觉的测试结果为 0.803 的 ODS F-measure,且 RCF 在当前主流推理服务器上能达到 30 帧/秒的速度,所以 RCF 算法是第一个在 BSDS500 数据集上超越人类视觉的实时边缘检测算法。读者可通过将自己的评测结果与上述结果对比来判断模型是否训练好。

7.4　系统部署

本案例系统最终运行在 Atlas 推理卡平台上,是基于服务器/客户(Server/Client)端模式进行部署的。7.4.1 节介绍如何借助 Atlas 推理卡环境进行 Caffe 模型文件的转换,以及服务器端部署。7.4.2 节介绍如何进行客户端部署。

7.4.1　服务器端部署

服务器的所有代码在本案例的配套程序中的 Server 文件夹下面。进行服务器端部署时,需要将 Server 文件夹下的所有文件(RCF 文件夹)复制到 Atlas 推理卡环境 home/HwHiAiUser/HIAI_PROJECTS/rcf 目录下。因为本程序是基于套接字(Socket)进行通信的,所以在运行程序之前需要修改程序 server. py 中的 IP 地址和端口,IP 地址是 Atlas 推理卡环境下的 IP 地址,可采用如图 7-5 所示的方式查询。

在修改 IP 地址完成之后,可按照以下步骤进行部署操作。

(1) 执行程序清单 7-5 中的命令,把 caffe_model 目录下训练好的 RCF Caffe 模型转换为 Atlas 推理卡环境需要使用的 om 模型,并保存到 model/目录下,命名为 deploy_vel. om。--model 为记录网络结构的. prototxt 文件,--weight 为记录参数值的. caffemodel 文件。推理过程的 Batch Size 需要设为 1,图像的宽、高和通道数不变,因此输入的节点 N、C、H、W 分别对应为 1、3、512、512。

程序清单 7-5　模型转换命令

```
atc --model=caffe_model/rcf.prototxt \
```

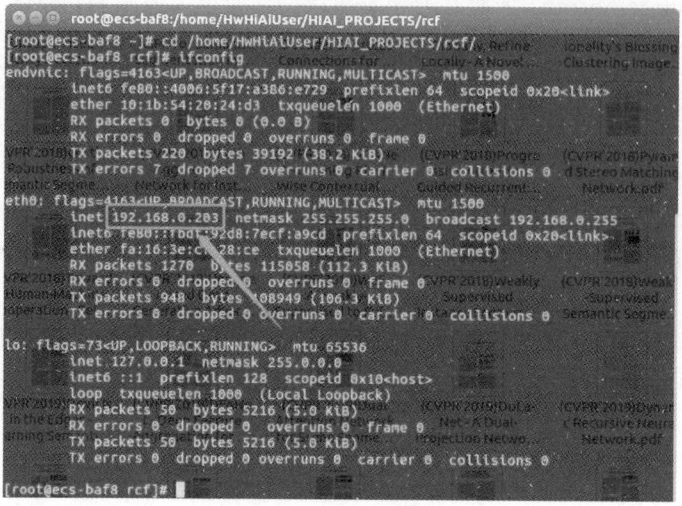

图 7-5 查询 IP 地址

```
-- weight = caffe_model/rcf_bsds.caffemodel \
-- framework = 0 \
-- output = model/deploy_vel \
-- soc_version = Ascend310 \
-- input_format = NCHW \
-- input_fp16_nodes = data \
-- output_type = FP32
```

(2) 执行程序清单 7-6 中的命令来编译调用 om 模型的程序。

程序清单 7-6　程序编译命令

```
cd build/intermediates/host
cmake ../../../src - DCMAKE_CXX_COMPILER = g++ - DCMAKE_SKIP_RPATH = TRUE
make
```

(3) 执行程序清单 7-7 中的命令来修改编译出来的文件的权限。

程序清单 7-7　修改文件权限的命令

```
cd ../../../out
chmod 777 main
```

(4) 执行程序清单 7-8 中的命令来启动服务器进程。

程序清单 7-8　启动服务器命令

```
cd ..
python3.7.5 server.py
```

为了方便整个部署操作，本案例还提供了一键式部署脚本 run.sh。在使用之前，需要使用命令 chmod 777 run.sh 给该脚本设置权限，该脚本会自动进行模型转换和编译运行等操作，想要结束运行时，需要按 Ctrl+C 组合键结束。运行命令：bash run.sh 或者./run.sh。

7.4.2　客户端部署

在 7.4.1 节完成了服务器端的部署之后，本节将介绍如何在客户端进行部署，并在客户端进行推理以及推理结果的展示。客户端部署所需要的所有代码在本案例提供的代码的客户端目录下。和服务器端部署类似，在部署之前，也需要进行 IP 地址的修改。具体的操作是修改客户端目录下的 client3.0.py 文件中套接字绑定的 IP 地址，如图 7-6 所示。客户端采用 Python3 实现，运行所需要的库（主要包括 Tkinter、PIL、NumPy 和 Socket），运行前需要确认这些库已安装。在完成依赖库的安装和 IP 地址的修改之后，就可以开始运行客户端的程序了。运行命令：python client3.0.py。运行之后的主界面如图 7-7 所示。

```
try:
    s = socket.socket(socket.AF_INET, socket.SOCK_STREAM)
    s.connect(('124.70.69.88', 3389))
except socket.error as msg:
    print(msg)
    sys.exit(1)
print("connected !")
```

图 7-6　客户端修改 IP 地址

图 7-7　客户端运行的主界面

单击 Select 按钮选择图片，然后单击 Process 按钮用 Atlas 推理卡进行远程推理，获得的可视化结果如图 7-8 所示。

图 7-8　客户端的可视化预测结果

7.5　运行结果

本案例选取 BSDS500 测试集上的一些图片对系统进行测试，图 7-9 给出了不同类型输入图片的边缘检测结果。边缘检测案例是一个典型的输入图像、输出预测矩阵的问题，也称为稠密预测问题，即给每个像素预测一个结果，这不同于图像分类或物体检测问题的输出模式。其他的稠密预测问题也可以仿照本案例的方法在 Atlas 推理卡上进行部署。

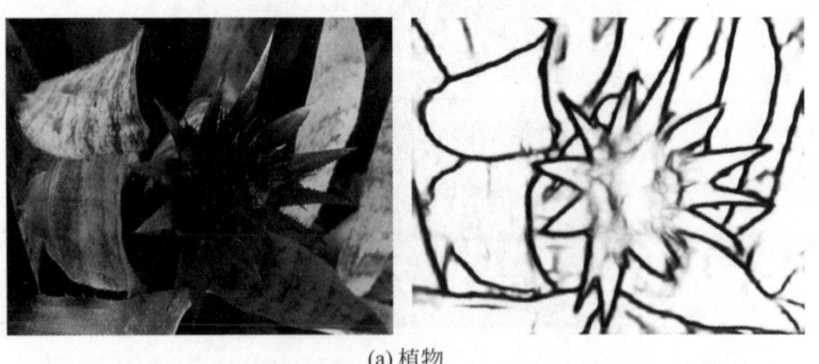

(a) 植物

图 7-9　不同类型输入图片的边缘检测结果(左图为原始输入，右图为边缘检测结果)

(b) 人类活动

(c) 纹理复杂的自然场景

图 7-9 （续）

7.6 本章小结

本章提供了一个基于华为 Atlas 推理卡的边缘检测案例，演示了如何在 Atlas 推理卡上运行基于深度学习的边缘检测技术，使用了基于深度学习的 RCF 模型，并展示了如何在 Atlas 推理卡上实现图像稠密预测。本章对案例系统做了详尽的剖析，阐明了整个系统功能结构与流程设计，详细解释了如何解析数据，如何构建深度学习模型和如何移植模型到 Atlas 推理卡端等内容。部署后的系统能够对用户选择的图像用 RCF 模型进行边缘检测，具有较快的推理速度和较好的边缘检测性能。

第三篇　图 像 生 成

第8章

AR 阴影生成

8.1 案例简介

增强现实(Augmented Reality,AR)技术将计算机生成的虚拟信息(如图片、文字与三维物体等)无缝地与真实环境进行叠加融合。其中,AR 的光照一致性要求被插入物体能呈现出与背景真实环境相一致的明暗及其四周的阴影效果,与真实环境相一致的阴影使合成图像更具有真实感,如图 8-1 所示。

图 8-1 虚拟物体阴影使合成图像更具有真实感

本章案例属于 AR 阴影生成应用,旨在通过华为 Atlas 开发者套件实现基于对抗生成网络(Generative Adversarial Network,GAN)的端到端 AR 阴影生成。该应用通过输入不含虚拟物体阴影的合成图像与虚拟物体掩码图像,输出包含虚拟物体阴影的图像。由于 AR 应用的实时性要求,网络模型推理的速度对于用户体验至关重要。如何得到速度快、参数少的阴影生成模型是一项富有挑战性的任务。

本案例完成的系统在华为 Atlas 开发者套件上实现了基于 GAN 的 AR 阴影直接生成而不需要任何的逆渲染,便于灵活地运用到各种 AR 场景。

8.2 系统总体设计

本系统读取本地图像数据作为输入，由 GAN 推理生成虚拟物体的阴影，输出包含虚拟物体阴影的图像。

8.2.1 功能结构

基于 GAN 的 AR 阴影系统可以划分为数据集制作、网络模型构建、网络推理 3 个主要子模块。其中，数据集制作需要完成原始图像采集、相机与光照标定、虚拟物体渲染过程；网络模型构建需要完成网络模型定义、网络模型训练过程；网络推理需要完成图像数据读取、图像数据处理、阴影图像生成过程。为了说明各模块之间的结构关系，细化的系统整体功能结构如图 8-2 所示。

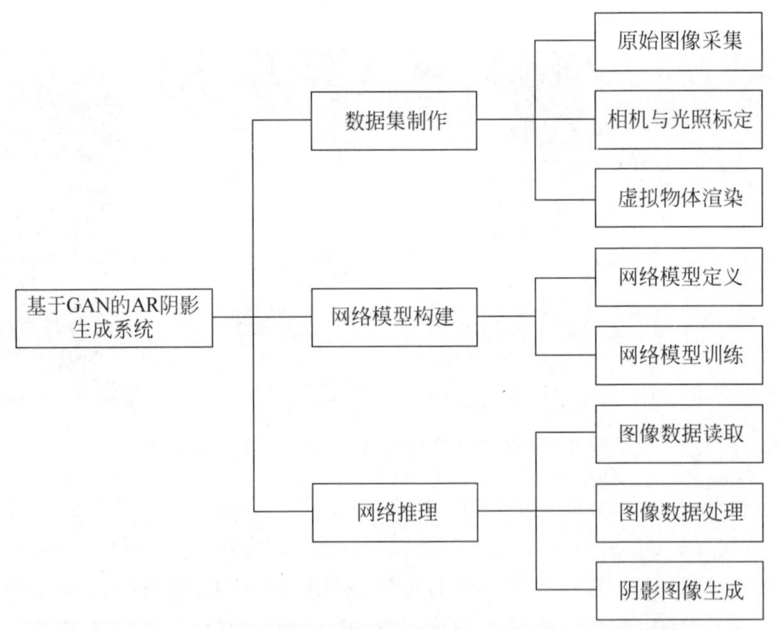

图 8-2　系统功能结构

8.2.2 运行流程

按照运行流程划分，系统分成两个阶段，分别是训练阶段和推理阶段，如图 8-3 所示。训练阶段使用自主收集制作的数据集，将其适当地划分为训练集与测试集两部分。基于 TensorFlow 框架（1.12.0 版本）定义网络模型的结构与训练参数，本案例选用 pix2pix 网络[15]作为基本架构进行适当的修改调整；接着进行网络的训练，得到能够实现阴影图像生成的网络模型；最后通过验证环节评估模型的质量，选择最合适的模型。

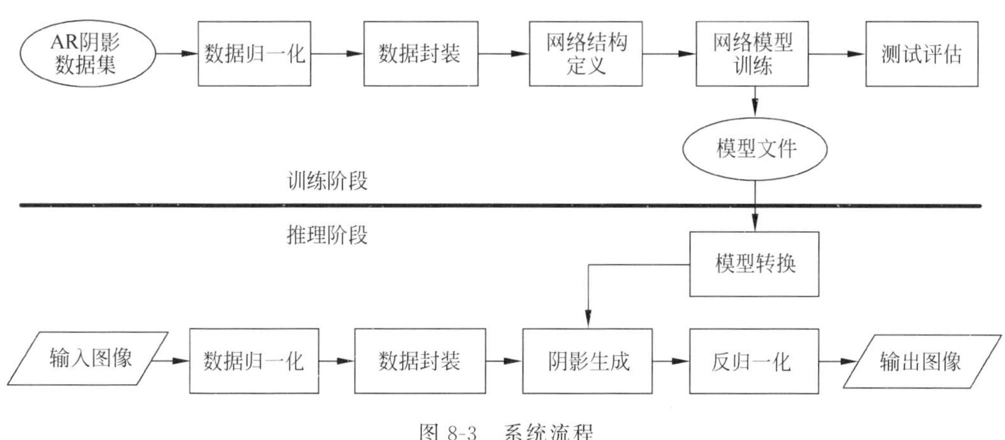

图 8-3　系统流程

推理阶段主要包括 5 个步骤。

（1）数据读取：读取无虚拟物体阴影的图像与虚拟物体的掩码图像数据。

（2）归一化：转换图像尺寸并将其归一化到[－1.0,1.0]的 32 位浮点数类型。

（3）封装：将图像数据封装成网络模型支持的批次（Batch）作为网络模型的输入。

（4）阴影生成：网络模型生成包含虚拟物体阴影的图像数据作为输出。

（5）反归一化：将输出数据转换成[0,255]的 8 位无符号整数类型并保存。

其中，归一化与封装这两个步骤在训练阶段和推理阶段都需要执行，基于式（8-1）实现。

$$I' = 2.0(I/255.0) - 1.0 \tag{8-1}$$

反归一化步骤为式（8-1）的逆过程，在推理阶段保存结果时需要执行而训练阶段不需要。推理阶段输出的结果可保存或展示。

整个系统的运行环境分为两部分：数据集制作与网络模型训练在主机端完成，网络推理在 Atlas 开发者套件端完成。数据集制作要求运行环境支持 OpenGL 渲染流程，网络模型训练要求运行环境安装 TensorFlow 框架，推荐使用工作站配置计算加速卡。推理阶段运行在 Atlas 开发者套件环境，能够支持卷积神经网络的加速。推理阶段所需要的 GAN 模型由训练阶段提供，并根据需要进行格式转换或加速重构生成昇腾处理器支持的 *.om 模型文件。

8.3 系统设计与实现

本节详细介绍系统的设计与实现。8.3.1 节详细介绍案例的设计思想与 AR 阴影数据集的制作过程；8.3.2 节讲述图像的预处理步骤，涉及像素值与尺寸的归一化；8.3.3 节详细介绍如何基于 TensorFlow 框架定义并训练 AR 阴影生成的 GAN 模型；8.3.4 节详细介绍如何实现将 TensorFlow 保存的 ckpt 文件逐步转换成昇腾处理器(这里以昇腾 310 为例)支持的网络模型；8.3.5 节则详细介绍如何用转换后的模型实现网络推理并将推理的结果保存为图像。

8.3.1 数据集制作

由于现有的开源数据集不满足 AR 阴影生成的需求，自主收集并制作相应的数据集以完成网络模型的训练与测试。本案例的核心设计思想是：让 GAN 通过有监督方式利用 AR 图像中的真实环境线索学习自动推理虚拟物体的阴影。本案例定义的真实环境线索为真实阴影与相应的投射物，两者缺一不可，但可以部分出现在图像中。为此，需要 3 种类型的图像数据，如图 8-4 所示。注意，图像中必须有真实阴影与其投射物出现。

(a) 无虚拟物体阴影图像

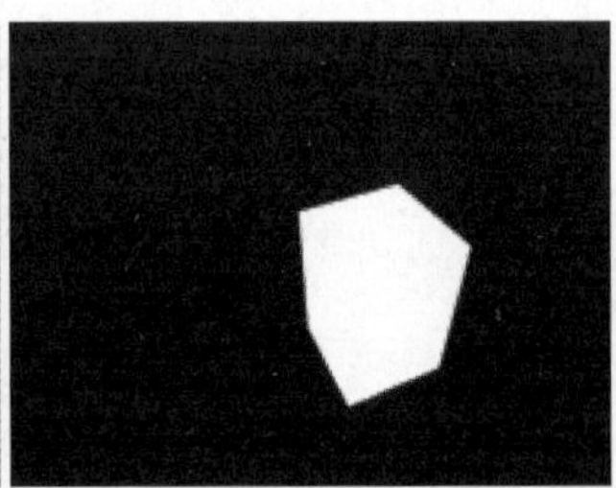

(b) 虚拟物体掩码图像

(c) 包含虚拟物体阴影图像

图 8-4　数据样例

无阴影图像与掩码图像作为网络模型的输入，阴影图像为网络模型学习生成的目标。掩码图像的作用主要是指明虚拟物体的形状与目标阴影形状有一定的关联性。

制作数据集需要准备的条件如下。

(1) 焦距固定的摄像头，本案例使用一个焦距为 680 像素的 Logitech C920 摄像头以 640×480 像素的分辨率拍摄原始图像。

(2) 支持基于可编程着色器的 OpenGL(OpenGL 版本不低于 3.3)的 PC。

(3) PC 需要具备 C++版开源库 OpenCV、Assimp 与 freeGLUT 的运行环境。

(4) 三维(3D)模型文件若干。

(5) 方形黑白标记物,如图 8-5 所示。

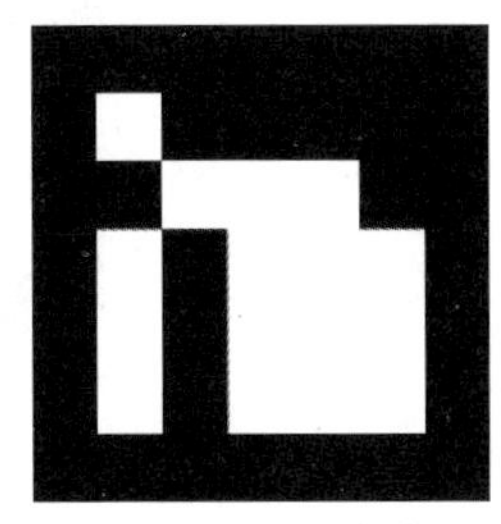

图 8-5　制作数据集所使用的方形黑白标记物

通过标记物对相机进行位姿估计与光照标定的原理为:以标记物的边为坐标轴,建立 3D 笛卡尔坐标系 M,标记物 4 个角点的 3D 坐标是已知的。在拍摄的图像中检测与识别标记物可以计算出标记物 4 个角点在图像中的像素坐标。通过这 4 个点像素坐标与 3D 坐标之间的对应关系,可以结合相机内参数计算出当前相机在 M 坐标系中的位置与姿态。

假定室内光源为最主要的单个点光源,室外光源(太阳光)为无限远的点光源,即方向光源,可在 M 坐标系下测量光源的位置与方向信息。针对室内环境,可通过逐个关闭或遮挡找出产生最明显真实阴影的光源,并测量其几何中心的位置。针对室外环境,可以用预先测定好的直尺,通过直尺的边缘角点与其影子相应角点之间的匹配计算太阳光在 M 坐标系中的方向向量。

标记物的识别分为图像二值化、轮廓提取、角点检测、匹配识别这四大步骤。完整的流程如图 8-6 所示。图像二值化利用自适应阈值方法,将图片分为前景和背景两部分。本项目中,图像二值化的目的是将黑白方形标记的外观特征从 RGB 图像中提取出来,将背景统一变为纯色。轮廓提取将二值化图像中的所有轮廓检测出来并放入列表,进而可以筛选出组成四边形的直线,实现角点的检测与提取。通过 4 个角点,可将提取得到的四边形用透视变换(Perspective Transformation)恢复为正方形,经过 0/1 编码后与黑白方形标记物的编码进行匹配。若两者编码的海明(Hamming)距离满足一定的阈值条件,则说明从图像中成功识别出了一个黑白方形标记物。黑白方形标记物的 0/1 编码为一个 7×7 的矩阵,如图 8-7 所示。

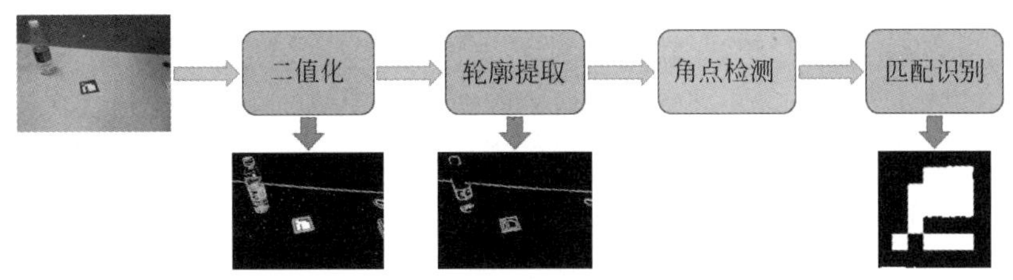

图 8-6　标记物识别流程

标记物的检测与识别提供了 4 个角点的坐标对应关系,从而可以通过 PnP(Perspective-n-Point)算法计算出相机位姿与相机内参数。

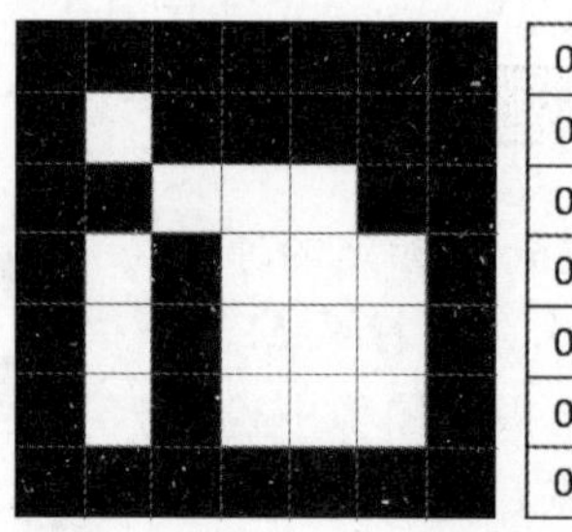

0	0	0	0	0	0	0
0	1	0	0	0	0	0
0	0	1	1	1	0	0
0	1	0	1	1	1	0
0	1	0	1	1	1	0
0	1	0	1	1	1	0
0	0	0	0	0	0	0

图 8-7　标记物编码示意

如图 8-8 所示，有了相机位姿与光照这些信息，即可用 OpenGL 渲染 3D 模型与阴影。AR 合成图像通过以真实照片作为背景，3D 模型作为前景的方式渲染得到，3D 模型的阴影通过以下方式渲染得到。

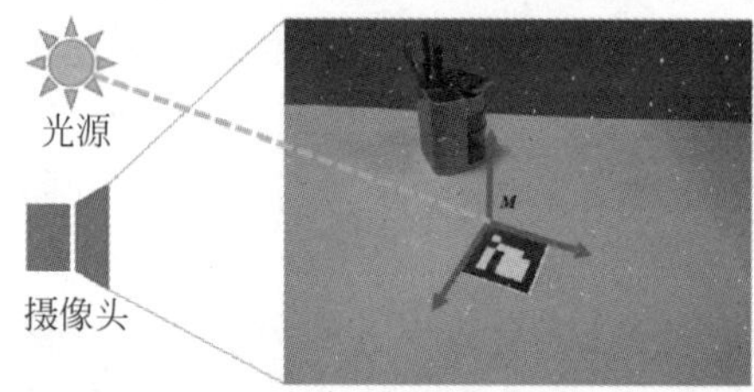

图 8-8　基于标记物制作数据

(1) 在 3D 模型底部放置一个与模型底部对齐的平面。

(2) 利用阴影映射(Shadow Mapping)方法确定 3D 模型的阴影区域，该方法的核心思想为：从光源视角发出视线，不可见区域即认为属于阴影区域。

(3) 设置平面的透明度(Alpha)参数，非阴影区域设置为 0.0(完全透明)，阴影区域设置为某个位于(0.0,1.0)区间的浮点数(半透明)。

(4) 前景(3D 模型与其阴影区域)与背景(真实照片)通过 Alpha 混合得到具有虚拟阴影效果的图像。

渲染得到包含虚拟阴影的 AR 图像将作为本案例监督学习的真值(Ground Truth)被保存下来。通过控制是否投射阴影即可获得有虚拟阴影与无虚拟阴影的 AR 图像对。通过控制背景(原始图像)为黑色，前景(3D 模型)为白色即可获取精准的虚拟物体掩码图像。大部分的渲染工作由 OpenGL 完成，直接提供数据制作工具，读者不需要详细掌握大量的细节知识。

数据集制作的整个过程涉及大量的三维重建与计算机图形学知识，如果读者对原理感兴趣，可自行下载源代码，结合注释并阅读文献[28]学习。关于 OpenGL 的学习可以参考网址 https://learnopengl-cn.github.io/。自主收集制作的数据集划分为两部分：1500 组数据用于训练，200 组数据用于测试。

由于数据集制作流程较为复杂烦琐且需要受到标记物的限制，提供另一种无须标记物的数据制作工具方便读者制作自己的合成图像数据。将相机与标记物之间的相对位姿与投影矩阵设置为满足多数场景的定值，直接编译到可执行文件之中，通过调用可执行文件观察可视化效果进而调节光源位置参数。这种方式可以摆脱标记物的限制。可执行文件的调用命令如程序清单 8-1 所示，详细操作方法请参考案例提供的工具使用手册。

程序清单 8-1　图像合成工具调用命令

```
ImageComposite[.exe] <imageFile> <modelFile> <configFile>
<imageFile>: 图像文件路径
<modelFile>: 3D 模型文件路径
<configFile>: 配置文件路径,包括光源位置、模型缩放、位姿等参数

调用示例: ImageComposite.exe 007.jpg bunny/bunny.obj light.txt
```

本案例提供两种数据制作工具的源代码与可执行文件，读者可根据需要自行下载阅读或根据需求选择使用，如有特殊需求也可以修改编译。

8.3.2 图像预处理

图像的预处理操作包括尺寸与像素值的归一化，这些操作在网络模型训练与推理阶段都会执行。首先需要将图像尺寸缩放到网络支持的 256×256 像素，本案例用双三次插值法实现图像的缩放。再根据 8.2.2 节的式(8-1)完成像素值的归一化。通过调用 numpy 与 opencv-Python 库封装的接口函数实现图像的预处理操作，具体操作如程序清单 8-2 所示。

程序清单 8-2　图像预处理操作，详见 train. py 与 test. py

```python
import cv2 as cv
import numpy as np
# 以 3 通道 BGR 格式读取输入合成图像,以单通道灰度格式读取输入掩码
image = cv.imread(image_path, cv.IMREAD_COLOR)
mask = cv.imread(mask_path, cv.IMREAD_GRAYSCALE)
# 用双三次插值方法把图像缩放到 256 × 256
image = cv.resize(image, (256, 256), interpolation = cv.INTER_CUBIC)
mask = cv.resize(mask, (256, 256), interpolation = cv.INTER_CUBIC)
# 根据式(8-1)将像素值归一化到[-1.0, 1.0],掩码图像取反
image = image.astype(np.float) / 127.5
mask = 1.0 - mask.astype(np.float) / 127.5
```

8.3.3 模型创建

AR 阴影生成通过 GAN 学习完成。生成器是一个由 5 个下采样层与 5 个上采样层构成的 U 形语义分割网络，每个下采样层由“卷积-ReLU 激活-平均池化”操作序列组成，每个上采样层由“最邻近插值-卷积-ReLU 激活”组成。每个上采样层的输出直接连接到对称的下采样层的输入。生成器的输出为残差式(Residual)结构，生成器直接生成阴影残差图，与输入图像相加得到最终的 AR 阴影图像。判别器则由 4 个下采样层组成，最后一层输出的特征图经过全局平均池化作为判别器输出的概率。网络结构定义如程序清单 8-3 所示，网络结构如图 8-9 所示。

程序清单 8-3　网络结构定义，详见 model.py

```
import tensorflow as tf
import tf.image.resize_nearest_neighbor as resize
# 对卷积操作的简单封装,详见 operators.py
def conv(input_data,                # 输入 4 维图像数据,NHWC 格式的张量
         output_channels,           # 输出通道数,即卷积核个数
         k = 3,                     # 卷积核的尺寸
         s = 1,                     # 卷积操作的步长
         padding = 'SAME',          # 填充方式,'SAME'或'VALID'
         initializer = tf.keras.initializers.he_normal()):
    ...
# 对最大池化操作的简单封装,详见 operators.py
def max_pool(input_data):
    ...
# 对平均池化操作的简单封装,详见 operators.py
def avg_pool(input_data):
    ...
#生成器定义,详见 operators.py
def generator(input_image, input_mask):
    ...
#判别器定义
def discriminator(input_image, input_mask, output):
    ...
```

GAN 训练所用的损失函数由 3 项组合而成，可为每一项赋值不同的权重选择性能最佳的配置。

$$L_{\text{total}} = L_1 + L_{\text{grad}} + L_{\text{adv}} \tag{8-2}$$

其中，L_1 表示生成器输出图像与目标图像之间的 1-范数误差，即

$$L_1 = \| y - G(x) \|_1 \tag{8-3}$$

L_{grad} 表示生成器输出图像与目标图像之间图像梯度的 1-范数误差，即

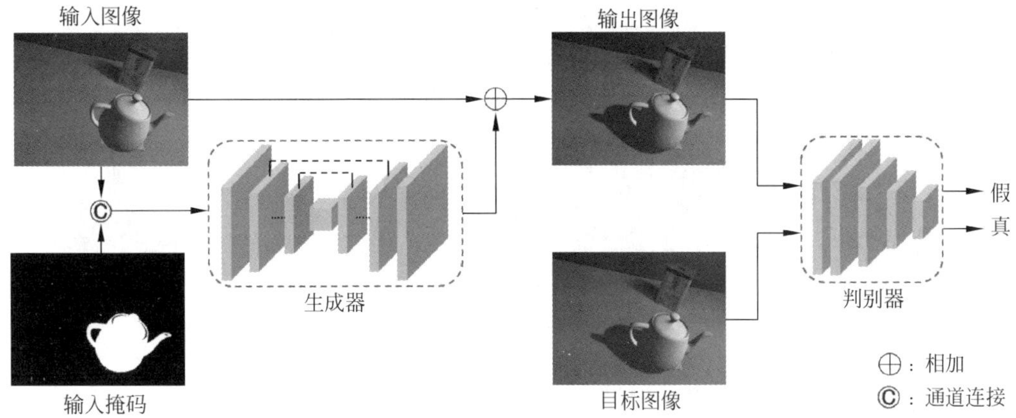

图 8-9　GAN 结构

$$L_{\text{grad}} = \| \nabla_u y - \nabla_u G(x) \|_1 + \| \nabla_v y - \nabla_v G(x) \|_1 \tag{8-4}$$

L_{adv} 表示 GAN 的生成对抗误差，采用最小二乘生成对抗网络（Least Squares GANs，LSGANs）的损失函数作为生成对抗误差

$$L_{\text{adv}} = [1 - D(y)]^2 + [D(G(x))]^2 \tag{8-5}$$

训练过程中，判别器尽可能使 L_{adv} 最小化，而生成器尽可能使 L_{adv} 最大化。损失函数的实现详见 train. py。

由于本案例提供的自主收集数据的数据量不大，因此可以采用将所有图像数据一次性全部读入内存的方式减少磁盘读写带来的开销。训练结束后可直接在测试集上进行网络模型验证。在每次迭代（Iteration）中，Adam 优化器交替地优化判别器与生成器，初始学习率设置为 10^{-5}，批次大小（Batch Size）设置为 1，GAN 在训练集上训练 100 轮（Epoch）后停止训练。

AR 阴影生成的整体质量可通过 RMSE 图像相似度指标衡量。训练好的网络模型在测试集上计算生成图像与目标图像的平均 RMSE，一般来说，RMSE 越低，AR 阴影生成的质量越好；反之，RMSE 越高，AR 阴影生成质量越低。本案例量化指标如表 8-1 所示，典型的可视化结果如图 8-10 所示。

表 8-1　网络模型在测试集上的平均 RMSE 指标

Epoch	RMSE
50	7.729
100	6.872

8.3.4　模型转换

TensorFlow 为了方便训练，直接保存的模型格式为网络结构与权重数据分离的 ckpt 文件，因此首先要将 ckpt 文件转换成华为 ATC 转换工具支持转换的 pb 文件，可

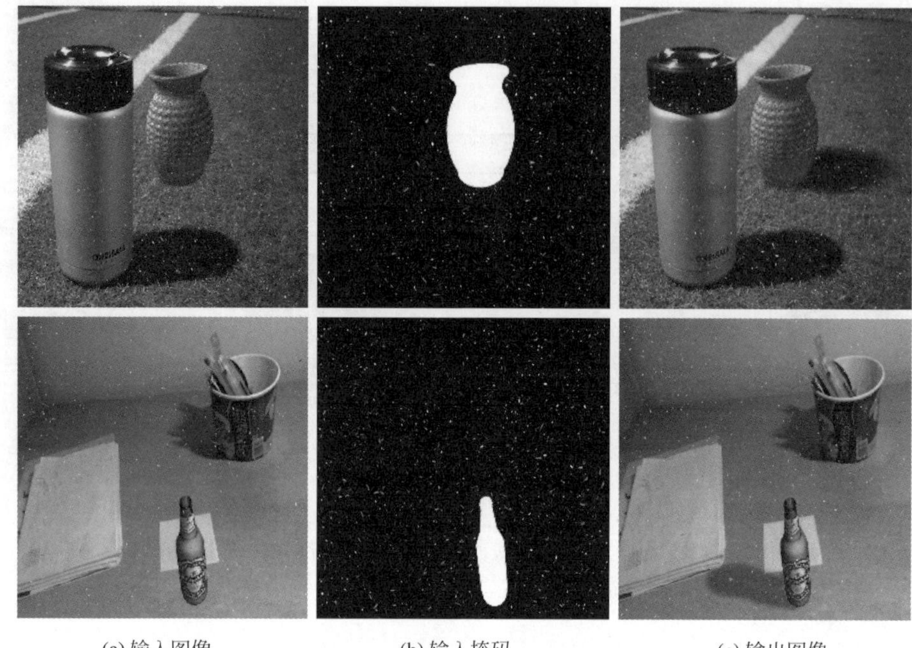

(a) 输入图像　　(b) 输入掩码　　(c) 输出图像

图 8-10　可视化测试结果示意

运行 convert. py 完成转换。

值得注意的是，GAN 的判别器只在训练阶段辅助生成器的学习与训练，在后续的推理阶段是不需要的，因此与判别器相关的输入输出不应出现在最终转换的计算图中。将 ckpt 文件转换为 pb 模型之后，在云环境中使用 ATC 命令将刚刚保持的 pb 网络模型转换为对应的 * . om 模型，其输入格式为 NHWC，网络推理的输入图像设置为[1,256,256,3]，输入掩码设置为[1,256,256,1]。同时，本案例网络输入与输出的格式均为 32 位浮点数类型，不采用 AIPP(AI Preprocessing)，而是通过额外代码实现浮点数转换与归一化再输入网络模型推理。将 pb 网络模型转化为 * . om 模型的 ATC 命令如程序清单 8-4 所示。

程序清单 8-4　pb 模型转换为对应的 * . om 模型

```
# 模型转换
atc --output_type = FP32 \
--input_shape = "placeholder/input_image:1,256,256,3;
placeholder/input_mask:1,256,256,1" \
--input_format = NHWC \
--output = "./model/model" \
--soc_version = Ascend310 \
--framework = 3 \
```

```
-- model = ./model.pb \
-- precision_mode = allow_fp32_to_fp16
```

如果模型转换成功，将得到如图 8-11 所示的日志，*.om 模型将被保存到～/model 目录下。

```
root@ecs-ai1-c75-lijiangtao:/home# atc --output_type=FP32 \
> --input_shape="placeholder/input_image:1,256,256,3;placeholder/input_mask:1,256,256,1" \
> --input_format=NHWC \
> --output="./model/model" \
> --soc_version=Ascend310 \
> --framework=3 \
> --model=./model.pb \
> --precision_mode=allow_fp32_to_fp16
ATC start working now, please wait for a moment.
ATC run success, welcome to the next use.
```

图 8-11　模型转换成功时的输出日志

8.3.5　网络推理

本案例使用 C++开发 AR 阴影生成的网络推理示例，示例的开发参考了 C++版的图像分类案例[4]。首先利用 Python 对输入的无虚拟阴影 AR 图像和虚拟物体掩码图像进行格式转换和归一化。接着在 C++中实例化推理对象，并对推理的昇腾计算语言(Ascend Computing Language，AscendCL)资源、模型和内存进行初始化，如程序清单 8-5 所示。

程序清单 8-5　对推理的 AscendCL 资源、模型和内存进行初始化，详见 Process.cpp

```
# AscendCL 资源初始化
Result Process::InitResource() {
    // AscendCL init
    const char *aclConfigPath = "../src/acl.json";
    aclError ret = aclInit(aclConfigPath);             # AscendCL 初始化
    if (ret != ACL_ERROR_NONE) {
        ERROR_LOG("Acl init failed");
        return FAILED;
    }
    INFO_LOG("Acl init success");
    // open device
    ret = aclrtSetDevice(deviceId_);                   # 指定用于计算的 device
    if (ret != ACL_ERROR_NONE) {
        ERROR_LOG("Acl open device %d failed", deviceId_);
        return FAILED;
    }
    INFO_LOG("Open device %d success", deviceId_);
```

```
        ret = aclrtGetRunMode(&runMode_);                    # 获取 AI 软件栈的运行模式
        if (ret != ACL_ERROR_NONE) {
            ERROR_LOG("acl get run mode failed");
            return FAILED;
        }
        return SUCCESS;
    }
    # 根据 *.om 文件构造网络模型
    Result ret = model_.LoadModelFromFileWithMem(omModelPath);
        if (ret != SUCCESS) {
            ERROR_LOG("execute LoadModelFromFileWithMem failed");
            return FAILED;
        }
    # 创建输出 Dataset
    ret = model_.CreateDesc();
      ...
```

然后为输入和输出建立 Dataset 并分配内存空间，使用输入数据进行推理，之后从输出 Dataset 中提取出输出结果并保存为二进制文件，即完成了网络推理步骤，具体实现如程序清单 8-6 所示。

程序清单 8-6　进行推理，详见 Process.cpp

```
# 对模型执行推理
Result Process::Inference(aclmdlDataset * & inferenceOutput) {
    Result ret = model_.Execute();
    if (ret != SUCCESS) {
        ERROR_LOG("Execute model inference failed");
        return FAILED;
    }

    inferenceOutput = model_.GetModelOutputData();

    return SUCCESS;
}
# 提取输出结果并保存
Result Process::Postprocess(aclmdlDataset * modelOutput){
  ...
```

经过昇腾处理器计算加速库 AscendCL 推理得到结果的二进制文件后，利用 Python 对结果进行数据处理和反归一化，将结果保存为 JPG 图片格式。从输入无虚拟阴影 AR 图像到包含 AR 阴影图像的生成的完整网络推理过程就完成了。

8.4　系统部署

案例的网络推理过程运行在 Atlas 开发者套件上的 MindStudio IDE 中。由于本案例是从本地文件读写图像数据的图像生成应用，模块之间的交互与案例部署相对简单。我们首先需要直接登录 Atlas 开发者套件，为其配置相应的运行环境，然后执行案例的部署工作，即进行 *.om 模型转换，在本地利用 Python 进行数据的预处理，之后在集成开发环境（Integrated Development Environment，IDE）中建立项目并将预处理后的数据和 *.om 模型放入相应路径下进行编译和执行。

8.5　运行结果

本案例远程执行网络推理可以直接看到可视化结果，其运行流程如下。

（1）对主机上需要处理的无阴影 AR 图像与虚拟物体掩码利用 Python 进行预处理，在 C75 环境中利用 ATC 工具进行模型转换。

（2）在 MindStudio IDE 中创建项目，将预处理好的数据和转换的 *.om 模型分别放入项目的 data 和 model 路径下。

（3）在 MindStudio IDE 中为项目配置编译并进行编译，运行。

（4）对 MindStudio IDE 进行网络推理后的结果利用 Python 进行后处理，并将处理结果保存为 JPG 图片。

在 MindStudio IDE 中正确执行项目编译后将显示如图 8-12 所示的结果，网络推

```
Run:  project
project start running ...
Run command:
/usr/local/python3.7.5/bin/python3 /home/czpp/MindStudio-ubuntu/tools/run.py -i 192.168.1.2:22118 -n project -j /home/czpp/project -k /hc
2020-09-17 07:00:34 - [INFO] The remote host is connected.
2020-09-17 07:00:35 - [INFO] No dump information is configured
2020-09-17 07:00:35 - [INFO] Start synchronizing "/home/czpp/project/out/out.tar" to "~/HIAI_PROJECTS/workspace_mind_studio/project_18ebc
2020-09-17 07:00:35 - [INFO] Send compressed file success.
2020-09-17 07:00:36 - [INFO] "/home/czpp/project/out/out.tar" has been synchronized to "~/HIAI_PROJECTS/workspace_mind_studio/project_18e
2020-09-17 07:00:37 - [INFO] Start synchronizing "/home/czpp/project/out/acl.json.tar" to "~/HIAI_PROJECTS/workspace_mind_studio/project_
2020-09-17 07:00:38 - [INFO] Send compressed file success.
2020-09-17 07:00:38 - [INFO] "/home/czpp/project/out/acl.json.tar" has been synchronized to "~/HIAI_PROJECTS/workspace_mind_studio/projec
2020-09-17 07:00:38 - [INFO] Renaming "main" on the remote host to "workspace_mind_studio_project".
2020-09-17 07:00:38 - [INFO] Assigning execute permission to workspace_mind_studio_project on the remote host.
2020-09-17 07:00:39 - [INFO] The path "/home/czpp/project/data" of the same content is found on the remote host. No copy is needed.
2020-09-17 07:00:43 - [INFO] The path "/home/czpp/project/model" of the same content is found on the remote host. No copy is needed.
2020-09-17 07:00:43 - [INFO] Start running "workspace_mind_studio_project" on the remote host.
2020-09-17 07:00:43 - [INFO] Synchronizing "/home/czpp/project/out/run.sh" to "~/HIAI_PROJECTS/workspace_mind_studio/project_18ebc9ac/out
2020-09-17 07:00:43 - [INFO] There is no dump path and no need to dump.
2020-09-17 07:00:43 - [INFO] Assigning execute permission to run.sh on the remote host.
[INFO]  Acl init success
[INFO]  Open device 0 success
[INFO]  load model ../model/model.om success
[INFO]  create model description success
[INFO]  create model output success
[INFO]  3
[INFO]  model execute success
[INFO]  save data success
[INFO]  Execute sample success
[INFO]  end to destroy stream
[INFO]  end to destroy context
[INFO]  end to reset device is 0
[INFO]  end to finalize acl
[INFO]  unload model success, modelId is 1

2020-09-17 07:00:46 - [INFO] Start transferring result files to Mind Studio.
2020-09-17 07:00:47 - [INFO] Result files have been transferred to Mind Studio.
2020-09-17 07:00:47 - [INFO] Result files are saved in "/home/czpp/project/out/outputs/20200917070046".
2020-09-17 07:00:47 - [INFO] Running "workspace_mind_studio_project" on the remote host finished.
```

图 8-12　网络推理成功界面

理的结果会自动从 Atlas 开发者套件回传到本地主机。

该结果通过 Python 进行后处理后可以得到相应的图片结果，如图 8-13 所示。

图 8-13　案例执行结果效果

8.6　本章小结

本章提供了一个基于华为 Atlas 开发者套件的 AR 阴影生成案例。本案例利用 GAN 学习生成虚拟物体的阴影。本章详细地介绍了案例的设计思想、AR 阴影数据集制作方法、GAN 搭建与训练、模型转换以及如何移植到 Atlas 开发者套件等内容。实验显示本案例能够不通过逆渲染，不借助图像以外的任何信息，以较快的速度生成外观较为合理的虚拟物体阴影。

第9章

卡通图像生成

9.1 案例简介

本章主要介绍基于华为Atlas开发者套件构建卡通图像生成系统。该系统对自然图片进行卡通风格转换,最终得到具有清晰边缘、平滑着色的卡通风格图片转换结果。

本案例使用华为Atlas开发者套件提供的C++接口完成案例设计与实现。本案例涉及TensorFlow模型的设计、训练以及固化；开发板OpenCV、展示器代理(Presenter Agent)、交叉编译工具的安装；*.om模型转换及模型推理等过程,为读者提供一个风格转换相关应用在华为Atlas开发者套件上部署的参考。

9.2 系统总体设计

卡通图像生成系统主要完成对输入的自然图片进行编辑,并生成具有卡通风格的图像结果。

9.2.1 功能结构

网络架构主要包括生成器与判别器,其中生成器对输入图片(RGB格式)先进行编码提取内容信息,然后进行解码增加卡通风格信息；判别器对输入是否是真实的卡通图像进行判断,引导卡通风格的生成。

9.2.2 系统设计流程

系统设计流程可分为训练阶段和推理阶段,如图9-1所示。前者主要在服务器端完成搭建与训练,后者主要在华为Atlas开发者套件上完成构建。

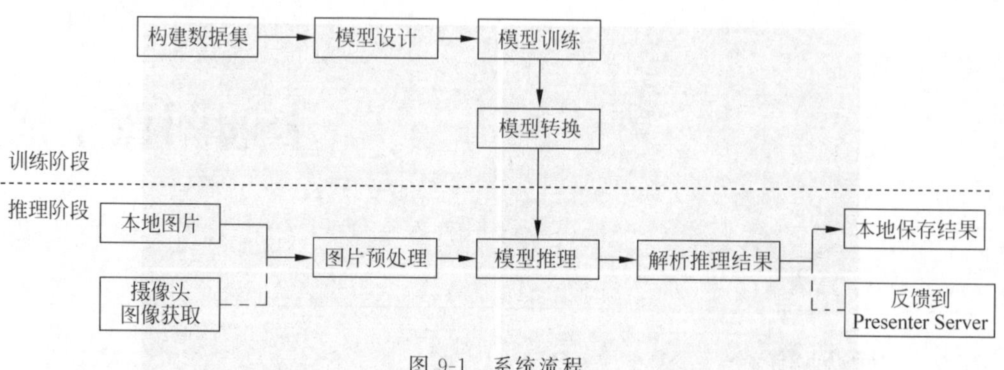

图 9-1 系统流程

模型训练阶段首先搭建训练模型，本案例中的模型采用深度学习框架TensorFlow定义对抗生成网络(GAN)的结构基础，并且设计内容损失、对抗性损失对模型进行训练；TensorFlow的生成器模型需要固化转换为pb模型以满足华为MindStudio平台模型转换的要求；最终对转换后的pb格式模型进行验证和评估。

推理阶段首先对输入图片进行获取，预处理后转换为生成模型的输入张量；利用华为开发板的ATC命令将pb格式的TensorFlow生成模型转换为华为Atlas开发者套件支持的om格式模型进行模型推理；最后将模型的推理结果进行后处理反馈给用户。

9.3 系统设计与实现

本节将详细介绍系统各部分功能的设计与实现过程，利用华为Atlas开发者套件提供的C++接口实现系统搭建。

9.3.1 网络模型定义

该系统模型基于Python、TensorFlow构建对抗生成网络模型。网络由一个生成器与一个判别器构成，生成器采用自编码的结构；判别器使用PatchGAN网络的形式，均使用全卷积网络。生成器希望生成尽可能真实的卡通图片欺骗判别器；而判别器希望尽可能正确地分辨卡通图片是真实的还是生成的，从而达到对抗的效果，引导生成器生成具有卡通风格的结果。

生成器网络结构定义如程序清单9-1所示，结构如图9-2所示。生成器输入为真实图片，其架构由7×7的卷积核，步长为1的卷积层构成，随后紧跟两个降采样块(步长为2)，对风格图片生成有用的信息将在这个过程中被提取。紧接8个残差块(Residual Block)，用来重建内容特征。然后通过两个上采样块(步长为2)实现对风格特征的重建，再添加一层使用7×7卷积核，步长为1的卷积层，通过Tanh激活函数后最终输出生成的卡通图片结果。

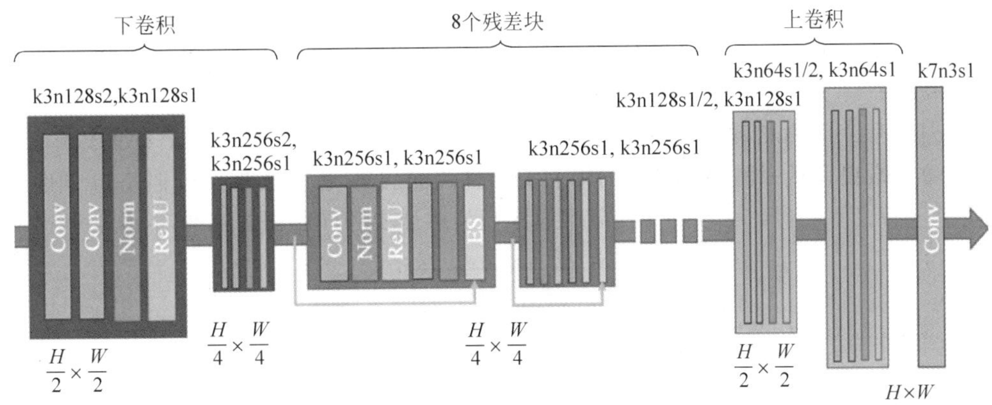

图9-2　生成器网络结构

判别器网络结构定义如程序清单9-2所示，结构如图9-3所示。为了辅助生成器生成更好的结果，判别器需要判断输入图像是否是真实的卡通图片。因为判断是否真实依赖于图片本身的特征，不需要抽取最高层的图片特征信息，所以可以设计为较浅的框架。首先对输入进行卷积核为3×3的卷积，然后紧接两个步长为2的卷积块降低分辨率，并且提取重要的特征信息，最后使用一个3×3的卷积层得到最终提取的特征，再与真实标签进行损失计算。

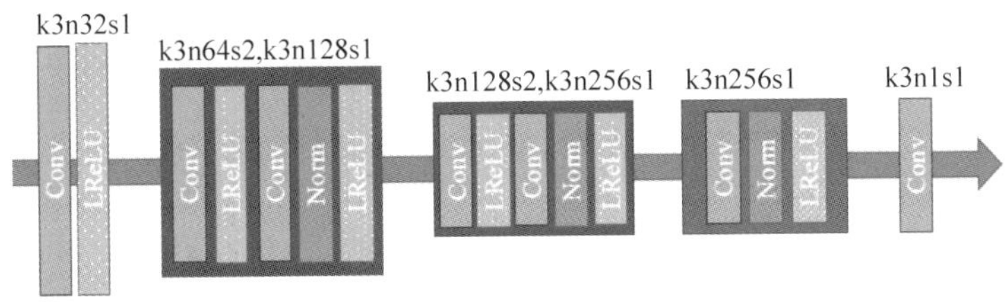

图9-3　判别器网络结构

训练所使用的训练集包括自然图片数据集、卡通图片数据集、模糊边缘的卡通图片数据集，需要自己构建，具体包括以下步骤。

(1) 为获得自然图片数据集，可从网站Flickr随机爬取足够图片，分为训练集与测试集。同时将图片裁剪为256×256像素大小，作为模型的输入。

(2) 为获取卡通图片数据集，针对某一卡通风格(以宫崎骏《千与千寻》绘制风格为例)，下载该电影，读取视频的每一帧并裁剪为256×256像素大小，使用SSIM将相似的邻近帧删去，只保留具有关键信息的帧。构成数据集数量在 3000～4000。

(3) 为突出卡通图片具有清晰边缘的特点，我们还需要对已获得的卡通图片数据集进行模糊边缘处理，构成模糊边缘的卡通图片数据集。具体步骤为：首先使用边缘检测算子找到边缘对应的像素位置；然后对边缘位置进行膨胀操作；最终使用高斯平滑操作模糊边缘位置。

由于本项工作并不需要成对数据，所以仅需上述操作即可获得训练所需数据。

利用程序清单 9-1 和程序清单 9-2 中定义好的网络模型进行训练。首先，利用 build_model()函数搭建网络的整体框架，定义网络的输入输出以及网络的损失函数，其中输入数据 self. real_A，self. real_B，self. real_edge_B 分别对应于真实图片、卡通图片、模糊边缘的卡通图片。在损失函数设计上，添加了真实卡通图片与生成卡通图片的对抗性损失，同时为突出卡通图片具有清晰边缘的这一特点，设计了模糊边缘卡通图片的对抗性损失，使用 discriminator_loss()函数计算得到；为了在转换过程中保持输入图片的信息不丢失，我们也会增加一个使用 VGG 计算的内容损失来尽可能地保持输入信息，使用 generator_loss()函数计算得到。

程序清单 9-1　生成器的参数定义

```
# 生成器
def generator(self, x_init, reuse = False, scope = "generator"):
        channel = self.opt.ch_gen
        with tf.variable_scope(scope, reuse = reuse) :
          x = conv(x_init, channel, kernel = 7, stride = 1, pad = 3,
              pad_type = 'reflect', use_bias = False, scope = 'conv')
          x = instance_norm(x, scope = 'ins_norm')
          x = relu(x)

          # 下采样
          for i in range(2) :
            x = conv(x, channel * 2, kernel = 3, stride = 2, pad = 1,
               use_bias = False, scope = 'conv_s2_' + str(i))
            x = conv(x, channel * 2, kernel = 3, stride = 1, pad = 1,
               use_bias = False, scope = 'conv_s1_' + str(i))
            x = instance_norm(x, scope = 'ins_norm_' + str(i))
            x = relu(x)

            channel = channel * 2

        # 瓶颈层
        for i in range(self.opt.n_res):
          x = resblock(x, channel, use_bias = False, scope = 'resblock_' + str(i))
```

```
        # 上采样
        for i in range(2) :
            x = deconv(x, channel//2, kernel = 3, stride = 2,
                use_bias = False, scope = 'deconv_' + str(i))
            x = conv(x, channel//2, kernel = 3, stride = 1, pad = 1,
                use_bias = False, scope = 'up_conv_' + str(i))
            x = instance_norm(x, scope = 'up_ins_norm_' + str(i))
            x = relu(x)

            channel = channel // 2


        x = conv(x, channels = self.opt.img_ch, kernel = 7, stride = 1,
            pad = 3, pad_type = 'reflect', use_bias = False, scope = 'G_logit')
        x = tanh(x)

    return x
```

程序清单 9-2　判别器的参数定义

```
def discriminator(self, x_init, reuse = False, scope = "discriminator"):
    channel = self.opt.ch_dis
    with tf.variable_scope(scope, reuse = reuse):
        x = conv(x_init, channel, kernel = 3, stride = 1, pad = 1,
            use_bias = False, sn = self.opt.sn, scope = 'conv_0')
        x = lrelu(x, 0.2)

        for i in range(1, self.opt.n_dis):
            x = conv(x, channel * 2, kernel = 3, stride = 2, pad = 1,
              use_bias = False, sn = self.opt.sn, scope = 'conv_s2_' + str(i))
            x = lrelu(x, 0.2)

            x = conv(x, channel * 4, kernel = 3, stride = 1, pad = 1,
              use_bias = False, sn = self.opt.sn, scope = 'conv_s1_' + str(i))
            x = instance_norm(x, scope = 'ins_norm_' + str(i))
            x = lrelu(x, 0.2)

            channel = channel * 2

        x = conv(x, channel * 2, kernel = 3, stride = 1, pad = 1,
          use_bias = False, sn = self.opt.sn, scope = 'last_conv')
        x = instance_norm(x, scope = 'last_ins_norm')
        x = lrelu(x, 0.2)

        x = conv(x, channels = 1, kernel = 3, stride = 1, pad = 1,
```

```
                use_bias = False, sn = self.opt.sn, scope = 'D_logit')

                return x
```

使用train()函数进行正式训练，对参数、优化函数进行初始化后即进入主循环。每一次迭代使用Dataset.get_next_batch()函数获取训练数据送入网络后进行训练，损失的计算以及模型反向传播的调整。在达到指定迭代次数时，会对生成图片、训练模型进行保存。

程序清单9-3　模型搭建、训练、保存过程

```
self.lr = tf.placeholder(tf.float32, name = 'learning_rate')
self.real_A = tf.placeholder(tf.float32, [self.opt.batch_size, self.opt.img_size, self.opt.img_size, self.opt.img_ch], name = 'train_real_A')
self.real_B = tf.placeholder(tf.float32, [self.opt.batch_size, self.opt.img_size, self.opt.img_size, self.opt.img_ch], name = 'train_real_B')
self.real_edge_B = tf.placeholder(tf.float32, [self.opt.batch_size, self.opt.img_size, self.opt.img_size, self.opt.img_ch], name = 'train_real_edge_B')

def build_model(self):
        # 建立模型框架
        self.fake_B = self.generator(self.real_A)
        real_B_logit = self.discriminator(self.real_B)
        fake_B_logit = self.discriminator(self.fake_B, reuse = True)
        real_edge_B_logit = self.discriminator(self.real_edge_B, reuse = True)

        v_loss = self.opt.vgg_weight * self.vgg_loss(self.real_A, self.fake_B)
        g_loss = self.opt.adv_weight * self.generator_loss(fake_B_logit)
        d_loss, real_loss, fake_loss, real_edge_loss = self.discriminator_loss(real_B_logit, fake_B_logit, real_edge_B_logit)
        real_loss = self.opt.adv_weight * real_loss
        fake_loss = self.opt.adv_weight * fake_loss
        real_edge_loss = self.opt.adv_weight * real_edge_loss
        d_loss = self.opt.adv_weight * d_loss

        self.Vgg_loss = self.opt.init_vgg_weight * self.vgg_loss(self.real_A, self.fake_B)
        self.Generator_loss = g_loss + v_loss # 生成器损失
        self.D_real_loss = real_loss # 判别器损失
        self.D_fake_loss = fake_loss
        self.D_edge_loss = real_edge_loss
        self.Discriminator_loss = d_loss

  def discriminator_loss(self, real, generated, real_edge):
        real_loss = tf.reduce_mean(tf.nn.sigmoid_cross_entropy_with_logits(labels = tf.ones_like(real), logits = real))
        fake_loss = tf.reduce_mean(tf.nn.sigmoid_cross_entropy_with_logits(labels =
```

```
tf.zeros_like(generated), logits = generated))
        real_edge_loss  =  tf.reduce_mean(tf.nn.sigmoid_cross_entropy_with_logits
(labels = tf.zeros_like(real_edge), logits = real_edge))
        loss  =  real_loss  +  fake_loss  +  real_edge_loss
        return loss, real_loss, fake_loss, real_edge_loss

def generator_loss(self, generated):
        fake_loss  =  tf.reduce_mean(tf.nn.sigmoid_cross_entropy_with_logits (labels =
                    tf.ones_like(generated), logits = generated))
        return fake_loss
```

9.3.2 算法应用

传统的卡通画绘制往往需要耗费大量的人力资源与时间资源。随着技术的发展，一些卡通绘制算法也逐渐引起了人们的兴趣，但现有的算法仍需大量人力参与，且无法自行捕捉卡通画。而卡通图像生成算法借助对抗生成网络的能力，使用自编码结构的生成器，大大提高了网络的生成能力，同时设计内容损失保留输入图片的内容信息，设计对抗性损失引导生成器生成卡通风格的结果；强调清晰边缘的重要性，最终得到具有平滑着色、清晰边缘、抽象内容的卡通风格结果，符合卡通画的基本特点。如图 9-4 所示，图 9-4(a)为输入的自然图像，图 9-4(b)为转换后的卡通图像，转换效果优秀，具有广泛的应用价值。

(a) 输入的自然图像

(b) 转换后的卡通图像

图 9-4　卡通图像生成结果示意

9.3.3 模型转换

该系统中的网络模型为 TensorFlow 的神经网络模型，需要进行模型转换。华为 MindStudio 平台模型转换工具目前只支持 Caffe 和 TensorFlow 的 pb 格式模型的转换，所以首先需要将生成的 TensorFlow 的数据文件与图文件进行固化，得到固化后的 pb 模型。转换之前需要注意的是，只需要训练模型中的生成器网络即可，所以我们指定了固化模型的最终输出节点为生成器的最终节点 Tanh，无关节点将不会被保存下来，调用 generate_pb_model()函数即可。转换代码如程序清单 9-4 所示，其中 ckpt_dir，ckpt_meta_file，ckpt_file 为 TensorFlow 模型保存路径，pb_file 为生成的 pb 模型保存路径，需要自行修改。

程序清单 9-4　TensorFlow 模型转换

```
ckpt_dir = "/home5/shuyezhi/HuaWei/generate_model/test9/"
ckpt_meta_file = ckpt_dir + "train_9_8_1.model-1020000.meta"
ckpt_file = ckpt_dir + "train_9_8_1.model-1020000"
pb_file = ckpt_dir + "cartoonization.pb"

def generate_pb_model():
    output_node_names = 'generator/Tanh'
    with tf.Session() as sess:
        saver = tf.train.import_meta_graph(ckpt_meta_file, clear_devices = True)
        saver.restore(sess, ckpt_file)
        gd = sess.graph.as_graph_def()

        converted_graph_def = graph_util.convert_variables_to_constants(sess, input_
graph_def = gd,output_node_names = output_node_names.split(","))
        with tf.gfile.GFile(pb_file, "wb") as f:
            f.write(converted_graph_def.SerializeToString())
```

模型转换后获得 pb 格式的模型文件，登录已经配置好环境的 Ubuntu 系统，使用 ATC 命令进行 *.om 模型转换。

首先设置 ATC 命令的环境变量：

```
export install_path = $HOME/Ascend/ascend-toolkit/20.0.RC1/x86_64-linux_gcc7.3.0
export PATH = /usr/local/python3.7.5/bin:${install_path}/atc/ccec_compiler/bin:
${install_path}/atc/bin:$PATH
export PYTHONPATH = ${install_path}/atc/python/site-packages/te:${install_path}/
atc/python/site-packages/topi:$PYTHONPATH
export LD_LIBRARY_PATH = ${install_path}/atc/lib64:$LD_LIBRARY_PATH
export ASCEND_OPP_PATH = ${install_path}/opp
```

接下来使用 ATC 命令，将 pb 文件转换为 *.om 模型文件，转换命令为

```
$HOME/Ascend/ascend-toolkit/20.0.RC1/atc/bin/atc --output_type = FP32 --input_
shape = "train_real_A:1,256,256,3" --check_report = $HOME/modelzoo/cartoonization/
device/check_report_result.json --input_format = NHWC --output = "$HOME/modelzoo/
cartoonization/device/cartoonization" --soc_version = Ascend310 --framework = 3 --
save_original_model = false --model = "$HOME/models/cartoonization.pb" --precision_
mode = allow_fp32_to_fp16
```

该命令指定了输入节点为 train_real_A，且输入为 256×256×3 的数据；设置了数值精度为 float 32，且添加--precision_mode 参数调整模型精度；指定了输入 pb 模型的路径以及输出模型、文档的路径。运行后转换成功会显示 ATC run success 字样。

9.3.4　模型推理

系统模型编译、推理阶段使用 Ubuntu 上的 MindStudio 与华为 Atlas 开发者套件实现。为了能够执行模型编译与推理，需要先在华为 Atlas 开发者套件上安装编译工具、展示器代理(Presenter Agent)、OpenCV 等一系列依赖库。详细安装步骤参考华为 Atlas 开发者套件开发文档。

系统模型推理部分利用华为 Atlas 开发者套件提供 C++接口和 AscendCL 函数库。Atlas 开发者套件安装 AscendCL 函数库请参考华为社区案例。模型推理部分主要包括以下子模块。

(1) 预处理：负责读取图片数据，并进行图片预处理。

(2) 模型推理：负责进行模型的训练与运行。

(3) 后处理：处理推理结果，并将结果反馈给用户。

预处理中包括数据读取与数据格式转换两部分。读者可根据本地路径 inputImageDir 读取本地图像数据或使用摄像头 cameraDevice 采集数据。若从本地读取数据，则要将提前准备的自然图像放置于 Ubuntu 系统的本地目录下，利用 OpenCV 提供的函数逐一读取该文件夹下的待处理图像。若使用摄像头捕捉图片，首先需要定义使用的摄像头是 camera channel 0 还是 camera channel 1(默认为 camera channel 0)；根据 camera 的初始化参数实例化一个 cameraDevice，并且根据该 cameraDevice 捕捉图像的参数(默认为 1280×720 像素)开辟空间用以存储摄像头捕捉到的图片；最后将捕捉到的 YUV 格式的图片转换为 RGB 格式。

数据的预处理主要包括将 Unit8 的数据转换为 Float32；将图片缩放至 256×256 像素；并做归一化处理，将 RGB 图像从 0～255 归一化至－1～1。如果图片为 BGR 格式，还需将图片转换为 RGB 格式以符合网络输入要求。

后处理代码主要是对模型的推理结果进行格式变换，然后将变换结果反馈给用户。主要过程是先将 RGB 格式的输出转换为 BGR 格式，再将－1～1 的值映射回 0～255，最后将 256×256 像素的转换结果缩放回原始图像的尺寸大小。同时反馈给用户共有两种方式，一种是保存在本地路径下，调用 SaveImage()函数保存 JPG 格式的图片；另一种是使用 Presenter Server 反馈给用户，使用 SendImage()函数将转换结果发送到 Web 端。

基于 AscendCL 函数库构建卡通图像生成项目的整体结构，其中包括了相关资源初始化、预处理、模型推理和后处理函数。

9.4 系统部署

本案例系统运行在华为Atlas开发者套件上。系统基于C++接口实现卡通图像生成功能。C++程序负责图片读取、数据处理、模型推理以及结果反馈。具体部署运行流程如下。

(1) 将待转换的自然图片上传至华为Atlas开发者套件指定文件夹中，也可使用摄像头捕捉图片；将转换好的om模型也放置在指定文件夹中。

(2) 将C++源码程序下载到Ubuntu上。

(3) 在MindStudio集成环境中进行编译、运行，最终的识别结果将保存在本地或使用Presenter Server反馈给用户。

9.5 运行结果

本案例中共设定了两种实际运行场景：(1)对保存在本地目录下的自然图片进行转换；(2)使用华为Atlas开发者套件板载摄像头捕捉图像进行转换。

如图9-5所示，所得卡通图像具有清晰的边缘以及平滑的着色，具有明显的卡通风格，同时较好地保持了输入图片的内容信息，得到了理想的转换结果。如果使用摄像头捕捉图像作为输入，转换结果可从浏览器端得到，如图9-6所示。

(a) 自然图片输入

(b) 转换结果

图9-5 自然图片转换结果示例

图 9-6　Web 端显示转换结果示例

9.6　本章小结

本章提供了一个基于华为 Atlas 开发者套件的卡通图像生成案例。案例演示了如何基于华为 Atlas 开发者套件提供的 C++ 接口，对自然图片进行处理，并最终生成具有卡通风格的结果。

本案例对卡通图像生成的模型搭建、训练、数据处理、模型固化、模型推理、结果展示进行了讲解，为读者提供一个基于华为 Atlas 开发者套件的风格转换应用参考，以及一些基础技术的支持。

第四篇　图 像 增 强

[illegible]

(2) 使用[illegible]获取图片，并在 Presenter Server 进行结果展示。

(1) [illegible] MindStudio [illegible] 启动 MindStudio [illegible]

[illegible] Presenter Server [illegible] presenter_server_ip 和 presenter_view_ip 修改为 MindStudio 所在 Ubuntu 服务器的 IP 地址 [illegible] presenter_agent_ip 修改为 [illegible] IP 地址 [illegible]

[illegible]

[illegible]

[illegible] Presenter Server [illegible] MindStudio [illegible]

[illegible] Presenter Server [illegible] 对应的 View Name 链接，查看 [illegible] 经过 HDR 增强系统处理后的结果。

12.5 运行结果

本项目存在两种获取数据的方式，对应的结果展示方式也不相同。

1. 读取本地文件，同时将生成结果保留在本地

图 12-6 展示了曝光不足的低动态范围输入图像经过 HDR 效果增强后的效果样例，可以看出，经过 HDR 增强后的图像，确实获得了更好的图像细节，展现出非常好的

第 10 章

图像去雾

10.1 案例简介

本章案例属于单幅图像去雾应用，目的是在华为 Atlas 推理卡上实现图像去雾。该系统实现了去雾模型训练、模型推理和结果输出的全过程，改进了现有图像去雾算法，利用生成对抗网络优化模型，将图像去雾算法成功移植到了嵌入式设备上。

10.2 系统总体设计

该系统将用户在客户端选取的任意有雾图像作为输入，运行部署在 Atlas 推理卡上的去雾模型，实时返回去雾结果给用户。

10.2.1 功能结构

嵌入式图像去雾系统总体设计如图 10-1 所示，该系统可以分为数据处理、模型构建和图像去雾 3 个子系统。其中数据处理子系统包括数据集划分、图像预处理两部分；模型构建子系统主要包括网络定义、模型训练以及模型部署 3 部分；图像去雾子系统主要包括有雾图像读取、图像特征提取、无雾图像输出 3 部分。

10.2.2 运行流程与体系结构

按照运行流程划分，系统可分成两个阶段，分别是训练阶段和推理阶段。训练阶段首先要完成训练数据的读取，即完成有雾图像和无雾图像的读取；其次，对训练数据进行随机翻转和随机裁剪等数据增广操作，并将图像归一化至[−1,1]区间内；接下来定义去雾网络的生成器、判别器和损失函数，获取并更新全局参数；之后不断更新去雾

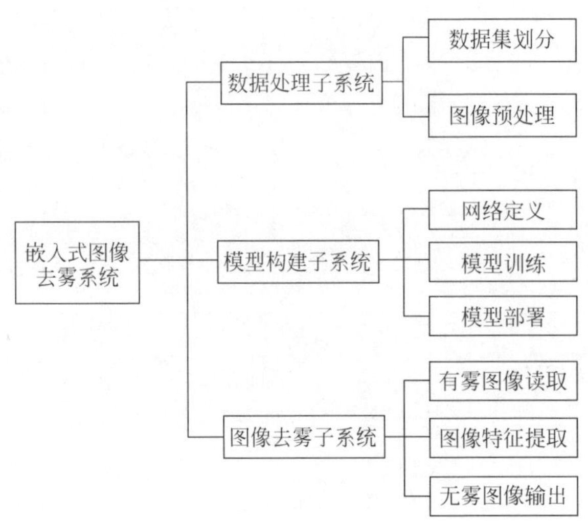

图 10-1　系统整体功能结构

模型中的生成器和判别器中的所有参数，记录损失函数在训练过程中的下降情况。

推理阶段主要包括 3 个步骤。第一步是获取输入的有雾图像并完成图像预处理操作；第二步是调用训练阶段训练好的去雾模型，先通过生成器编码阶段提取图像特征，然后通过生成器转换器阶段将图像从有雾域转换至无雾域，最后通过生成器编码阶段还原特征；第三步是生成无雾图像，保存并显示去雾后的无雾图像。

按照体系结构划分，整个系统的体系结构可以分为 3 部分，分别为主机端的训练层、Atlas 推理卡或 Atlas 开发者套件端的推理层以及主机端的展示层，如图 10-2 所示。

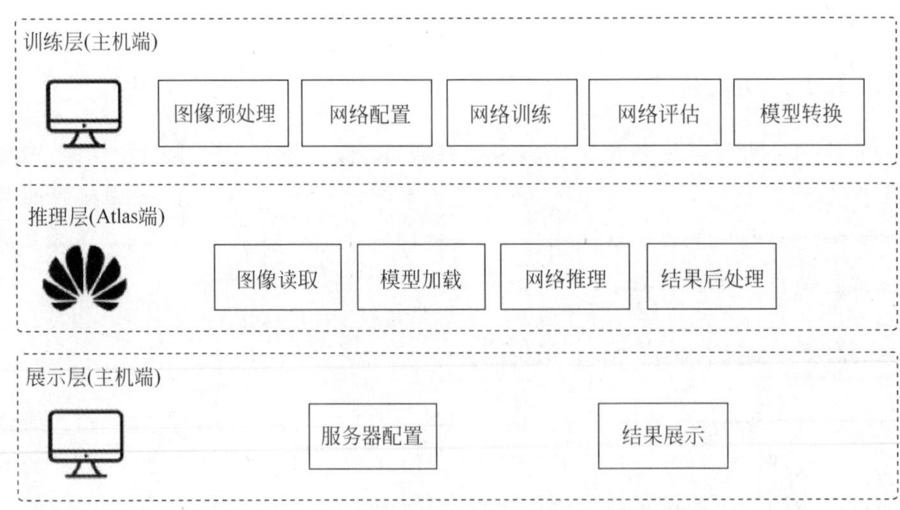

图 10-2　系统的体系结构

各层侧重点各不相同。训练层运行在安装有 TensorFlow 框架的服务器，最好配置计算加速卡。推理层运行于 Atlas 推理卡环境，能够支持卷积神经网络的加速。展示层运行于客户端应用程序，能够完成图像选择并实时显示推理层的计算结果。各层之间存在单向依赖关系。推理层需要的网络模型由训练层提供，并根据需要进行必要的格式转换或加速重构。展示层要显示的元数据需要由推理层计算得到。

10.3　系统设计与实现

本节将详细介绍系统的设计与实现。10.3.1 节介绍本系统模型训练阶段使用的去雾数据集；10.3.2 节介绍图像的预处理过程，包括数据增广、图像归一化等环节；10.3.3 节介绍去雾模型及其训练过程；10.3.4 节介绍如何借助华为 MindStudio 实现模型文件的格式转换；10.3.5 节解释如何在 Atlas 推理卡上执行模型的推理并把识别结果予以保存。

10.3.1　数据集介绍

去雾模型的训练阶段使用了 RESIDE 单张图像去雾数据集[16]，数据集如图 10-3 所示。该数据集中的有雾图像为合成图像，使用来自现有的室内深度数据集 NYU2 和 Middlebury 立体数据库的 1399 个清晰图像生成，通过设定不同的图像深度和全局大

(a) 无雾图像

(b) 有雾图像

图 10-3　RESIDE 数据集

气光参数调整不同浓度的雾，为每张清晰图像生成 10 张有雾图像。因此，该数据集包含成对的无雾图像和有雾图像，且有雾图像与无雾图像为多对一的关系。在模型的训练过程中，本案例选取了 13000 张有雾图像用于模型训练，990 张图像用于模型验证。

10.3.2 图像预处理

本案例对原始数据进行了预处理，提高了网络的泛化能力，流程如图 10-4 所示。

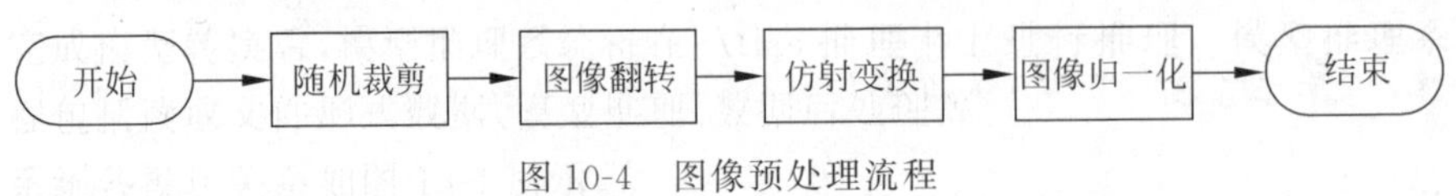

图 10-4 图像预处理流程

该部分采用 Python 中的 imgaug 数据增强库完成数据增广操作，具体的操作过程如程序清单 10-1 所示，其中包括图像翻转、图像缩放、图像平移、图像旋转和图像错切操作。

程序清单 10-1 dataset.py 脚本

```
seq = iaa.Sequential([
    iaa.Fliplr(0.5)
    iaa.Affine(
        scale = {"x":(0.9,1.5),"y":(0.9,1.5)},
         translate_percent = {"x": ( - 0.2, 0.2), "y": ( - 0.2, 0.2)},
         rotate = ( - 30, 30),
         shear = ( - 5,5),
         order = 3
  )],random_order = True)
```

通过创建一个名为 seq 的实例定义增强方法，首先对 50%的图像进行镜像翻转操作，然后对图像进行仿射变换，具体包括将图像缩放为 90%～150%、平移±20%、旋转±30%、错切变换±5°，并将插值方式设置为双三次插值。完成数据增强操作的部分样本如图 10-5 所示。

最后对增强后的图像进行归一化操作。图像归一化的目的是将原始图像转换成标准模式以减小仿射变换和几何变换的影响，并加快网络梯度下降求最优解的速度。接下来，将预处理后的数据整理好按批次向模型输入。其中，在测试阶段，去雾算法将按顺序读取队列中数据，不需要打乱文件顺序。

10.3.3 模型训练

该系统的去雾模型采用 GAN，有生成器和判别器两个网络。在实际训练过程中，首先对生成器网络进行单独的训练，迭代 200 轮后，然后再对生成器和判别器进行对

图 10-5　训练数据示意图

等训练，其中训练判别器以区分真实样本和生成器生成样本的区别，并且更新生成器以输出伪数据来欺骗判别器，网络模型结构如图 10-6 所示。

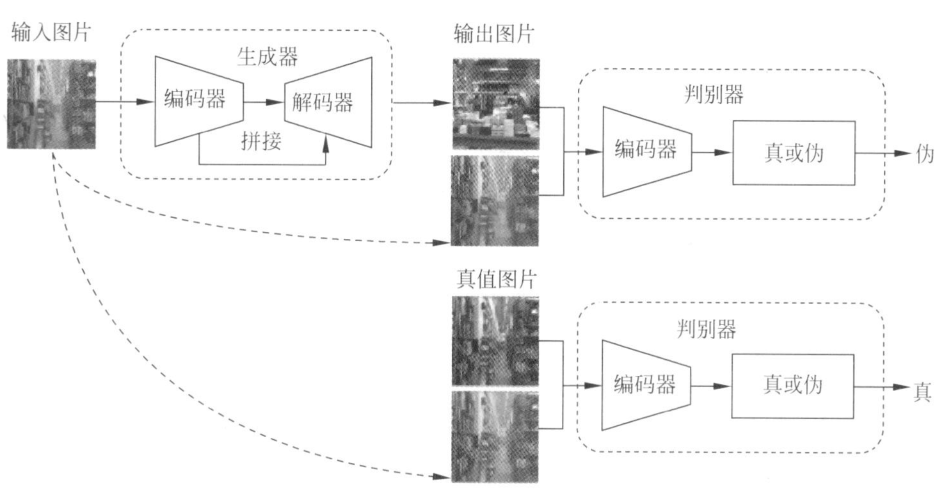

图 10-6　网络结构示意图

生成器采用编码器-解码器的结构，损失函数的设计包括生成对抗损失、均方误差损失和感知损失。

实验使用均方误差损失函数约束生成图像与其对应的真值，均方误差损失的计算式为

$$L(y,y^*)=\frac{1}{N}\sum_{i=0}^{N}(y_i^*-y_i)^2+\lambda\frac{1}{N}\sum_{i=0}^{N}y_i^*(y_i^*-y_i) \tag{10-1}$$

其中，y 是生成图像的标签，y^* 是对应的真值，N 是数据集样本个数，λ 是自定义权重。

关于生成对抗损失，现有两个样本空间：有雾图像 X 和无雾图像 Y。生成器 G 的目标就是学习从 X 到 Y 的映射。生成器 G 的输入为有雾图像 x，输出结果为无雾图像 $G(x)$。判别器 D_y 用于判断输入的图像是真实的无雾数据 y 还是生成的无雾数据 $G(x)$。所以生成器 G 和判别器 D 的对抗损失的计算式为

$$L_{\mathrm{GAN}}(G,D_y,X,Y)=\lg D_y(y)+\lg(1-D_y(G(x))) \tag{10-2}$$

图像去雾要求能够保持图像原有的细节信息。只使用对抗损失和重建损失会使重建结果缺少高频信息，出现过度平滑的纹理。对于图像的纹理结构信息，本文增加感知损失对生成图像进行约束。不同于传统损失函数计算生成图像和真值之间的差距，感知损失计算的是网络生成结果和真值在预训练的 VGGNet 特定层输出的特征图之间的距离。感知损失是对图像的高级语义信息进行约束，从较高层重建图像信息时，图像内容和整体空间结构能够被保留，可以生成感知上令人愉悦、无伪影的图像。感知损失的表达式如式(10-3)所示。其中 $\varphi(\cdot)$表示损失网络。

$$L_{\mathrm{perceptual}}(G,F)=\|\varphi(x)-\varphi(F(G(x)))\|_2^2+\|\varphi(y)-\varphi(G(F(y)))\|_2^2 \tag{10-3}$$

损失函数的定义如程序清单 10-2 所示。

程序清单 10-2　损失函数定义

```
d_loss1 = tl.cost.sigmoid_cross_entropy(logits_real, tf.ones_like(logits_real), name = 'd1')
d_loss2 = tl.cost.sigmoid_cross_entropy(logits_fake, tf.zeros_like(logits_fake), name = 'd2')
d_loss = d_loss1 + d_loss2
g_gan_loss = 1e - 3 * tl.cost.sigmoid_cross_entropy(logits_fake, tf.ones_like(logits_
fake), name = 'g')
mse_loss = tl.cost.mean_squared_error(net_g.outputs, t_target_image, is_mean = True)
vgg_loss = 2e - 6 * tl.cost.mean_squared_error(vgg_predict_emb.outputs, vgg_target_
emb.outputs, is_mean = True)
g_loss = mse_loss + vgg_loss + g_gan_loss
g_vars = tl.layers.get_variables_with_name('DHGAN_g', True, True)
d_vars = tl.layers.get_variables_with_name('DHGAN_d', True, True)
```

模型训练脚本定义完成后，需要在 config. py 文件中定义训练的各种超参数，如程序清单 10-3 所示。

程序清单 10-3　config.py 配置文件

```
TRAIN_batch_size = 32
TRAIN_lr_init = 1e-4
TRAIN_beta1 = 0.9
TRAIN_n_epoch_init = 100
TRAIN_n_epoch = 2000
TRAIN_lr_decay = 0.1
TRAIN_decay_every = int(TRAIN_n_epoch / 2)
```

训练过程如图 10-7 所示。

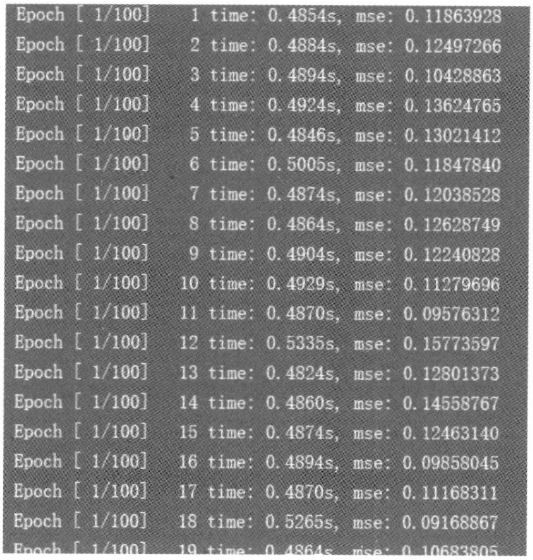

```
Epoch [ 1/100]    1 time: 0.4854s, mse: 0.11863928
Epoch [ 1/100]    2 time: 0.4884s, mse: 0.12497266
Epoch [ 1/100]    3 time: 0.4894s, mse: 0.10428863
Epoch [ 1/100]    4 time: 0.4924s, mse: 0.13624765
Epoch [ 1/100]    5 time: 0.4846s, mse: 0.13021412
Epoch [ 1/100]    6 time: 0.5005s, mse: 0.11847840
Epoch [ 1/100]    7 time: 0.4874s, mse: 0.12038528
Epoch [ 1/100]    8 time: 0.4864s, mse: 0.12628749
Epoch [ 1/100]    9 time: 0.4904s, mse: 0.12240828
Epoch [ 1/100]   10 time: 0.4929s, mse: 0.11279696
Epoch [ 1/100]   11 time: 0.4870s, mse: 0.09576312
Epoch [ 1/100]   12 time: 0.5335s, mse: 0.15773597
Epoch [ 1/100]   13 time: 0.4824s, mse: 0.12801373
Epoch [ 1/100]   14 time: 0.4860s, mse: 0.14558767
Epoch [ 1/100]   15 time: 0.4874s, mse: 0.12463140
Epoch [ 1/100]   16 time: 0.4894s, mse: 0.09858045
Epoch [ 1/100]   17 time: 0.4870s, mse: 0.11168311
Epoch [ 1/100]   18 time: 0.5265s, mse: 0.09168867
Epoch [ 1/100]   19 time: 0.4864s, mse: 0.10683805
```

图 10-7　训练过程展示

10.3.4　模型转换

想要把训练好的模型应用到 Atlas 推理卡上，还须将其转换为芯片支持的离线模型。需要对模型文件进行修改，使模型推理时满足客服端用户的输入需求，具体操作见程序清单 10-4。

程序清单 10-4　modifyckpt.py 脚本

```
#修改模型文件
t_image = tf.placeholder('float32', [1, 512, 512, 3], name = 't_image_input_to_DHGAN_
generator')
    t_target_image = tf.placeholder('float32', [1, 512, 512, 3], name = 't_target_image')
    net_g = DehazeGan_G(t_image, is_train = False, reuse = False)
    saver = tf.train.Saver()
```

```
    sess = tf.Session(config = tf.ConfigProto(allow_soft_placement = True, log_device_
placement = False))
    tl.layers.initialize_global_variables(sess)
    saver.restore(sess, './save/modelzoo.ckpt')
    saver.save(sess, './save/modelmodify.ckpt')
```

为了进一步轻量化网络模型，还须将存储计算图结构的 meta 文件转换为 pb 文件，具体操作见程序清单 10-5。

程序清单 10-5 meta2pb.py 脚本

```
#完成 meta 文件格式到 pb 文件格式的转换
meta_path = './save/modelmodify.ckpt.meta' # Your .meta file
output_node_names = ['DHGAN_g/combineout/Identity'] # Output nodes
with tf.Session() as sess:
    saver = tf.train.import_meta_graph(meta_path)
    print([n.name for n in tf.get_default_graph().as_graph_def().node])
    saver.restore(sess,'./save/modelmodify.ckpt')
    frozen_graph_def = tf.graph_util.convert_variables_to_constants(sess,sess.graph_def,
        output_node_names)
    with open('output_graph.pb', 'wb') as f:
      f.write(frozen_graph_def.SerializeToString())
```

10.3.5 模型推理

模型推理过程通过套接字(Socket)完成客户端与服务器端的交互，客户端与服务器端的通信过程如图 10-8 所示。

关于客户端应用程序界面的开发，本系统利用 PyQt5 完成客户端应用程序的简单界面开发。PyQt 是 Qt 专门为 Python 提供的 GUI 工具。客户端程序演示界面如图 10-9 所示，具体 GUI 定义如程序清单 10-6 所示。

程序清单 10-6 客户端界面定义

```
def Init_UI(self):
    self.setGeometry(500,500,400,100)
    self.setWindowTitle('去雾')
    self.setFixedSize(self.width(), self.height())
    bt1 = QtWidgets.QPushButton('打开',self)
    bt1.move(40,40)
    bt1.clicked.connect(self.onBt1Click)
    bt2 = QtWidgets.QPushButton('退出',self)
    bt2.move(200,40)
    bt2.clicked.connect(self.onBt2Click)
    self.show()
```

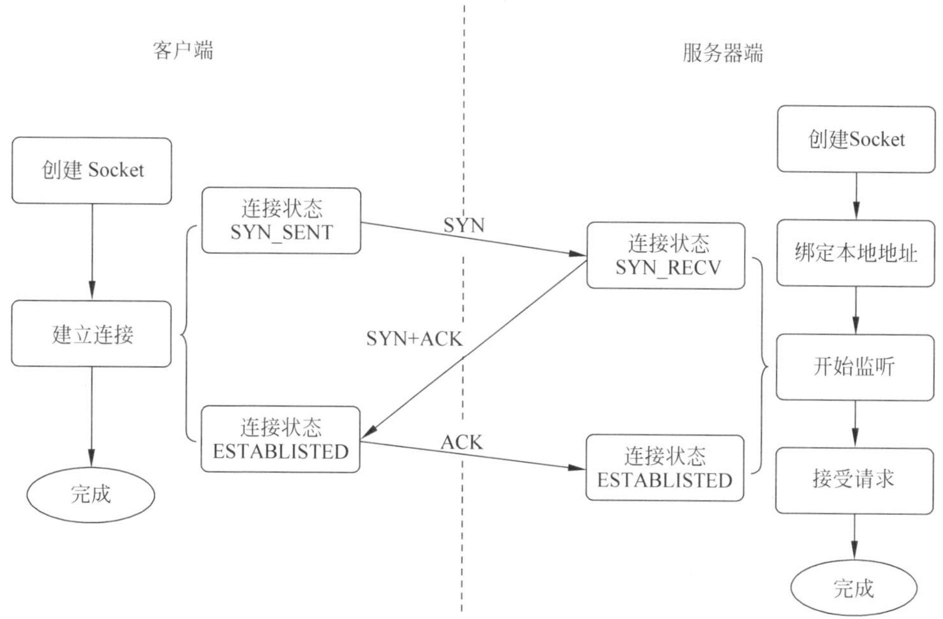

图 10-8　客户端与服务器端交互流程

图 10-9　客户端界面

然后是服务器端的设置。由于代码需要在 Python3、OpenCV 等环境下运行，进入系统后可在网络条件下使用 yum 或 pip 命令配置对应版本。安装完成后，还须导入 PIL、CV2、NumPy 等确认安装成功，如图 10-10 所示。

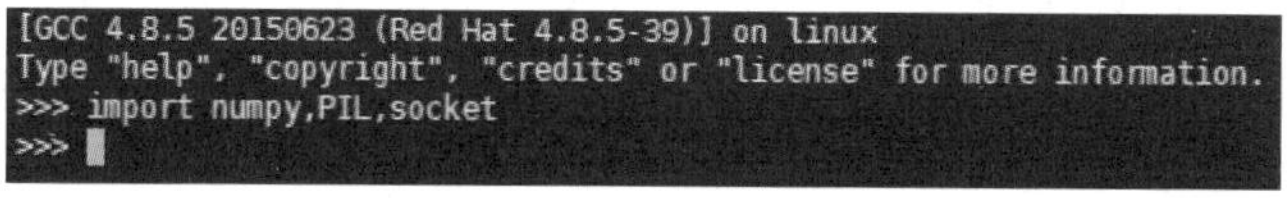

```
[GCC 4.8.5 20150623 (Red Hat 4.8.5-39)] on linux
Type "help", "copyright", "credits" or "license" for more information.
>>> import numpy,PIL,socket
>>> 
```

图 10-10　开发板配置

用户在客户端(PC)启动去雾程序，选择去雾图像进行处理，服务器端(开发板)打印链接日志并调用模型处理图像，客户端接收处理后的图像并显示，如程序清单 10-7 所示。

程序清单 10-7　客户端启动去雾程序

```
def onBt1Click(self):
    (source_path,_) = QtWidgets.QFileDialog.getOpenFileName(self, "选取文件", '')
```

```
    print(source_path)
    try:
        s = socket.socket(socket.AF_INET, socket.SOCK_STREAM)
        s.connect(('192.168.0.2', 9001))
    except socket.error as msg:
        print(msg)
        sys.exit(1)
    print(s.recv(1024))
    filepath = source_path
    if os.path.isfile(filepath):
        fileinfo_size = struct.calcsize('128si')
        print(fileinfo_size)
        fhead = struct.pack('128si', os.path.basename(filepath).encode('utf-8'),
os.stat(filepath).st_size)
        s.send(fhead)
        fp = open(filepath, 'rb')
        while 1:
            data = fp.read(1024)
            if not data:
                break
            s.send(data)
        fileinfo_size = struct.calcsize('128si')
        while 1:
            fs = s.recv(fileinfo_size)
            if fs:
                filename, filesize = struct.unpack('128si', fs)
                fn = filename.strip(b'\00')
                fn = fn.decode()
                recvd_size = 0
                fp = open(str(fn), 'wb')
                while not recvd_size == filesize:
                    if filesize - recvd_size > 1024:
                        data = s.recv(1024)
                        recvd_size += len(data)
                    else:
                        data = s.recv(filesize - recvd_size)
                        recvd_size = filesize
                    fp.write(data)
                fp.close()
            break
        s.close()
    print(source_path)
    from PIL import Image
    Image.open(str(source_path)).convert("RGB").save(str(source_path))
    img1 = cv2.imread(source_path)
    print(img1.shape)
    Image.open(str(fn)).convert("RGB").save(str(fn))
    img2 = cv2.imread(str(fn))
```

```
img2 = cv2.resize(img2,(img1.shape[1],img1.shape[0]))
img = np.concatenate([img1,img2],1)
cv2.imwrite('E:/tmp.jpg',img)
self.onShowImg('E:/tmp.jpg')
```

至此，已完成了图像去雾模型的推理过程，客户端界面如图 10-11 所示。

图 10-11　客户端界面

10.4　系统部署

本案例系统最终运行在 Atlas 推理卡平台上，本章分两节介绍如何在 Atlas 推理卡环境下部署和运行本案例的实验。本案例是基于客户端-服务器模式进行部署的。10.4.1 节介绍如何借助 Atlas 推理卡环境进行 pb 模型文件的转换，以及进行服务器端部署的详细介绍；10.4.2 节介绍如何进行客户端的部署。

10.4.1　服务器端部署

进行服务器端部署时，需要将服务器文件夹下的所有文件复制到 Atlas 推理卡环境/home/HwHiAiUser/HIAI_PROJECTS/hpa 目录下。因为本程序是基于 Socket 进行通信的，所以在运行程序之前需要修改程序 dehaze_server.py 中的 IP 地址和端口，IP 地址是 Atlas 推理卡环境下的 IP 地址。在修改 IP 地址完成之后，可按照以下步骤进行部署操作。

(1) 转换 hpa 模型。执行如下命令。

```
atc --model = output_graph.pb --framework = 3 \
```

```
-- input_shape = "t_image_input_to_DHGAN_generator:1,512,512,3"
-- output = model/deploy_vel -- soc_version = Ascend310 \
-- input_fp16_nodes = "t_image_input_to_DHGAN_generator"
- output_type = FP32 \
```

该命令将会把 output_graph. pb 模型转换为 Atlas 推理卡环境需要使用的 om 模型,并保存到 model/目录下,命名为 deploy_vel. om。这里提供了转换好的 om 模型,可以直接使用。

(2) 编译调用 om 模型的程序。执行如下命令。

```
cmake ../../../src -DCMAKE_CXX_COMPILER = g++ -DCMAKE_SKIP_RPATH = TRUE
make
```

(3) 修改编译出来的文件权限。执行如下命令。

```
cd ../../../out
chmod 777 main
```

(4) 运行程序。执行如下命令。

```
cd ..
python3 dehaze_server.py
```

10.4.2 客户端部署

10.4.1 节已完成了对服务器端的部署,客户端部署和服务器端部署类似,在部署之前,也需要进行 IP 地址的修改。具体的操作是修改 dehaze_client. py 文件中 Socket 绑定的 IP 地址,如图 10-12 所示。

```
try:
    s = socket.socket(socket.AF_INET, socket.SOCK_STREAM)
    s.connect(('192.168.0.2', 9001))
except socket.error as msg:
    print (msg)
    sys.exit(1)
print (s.recv(1024))
```

图 10-12 客户端修改 IP

10.5 运行结果

测试阶段在 RESIDE 测试数据集上进行实验。图 10-13 所示为测试结果,左侧是输入图像,右侧是去雾后的图像。可以看出,该模型可以成功完成图像去雾任务,较好

图 10-13　去雾结果图

地恢复出原图。

最后，本案例测算了系统的主要时间消耗情况。在 Atlas 推理卡上推理一张图片需要 57.5ms。

10.6　本章小结

本章提供了一个基于华为 Atlas 推理卡平台的图像去雾案例。案例演示了如何利用华为开发板完成嵌入式图像去雾任务。本章阐明了整个系统功能、结构与流程的设计，详细解释了如何解析数据、如何构建深度学习模型、如何移植模型到 Atlas 推理卡端等内容。部署后的系统在多个有雾场景下进行了测试，结果表明案例系统具有较快的推理速度和较好的识别性能。

第11章 雨天图像增强系统

11.1 案例简介

雨天图像增强技术是指将雨天成像的退化图像复原为高质量的清晰图像，消除雨条等退化因素对图像内容的影响，进而增强图像质量。雨天图像增强技术可提高户外视觉系统在极端恶劣天气下的稳定性，在自动驾驶、视频监控等领域具有广泛的应用前景。为实现高质量的雨天图像增强算法，本项目提出了一种方向和残差感知的渐进式引导网络，并将其部署在华为 Atlas 开发者套件上，在仿真和实测的图像数据集上实现图像增强任务。

本系统中的雨天图像增强技术采用基于卷积神经网络的深度学习方法。针对现有方法特征表达能力和雨层与图像层判别性低、出现雨条残留和破坏图像结构的问题，本系统提出了方向和残差感知的渐进式引导网络，联合建模雨层和图像层信息，提升网络特征表达能力。系统还引入了方向性特性知识增强网络的判别性特征学习，并引入残差感知进一步提升图像复原质量，最终达到更高质量地复原雨天图像的目的。

本案例建立了本地图像数据库，并在华为 Atlas 开发者套件上实现了雨天图像增强任务，可完成仿真和实测的雨天图像增强，能够满足实际场景下的应用需求。

11.2 系统总体设计

本系统获取本地建立的图像数据库作为算法输入，实现对退化图像中雨条退化的因素去除，将复原结果和退化图像的对比推送到浏览器上显示。

11.2.1 功能结构

雨天图像增强系统可分为模型设计、模型转换和模型推理 3 个子模块，如图 11-1 所示。

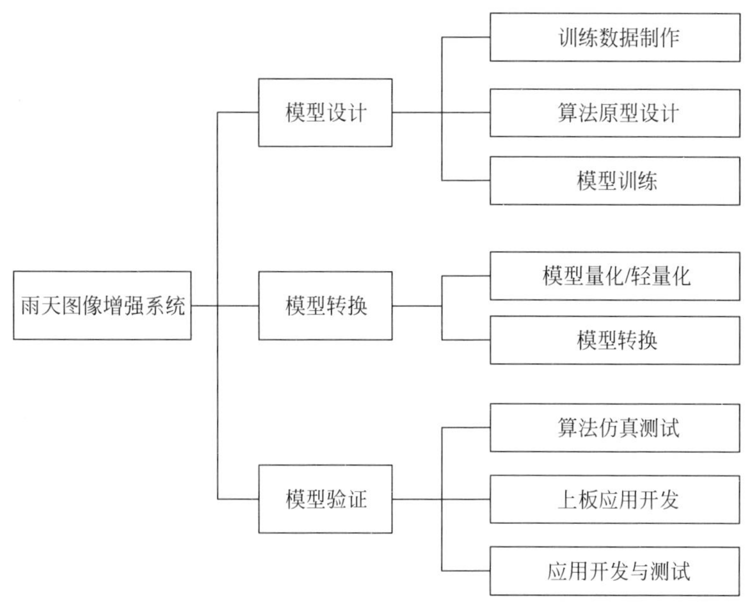

图 11-1　系统整体功能结构

1. 模型设计

模型设计是系统中独立的一个子模块，主要是在 PC 端完成数据集制作、算法原型设计和模型训练等任务。

2. 模型转换

模型转换主要包括模型量化、剪枝等轻量化技术，以缓解深度学习模型复杂（计算量与存储量需求很高）与边缘设备资源受限的矛盾。此外，为了屏蔽第一步工作可能使用的不同类型的深度学习开发框架的差异，在第二步中使用统一的模型描述，解耦算法开发环节。

3. 模型推理

第一阶段为算法仿真测试，在仿真环境中编写上层应用代码，实现对第一步和第二步得到的算法模型的快速验证与评估。第二阶段为上板开发，在 Linux 环境下完成应用软件的开发与测试，完成系统集成工作。

11.2.2　运行流程与体系结构

按照运行流程划分，系统分为训练和推理两个阶段，如图 11-2 所示。训练阶段首先解析了 4 万张包含不同形态、大小、方向的雨条以及不同图像场景的雨图和清晰图像对。训练图像均已经裁剪为统一尺寸，训练数据存储为 npy 格式，在训练阶段直接导入并解析。网络在 TensorFlow 深度学习平台上进行训练，最后通过 PSNR、SSIM 和主观视觉对算法的有效性进行评估。

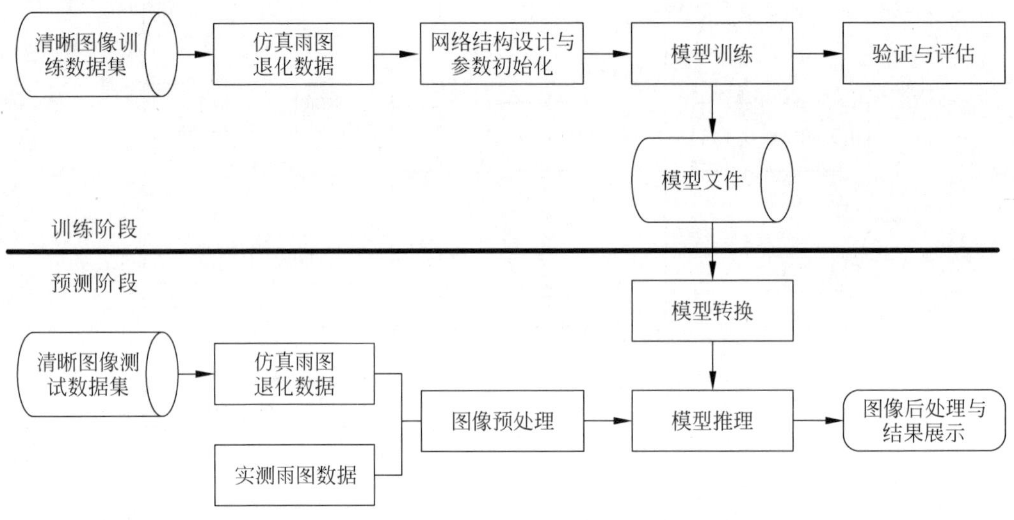

图 11-2　系统流程图

推理阶段包含 5 个步骤：收集清晰图像数据集、实测雨图数据、仿真退化数据获得雨图数据库、输入数据预处理、结合转换的模型文件进行模型推理展示。

按照体系结构划分，整个系统可分为 3 部分，如图 11-3 所示，分别为运行在服务器的训练层、运行在 Atlas 开发者套件端的推理层，以及浏览器端的展示层。其中，训练层运行在安装有 TensorFlow 训练环境的服务器上；推理层运行在 Atlas 开发者套件上，

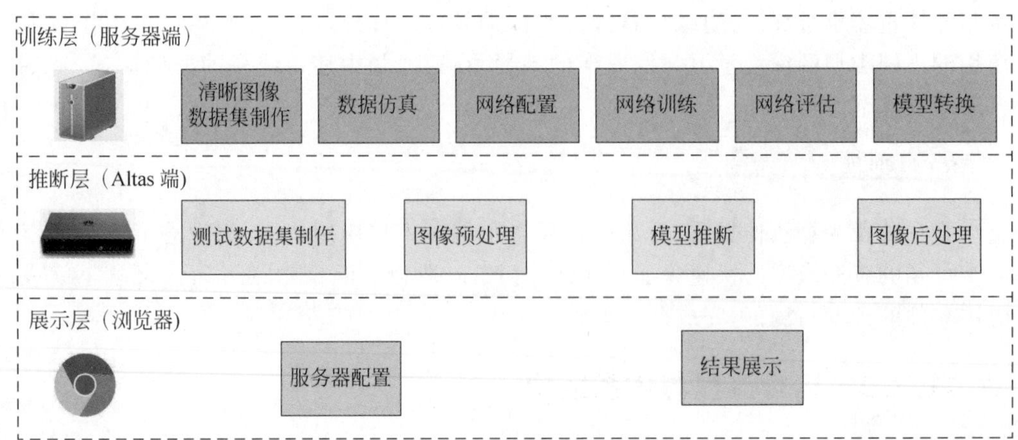

图 11-3　系统的体系结构

开发板能够支持卷积神经网络的计算加速；展示层运行在带有浏览器的客户端，单张图像处理图像增强对比结果将以幻灯片播放视频的形式展示在浏览器前端。各层之间存在数据依赖关系，训练层训练得到的模型部署在 Atlas 开发者套件上，被推理层调用；推理层预测得到的增强结果以文件形式保存，并回传至 MindStudio IDE；开发人员通过 IDE 读取保存的文件预览处理结果。

11.3　系统设计与实现

11.3.1　数据集生成

本项目提取场景分类数据集 Place2 中部分户外数据作为清晰图像，通过仿真的方式添加雨条，仿真方式包含在本案例源码 addRain. py 代码中，其中仿真雨条示例包含在源码 addRain_demo. py 中。

11.3.2　方向和残差感知的渐进式引导网络

1. 问题分析和算法动机

雨天图像降质问题实际包括多重退化，根据成像距离可以分为远景散焦、中景聚焦、近景散焦。远景在成像过程中受到空气中大气粒子和水滴对太阳光产生的散射效应的影响，在图像中以雾的退化形式存在。而中景，也就是相机的景深范围内，相机能够聚焦且清晰成像，雨滴受到重力和风向等环境因素而产生雨条退化。而对于近景，主要受到相机散焦的影响，以粗壮且模糊的雨条出现，称为纱帐雨。本系统主要研究对近景散焦雨和中景雨线的雨条去除算法。

如图 11-4 所示，其中图 11-4(a)～图 11-4(d)为原始图像及复原结果，图 11-4(e)～图 11-4(h)为对应雨层的横向剖线之和的曲线图。对基于深度学习方法的图像去雨算法进行实验分析，发现方法依然存在以下问题。

(1) 雨条残留：由于雨条复杂，平坦简单的端到端的深度学习方法(如 DerainNet)有限的拟合能力难以拟合复杂的分布，因此导致残留严重，雨条去除不干净的问题。

(2) 破坏图像结构：由于雨条和图像线性结构相似，深度学习方法只学习了雨条的表观特征，缺乏对两者的判别性特征学习，因此图像的线状结构被误判为雨条去除，如 JORDER。

导致上述问题的直接原因为雨层和图像层的分割面不够准确，关键原因是特征表

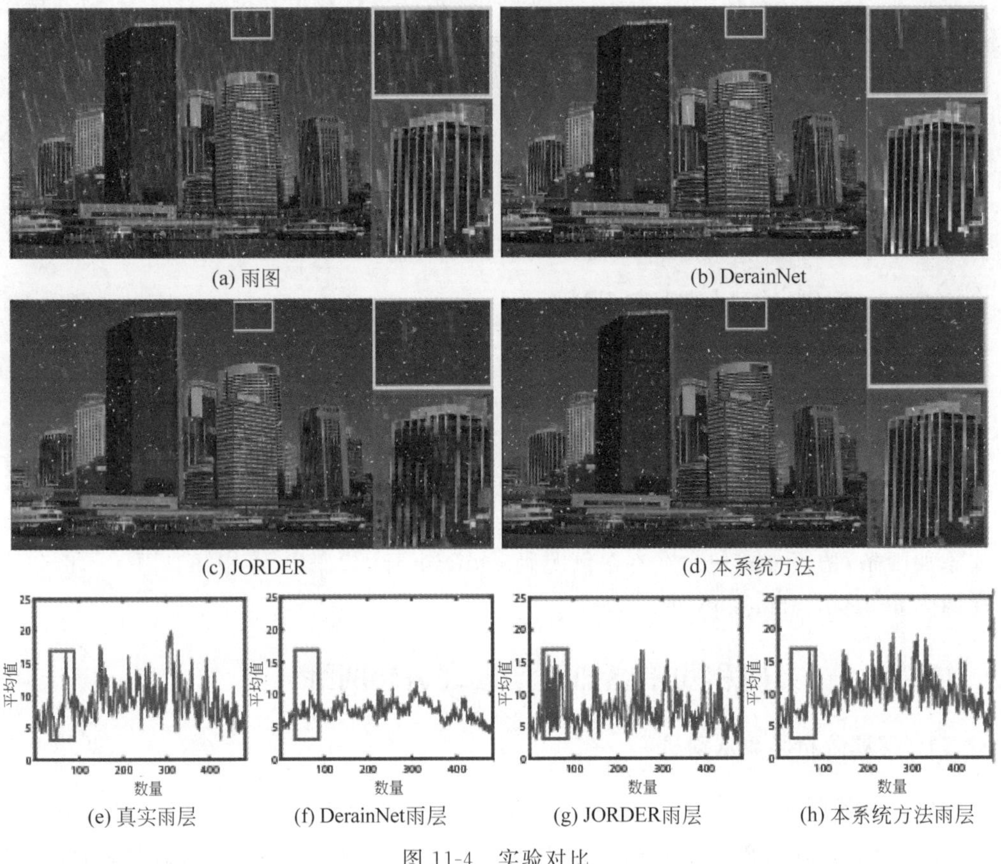

图 11-4　实验对比

达不具备判别性，使两者存在大量相似的特征。为了解决上述问题，本系统提出以下解决方案。

(1) 联合估计雨层和图像层：受到分解模型的启发，雨层和图像层具有强相关性，联合雨层和图像层建模，增强特征表达能力，从两个角度逐步逼近最优解。

(2) 引入主方向作为判别性特征：观测发现雨条具有主方向，而图像结构则不具备，引入主方向，有效改善网络对雨条和线状图像结构难以区分的问题。

2. 渐进式引导网络

本系统基于深度学习方法，构建 3 个阶段网络：主方向回归子网络、雨条层建模子网络和图像层建模子网络。主方向为一个单值变量，在网络中只需要获取粗精度的值并给予全局的指导，因此先执行主方向回归子网络实现主方向估计。由于方向性属于雨条层的属性，它直接影响了雨层的估计，而雨层相对于图像层更为稀疏，使网络更容易学习和训练。在第二阶段，为雨条层建模子网络，其输入融合了输入图像和来自主方向的指导信息。第三阶段为图像层建模子网络，图像层是一个稠密的图像，对网络而言更难估计，但是在已有的雨条层的基础上，使问题化繁为简，图像层建模子网络在雨条层的基础上，进一步补充残差信息，提升图像复原质量。如图 11-5 所示，3 个阶段的网络之间串行连接相互指导，且估计值按照单值-稀疏矩阵-稠密矩阵递进式变化，因此将构建的三阶段网络称为渐进式引导图像去雨网络（Progressive Guidance Deraining Network，PGDN）。渐进式引导的方式，结合了优化方法对信息的充分利用，联合建模了雨条的方向性、雨条层和图像层，在图像层建模中引入残差感知模块，问题按照从简到繁的引导式排列，降低了网络训练的复杂度，达到了有效分离雨条层和图像层的目的。

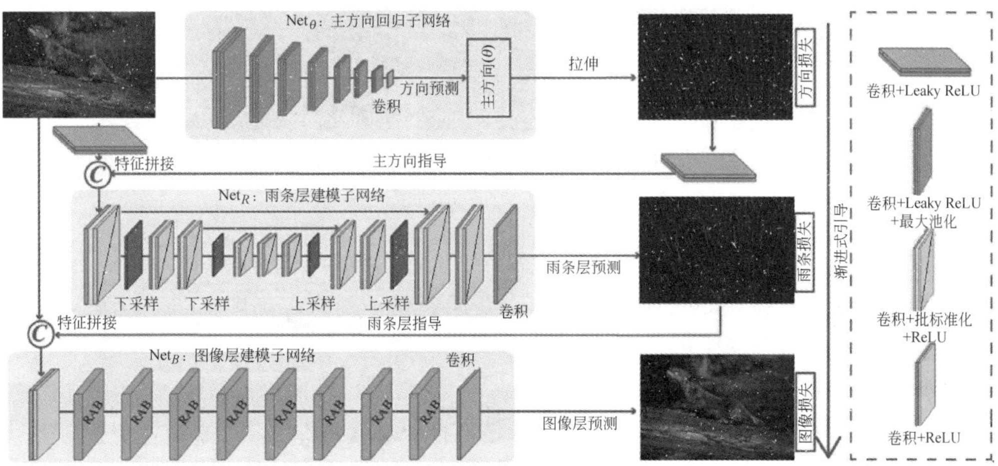

图 11-5　方向和残差感知的渐进式引导网络

1）主方向回归子网络（Net_θ）

主方向回归子网络的目的是估计输入局部图像块的主方向值，从而给后层的雨层估计提供指导，提升网络判别雨条和线状图像结构的能力。由于主方向是一个连续变化的值，Net_θ 采用回归网络而非分类网络。Net_θ 由包含 8 个卷积层的逐渐下采样网络构成。为验证方向性指导的有效性，图 11-6 展示了有无方向性指导时雨条层建模子网络的特征响应热力图。当无方向性指导时，雨条层估计的特征在红色方框所示的图像结果位置产生了较为强烈的响应。当引入方向性指导后，明显抑制了非主方向范围内的图像结构，有效地提升了特征提取的鉴别性。

2）雨条层建模子网络（Net_R）

雨条层建模子网络在主方向的指导下学习一个稀疏的雨层，指导图像层建模子网络。为了有效利用方向性并获得全局的信息，Net_R 需要具备较大的感受野区分雨条和具有语义的图像。现有增大感受野的操作包括加深网络层、空洞卷积和上下采样结

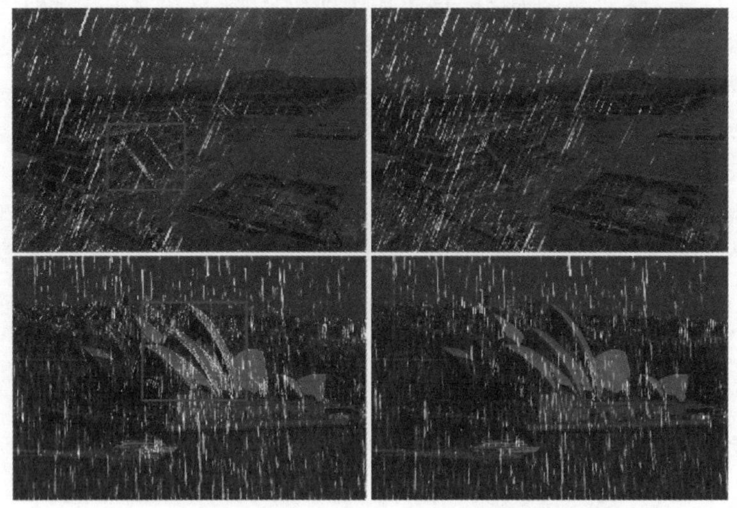

(a) 无方向指导　　(b) 有方向指导

图 11-6　主方向有效性分析

构。加深网络层数显著地增大了计算的复杂度，而空洞卷积则存在明显的棋盘效应，因此采用上下采样的 U 形网络结构构建雨条层建模子网络。如图 11-5 所示，Net_R 包含两个上采样和两个下采样结构。

3）图像层建模子网络（Net_B）

图像层建模子网络利用雨层提供的雨条的位置和灰度信息，将有雨位置的雨条去除，并确保无雨位置的图像信息完整，最终复原清晰图像。基于加性模型，雨条层确定后通过与观测图像相减可以直接获得清晰图像。引入 Net_B 可在雨条层的基础上进一步找回残差信息，提升图像复原质量。Net_B 由一个卷积层和 8 个残差注意模块（Residual-Aware Block，RAB）构成。

3. 迭代正则化启发的残差注意模块设计

图像的纹理等细微图像结构和与雨条类似的结构，在去雨过程中容易被当作雨条而误去除。因此，我们还须研究在去雨过程中找回图像细节的方法。传统方法中有迭代正则化细节找回的方法，其数学表达式如式(11-1)所示。

$$\boldsymbol{B}^{(k+1)}=F(\boldsymbol{B}^{(k)})+\tau[\boldsymbol{B}^{(k)}-F(\boldsymbol{B}^{(k)})] \tag{11-1}$$

其中，$\boldsymbol{B}$ 为估计背景图像；k 为迭代次数；τ 为手工设置常值一般小于 0.1。其物理意义为将复原后结果 $F(\boldsymbol{B}^{(k)})$ 与上次迭代结果 $\boldsymbol{B}^{(k)}$ 作差，得到本次去除的残差，其中包括了雨条和图像细节。然后将残差以一定比例 τ 反馈回输入得到下一次迭代的结果。

然而，传统方法中 τ 与 F 均为手工设计，无法得到最优的解。我们从优化启发的角度设计了残差找回网络模块，通过 1×1 滤波器拟合召回参数 τ，3×3 滤波器刻画变换 F，从而自适应在雨条去除与残差找回之间获得最优的平衡。对式(11-1)进行变换得到式(11-2)。

$$\boldsymbol{B}^{(k+1)}=(1-\tau)F(\boldsymbol{B}^{(k)})+\tau\boldsymbol{B}^{(k)} \tag{11-2}$$

可以转换为上次迭代结果与复原结果的加权平均，具有极强的物理意义。令人惊奇的是，我们发现式(11-2)可以将经典的残差网络 ResNet 统一起来，如式(11-3)所示。

$$\boldsymbol{B}^{(k+1)}=F(\boldsymbol{B}^{(k)})+\boldsymbol{B}^{(k)} \tag{11-3}$$

当参数 τ 设置为 0.5 时(将残差与结果同等对待)，残差感知模块和残差模块示意图如图 11-7 所示。综上所述，我们提出的迭代自加权残差找回网络具有更强的鲁棒性和物理意义，能够在去雨的同时更好地保存图像细节。

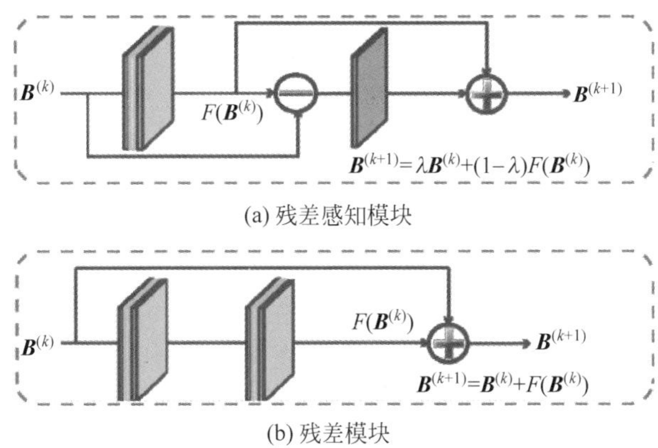

图 11-7　残差感知模块和残差模块示意图

11.3.3　模型训练及评估

渐进式引导网络通过端到端的方式预测，算法的 3 个阶段——主方向回归子网络 Net_θ、雨条层建模子网络 Net_R 和图像层建模子网络 Net_B 分别通过方向、雨层和图像背景层监督，3 个子网络的损失函数 L_θ、L_R 和 L_B 都采用 L2 损失函数。

为了更好地训练 3 个阶段的网络，采用先单独训练每个阶段再联合精调的训练方式，总的训练损失函数 L_{Total} 定义为

$$L_{\text{Total}}=w_1L_\theta+w_2L_R+w_3L_B \tag{11-4}$$

其中，w_1、w_2 和 w_3 分别为权重参数。在训练过程中，由于方向是一个单值，因此其权重取为图像局部块的大小 256×256 像素，即 $w_1=65536$，$w_2=w_3=1$。

11.3.4　模型转换

训练结束后，基于 TensorFlow 框架训练好的模型可通过 ATC 工具将其转换为昇

腾 AI 处理器支持的离线模型，模型转换过程中可以实现算子调度的优化、权重数据重排、量化压缩、内存使用优化，可以脱离设备完成模型的预处理。模型转化详细教程可参考官网文档。本节主要介绍本项目模型转化工具的具体配置与使用。

在 MindStudio 软件中选择 Ascend→Model Converter，打开模型转换工具。模型转换过程需要依次完成标签页的配置。在 Choose Model 标签页中上传模型文件，设置转换后输出模型(.om)文件名、目标处理器(这里以 Ascend310 或 Ascend910 为例)。

MindStudio 模型转换工具数据预处理页 Data Preprocessing 栏选择的参数如程序清单 11-1 所示。

程序清单 11-1　模型转换参数设置

```
Image Pre - process Mode:            Static
Input Image Format:                  RGB package
Image Image Resolution:              256 256
Model Image Format:                  Gray
Crop:                                Off
    Data Normalization:              On
    Variance:                        0.0039063
```

11.3.5　模型推理

Atlas 开发者套件上的雨天图像增强演示系统主要实现开发板雨天退化图像的增强处理。模型推理工程主要包含 3 个功能模块，分别为预处理模块、推理模块、后处理模块。

例程依赖第三方库，如 OpenCV 和 FFMPEG 实现图像、视频的读写操作(开发人员可以用 DVPP 进行替换，从而充分利用海思硬件性能)。针对本项目所部署的应用演示工程，需要确保开发板端已经安装好相应第三方库，具体操作细节请查阅 install_opencv。此外，在进行案例部署之前，请确认相关开发环境部署完毕，官方案例运行正常。

预处理过程主要实现了 OpenCV 本地图片读入、图像缩放、颜色空间转换等功能。

推理模块主要调用 aclmdlExecute(modelId_,input_,output_)接口，该接口实现模型输入预处理、模型推理等功能，输出模型推理结果。

若推理计算正常，则继续将推理结果进行后处理。本项目为图像增强任务，该神经网络最后一个输出节点输出 FeatureMap 为 1×256×256×1，即对应于单通道增强图像。因此，后处理模块主要实现使用推理结果替换原输入可见光图像中的亮度 Y 通道，最终实现彩色增强图像的保存。

11.4　系统部署

本案例的可执行文件最终运行于 Atlas 开发者套件上，套件主机侧（Hi3559A）操作系统为 Ubuntu16.04.3，硬件架构为 aarch64。Atlas 开发者套件通过 USB-C 或以太网与 MindStudio 开发环境所在主机相连。根据“图像增强”系统的演示需求，该系统设计集成上位机调试环境，工程主要包含预处理、前向推理、后处理三大功能。

11.5　运行结果

将本案例部署到 Ubuntu 上，最终运行结果如图 11-8～图 11-10 所示。

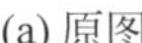

(a) 原图

(b) 对比图

图 11-8　系统运行结果 1

(a) 原图

(b) 对比图

图 11-9 系统运行结果 2

(a) 原图

(b) 对比图

图 11-10 系统运行结果 3

11.6 本章小结

本章提供了一个基于华为 Atlas 开发者套件的雨天图像增强案例。本案例通过读取本地雨天退化图像数据，对场景中的雨线、雨雾进行去除，实现图像增强效果。本案例介绍了一种基于方向和残差感知的渐进式引导网络，以实现雨天图像增强应用，可提高户外视觉系统在极端恶劣天气下的稳定性，可广泛应用于自动驾驶、视频监控等领域。

本章详细介绍了算法原理、系统的功能与架构、基于 Atlas 开发者套件的开发指导等内容。本案例的雨天图像增强系统能够稳定运行在 Atlas 开发者套件上，读者可在本案例的基础上进一步进行大幅面雨天图像实时增强的开发或与上层目标检测、实例分割、全景分割进行结合。

第12章

图像的HDR效果增强系统

12.1 案例简介

一个场景或一个数字影像产品的动态范围,被定义为其最强的光亮信号与最弱的光亮信号的比值。真实世界的场景通常拥有很高的动态范围,具备高动态范围的人眼视觉系统的自适应机制可以使我们同时看清场景中的各个区域。相比之下,数码影像设备的动态范围就相当有限,市场上常见的数字照相设备的动态范围只能达到2～3个数量级,因此拍摄出来的图片经常出现动态范围太低(如欠曝和过曝)的现象,导致图像细节的丢失。图像的高动态范围渲染(High-Dynamic Range,HDR)增强从本质上讲是图像增强的一种,从图像亮度的动态范围实现图像的效果增强。曝光不足的图像,它的所有细节都分布在很小的动态范围内,很多细节都淹没在黑暗中,通过将其动态范围扩展到更广的范围,就可以使所有像素分布在更广的亮度范围内,从而获得更好的图像细节。

本章主要介绍基于华为Atlas开发者套件构建图像的HDR效果增强系统,实现对低动态范围图像进行HDR效果增强,主要针对曝光不足的照片进行细节恢复,得到高质量的增强图像。

12.2 系统总体设计

本节将介绍系统的功能结构和系统的设计流程。

12.2.1 功能结构

本图像HDR效果增强系统要实现的功能只有一个,就是实现对曝光不足的低动态范围图像的效果增强，恢复因为曝光等原因丢失的图像细节，增强为具有清晰图像细节的高动态范围图像。本系统的增强模型是基于 ResNet 网络构建的多尺度网络结构，层次递进，实现了对低动态范围图像的有效和快速增强。

12.2.2　系统设计流程

系统主要分为数据处理子系统和模型构建子系统，子系统间相对独立，但存在数据间的关联。其中数据处理子系统主要具有数据集制作、数据预处理等功能，保证模型具有足够且合理的训练数据。模型构建子系统包括模型构建、模型训练、模型转换等功能。我们会针对图像 HDR 增强这一特定任务设计相应的网络结构和损失函数，保证增强图片具有合适的动态范围和清晰的细节，并且推理速度快。模型转换则是完成 pb 模型到 om 模型的转换，以便将训练好的 TensorFlow 模型应用到 Atlas 开发者套件上。图 12-1 给出了系统细化的整体结构，图 12-2 描述了各子系统与模块之间的关系。

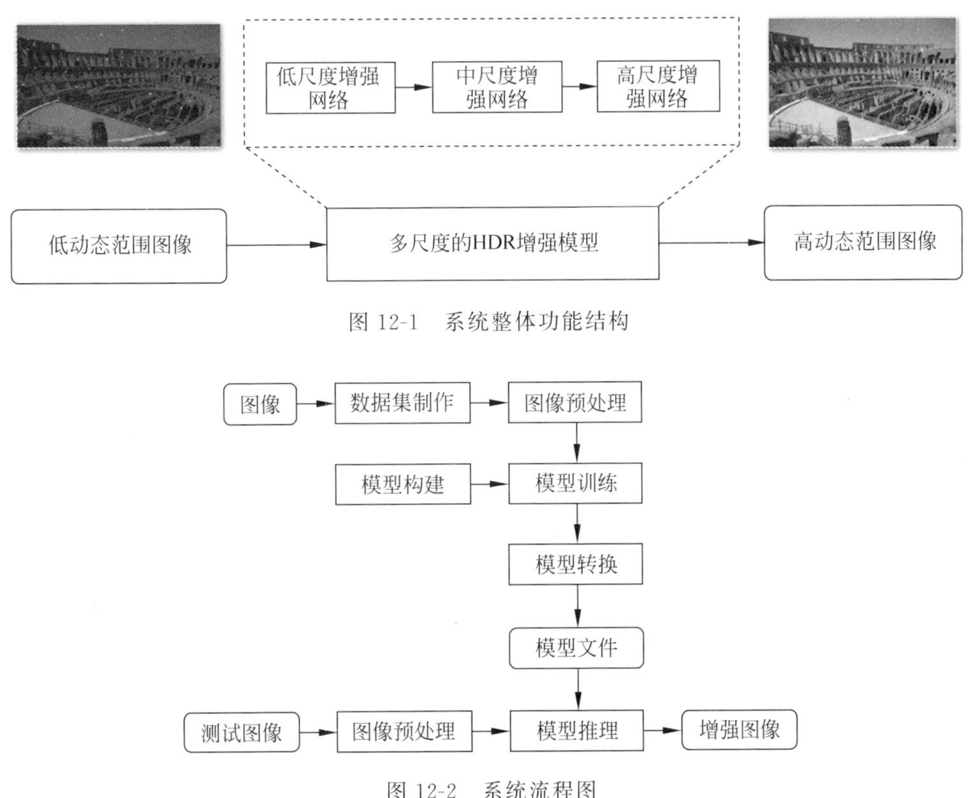

图 12-1　系统整体功能结构

图 12-2　系统流程图

12.3 系统设计与实现

本节将详细介绍系统各部分功能的设计与实现过程。

12.3.1 模型定义

1. 网络结构

图像的 HDR 效果增强网络结构如图 12-3 所示，采用多尺度的输入输出结构，每个尺度的网络核心是借鉴 ResNet 的原理设计的 3 层残差结构。ResNet 的经典结构通过捷径连接(Shortcut Connections)操作，将输入引入输出中，解决了深层网络的梯度消失和梯度爆炸问题，使网络结构能够向更深的方向发展，同时这样的结构也加大了网络中前、后层之间信息的流通力度，增强了网络的能力。

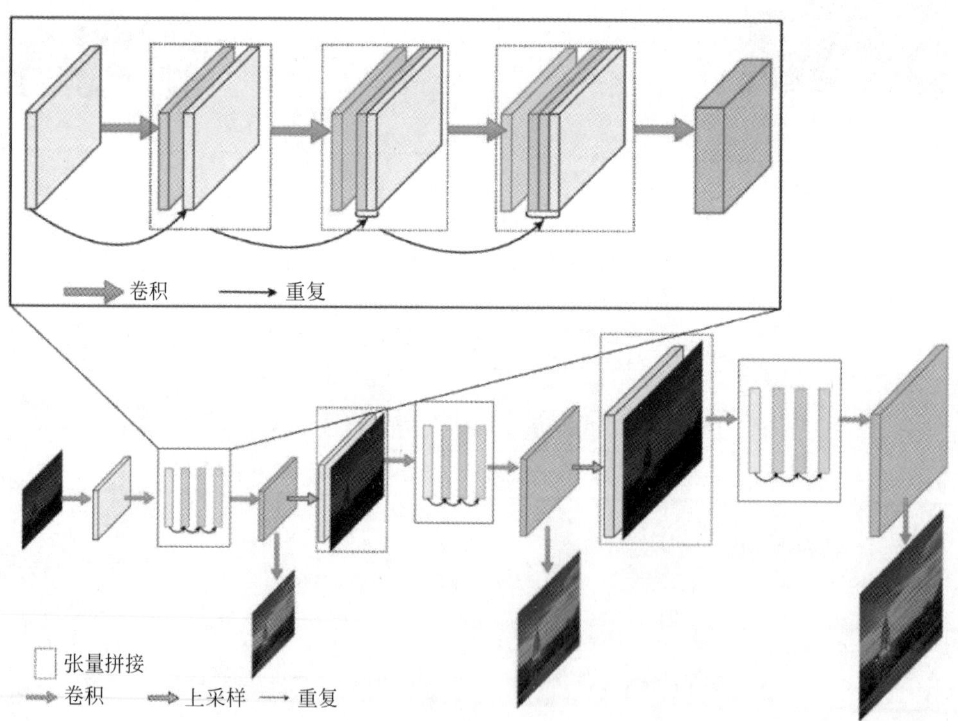

图 12-3 图像的 HDR 效果增强网络结构示意图

多尺度的网络结构层层递进，128×128 像素的图片通过 128×128 像素尺寸的网络后生成对应尺寸的增强图像，然后上采样至 256×256 像素尺寸，与该尺寸的输入结合作为 256×256 像素尺寸网络真正的输入。以此类推，最后得到 3 种尺寸的增强图像，对应 3 种尺寸的输入。这种多尺度的网络结构层次递进，先从简单的低分辨率图像开始做起，然后利用低分辨率的生成结果帮助高分辨率图像的生成，降低了高分辨率图像生成的难度。这种设计有助于提高网络的能力，并且提高网络的工作效率，使构建一个快速增强网络的目标成为可能。

2. 损失函数

对应于网络多尺度的输入/输出关系，我们所设计的损失函数也是多尺度的，3 种尺寸的输出图像分别与对应尺度的真值进行损失计算，然后相加作为最终的损失函数值。每个尺度的损失函数实际上是基于 VGG16 网络的 VGG 损失。VGG16 网络能够提取图像多种尺寸的中间层特征，在去掉最后的池化层和全连接层后，可以得到 4 种尺寸的中间特征层，对于 256×256 像素的图像，就是 128×128 像素、64×64 像素、32×32 像素和 16×16 像素的 4 种尺寸的特征，对输出图像和真值进行特征提取，对相同尺寸特征进行均方误差值计算，对不同尺度的均方误差进行加权求和作为该尺寸图像最终的损失函数值。

本项目中使用的损失函数实际上是感知损失，同时利用图像的底层特征和高层特征，保证生成图像在高频细节方面也有很好的效果，且收敛速度快。

12.3.2 模型训练、保存与转换

利用配套程序 train.py 中定义好的网络模型进行训练。首先提前将训练集保存成 tfrecords 格式，便于 TensorFlow 数据读取。本模型基于 TensorFlow1.12 开发，优化函数使用 AdamOptimizer，批次大小(Batch Size)设置为 4，初始学习率为 0.01，每 30 轮(Epoch)学习率衰减为原来的 1/10，每个批次耗时约 15min，在训练 90 轮之后，模型达到收敛状态，训练完成后保存模型权重。

因为本模型中涉及的归一化层有两种状态——训练状态和推理状态。两种状态对移动平均值和移动方差的处理不一样，需要进行状态的指定。在针对 Atlas 开发者套件的编程中不便于两种状态的指定，因此分别对训练和推理两种状态的模型进行构建，差别只在于归一化层，训练模式的模型训练完成后，保存权重，然后加载到推理模式的模型中，保存为 pb 格式的模型文件。

为使应用能够部署在华为 Atlas 开发者套件上，需要利用 MindStudio 将训练好的 pb 模型转换为 om 格式的离线模型。模型转换的设置如图 12-4 所示，具体说明如下。

(1) Input Nodes 下的 Type 选择 FP32；

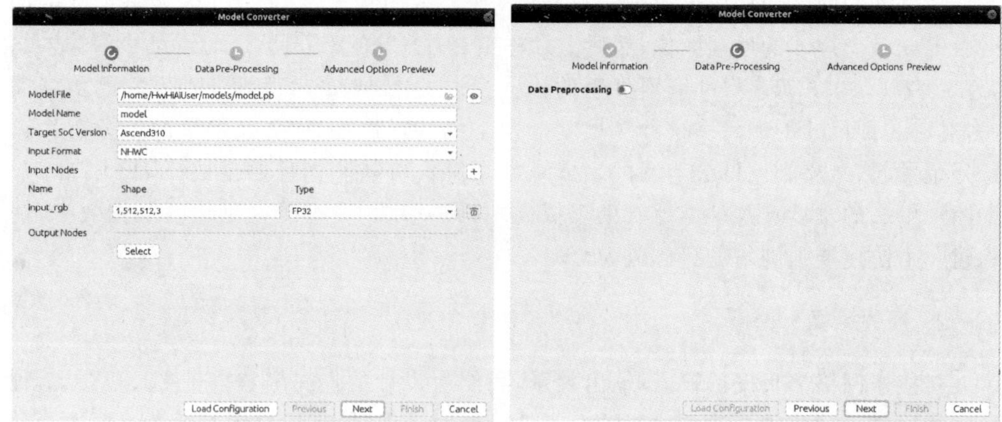

图 12-4　MindStudio 模型转换流程

(2) Input Format 选择 NHWC；

(3) 输入节点 N、H、W、C 分别为 1、512、512、3；

(4) Data Preprocessing 设为 off，其他参数保持默认值。

转换成功后在 modelzoo 目录找到 om 文件。模型转换过程十分重要，参数需要根据 TensorFlow 模型的要求进行调整，否则模型的输出会受到影响。转换后的模型为 om 文件，然后基于该模型利用 MindStudio 编写在 Atlas 开发者套件运行的 C++程序，即可编译运行得到结果。

12.3.3　模型推理

系统模型推理阶段均在华为 Atlas 开发者套件上实现。为了能够执行模型推理，服务器上需要安装 OpenCV、Presenter Agent、交叉编译工具，安装方法如下。

(1) 安装编译工具的命令如下。

```
sudo apt - get install  - y g++ - aarch64 - linux - gnu g++ - 5 - aarch64 - linux - gnu
```

(2) 安装 OpenCV：请参考 https://gitee.com/ascend/samples/tree/master/common/install_opencv/for_atlas200dk 将 pb 模型进行转换，即可得到可在华为 Atlas 开发者套件运行的 om 格式模型。

经过以上步骤，我们已经配置好了华为 Atlas 开发者套件上的运行环境，需要利用转换好的 om 文件编写执行模型推理的 C++程序。模型推理阶段的主要步骤如图 12-5 所示，具体说明如下。

(1) 图像预处理：本项目的输入图像来源有两个，一是直接从本地文件夹读取准备好的曝光不足的低动态范围图像；二是利用摄像头实时捕获图片。无论是哪种来

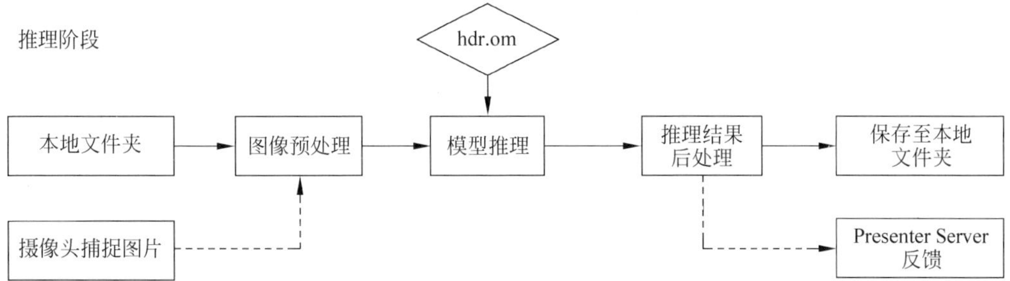

图 12-5　模型推理主要步骤

源，都需要利用 OpenCV 进行图像预处理，将已经获取的数据缩放至 512×512 像素，以符合网络输入大小；然后将 Unit8 的数据转换为 CV_32FC3 格式，再做归一化处理，将 0～255 的数值归一化到 0～1；最后将 BGR 的图片格式转换为 RGB 格式（如果是摄像头捕捉，则不需要再进行 BGR 的格式转换）。

（2）模型推理：将经过预处理得到的数据输入模型，获得推理结果。

（3）推理结果后处理：后处理模块主要是对模型的推理结果进行格式变换，然后将变换结果反馈给用户。主要过程是先将 RGB 格式的输出转换为 BGR 格式，再将 0～1 的值映射回 0～255，最后将 512×512 像素的转换结果缩放回原始图像的尺寸大小。反馈给用户的方式共有两种，一种是保存在本地路径下；另一种是使用 Presenter Server 在浏览器上实时显示。

12.4　系统部署与运行

按照上述步骤将图像的 HDR 效果增强系统的工程构建完成后，接下来将本应用部署至 Atlas 开发者套件上实现对曝光不足图像的 HDR 效果增强功能。本项目存在两种获取数据的方式，对应的结果展示方式也不相同，本项目针对两种方式分别进行部署和运行。

1. 读取本地文件，同时将生成结果保留在本地

（1）打开对应的工程：以 MindStudio 安装用户命令行进入安装包解压后的 MindStudio-ubuntu/bin 目录，启动 MindStudio，打开 hdr 工程。

（2）编译：在工具栏中单击 Build→Edit Build Configuration，选择 Target OS 为 CentOS7.6，Target Architecture 为 aarch64。之后单击 Build→Build→Build Configuration，会在目录下生成 build 和 out 文件夹，并且显示创建成功。

(3) 执行：单击 Run→Run 'hdr'，程序成功在开发板执行。将显示每幅图像的预处理、推理、后处理的总时间，并且在以时间戳命名的文件夹中保存转换结果。

2. 使用摄像头捕捉照片，并在 Presenter Server 进行结果反馈

(1) 打开对应的工程：以 MindStudio 安装用户通过命令行进入安装包解压后的 MindStudio-ubuntu/bin 目录，启动 MindStudio，打开 hdr 工程。

(2) 修改展示器的服务端(Presenter Server)的 IP 地址：将 data/param. conf 中的 presenter_server_ip 和 presenter_view_ip 修改为 MindStudio 所在 Ubuntu 服务器的虚拟网卡的 IP 地址，如 192. 168. 1. 233；将 presenter_agent_ip 修改为开发板的 IP 地址，如 192. 168. 1. 2；将 presentserver/hdr_photo/config/config. conf 中的 presenter_server_ip 和 web_server_ip 修改为 MindStudio 所在 Ubuntu 服务器的虚拟网卡的 IP 地址，如 192. 168. 1. 233；本项目使用路由器网络连接 Atlas 开发板，所以上述虚拟网卡 IP 地址替换成 MindStudio 所在 Ubuntu 服务器的 IP 地址：192. 168. 0. 102，远端 Atlas 开发者套件的 IP 地址则替换成它的网络 IP 地址：192. 168. 0. 101。

(3) 编译：在工具栏中单击 Build→Edit Build Configuration，选择 Target OS 为 CentOS7. 6，Target Architecture 为 aarch64。然后单击 Build→Build→Build Configuration，会在目录下生成 build 和 out 文件夹，并且显示创建成功。

(4) 启动 Presenter Server：打开 MindStudio 工具的终端，在应用代码存放路径下，执行如下命令在后台启动 hdr_photo 应用的 Presenter Server 主程序。

```
bash script/run_presenter_server.sh
```

(5) 执行：单击 Run→Run 'hdr'，使程序成功在开发板执行。使用启动 Presenter Server 服务时提示的 URL 登录 Presenter Server 网站。MindStudio 上程序运行完毕，单击 Refresh 刷新；单击右侧对应的 View Name 链接，查看摄像头拍摄的图像经过 HDR 增强系统处理后的结果。

12.5 运行结果

本项目存在两种获取数据的方式，对应的结果展示方式也不相同。

1. 读取本地文件，同时将生成结果保留在本地

图 12-6 展示了曝光不足的低动态范围输入图像经过 HDR 效果增强后的效果样例，可以看出，经过 HDR 增强后的图像，确实获得了更好的图像细节，展现出非常好的

图像质量。图 12-7 展示了运行过程中的输出信息，从信息中可以看出，单张图像的推理时间基本控制在 100ms 以内，成功实现在 Atlas 开发者套件上对曝光不足图像的快速 HDR 效果增强。

图 12-6　HDR 系统增强结果(从本地读取图像方式)

```
Run:  hdr
2020-10-05 05:48:53 - [INFO] Synchronizing "/home/gogo/AscendProjects/hdr/out/run.sh" to "~/HIAI_PROJECTS/workspace_mind_studio/
2020-10-05 05:48:53 - [INFO] Assigning execute permission to run.sh on the remote host.
[INFO]  Acl init success
[INFO]  Open device 0 success
[INFO]  acl get run mode success
[INFO]  load model ../model/hdr.om success
[INFO]  create model description success
[INFO]  create model output success
[INFO]  generation start!!!!!!!!!!!!!!!!!
[ WARN:0] global /home/HwHiAiUser/opencv/modules/core/src/matrix_expressions.cpp (1334) assign OpenCV/MatExpr: processing of mul
[INFO]  model execute success
103.694ms
[INFO]  model execute success
84.655ms
[INFO]  model execute success
95.271ms
[INFO]  model execute success
98.419ms
[INFO]  model execute success
100.215ms
[INFO]  Execute sample success
[INFO]  unload model success, modelId is 1
[INFO]  end to destroy stream
[INFO]  end to destroy context
[INFO]  end to reset device is 0
[INFO]  end to finalize acl

2020-10-05 05:48:55 - [INFO] Start transferring result files to Mind Studio.
2020-10-05 05:48:55 - [INFO] Result files have been transferred to Mind Studio.
2020-10-05 05:48:55 - [INFO] Result files are saved in "/home/gogo/AscendProjects/hdr/out/outputs/20201005054854".
2020-10-05 05:48:55 - [INFO] Running "workspace_mind_studio_hdr" on the remote host finished.
```

图 12-7　HDR 效果增强系统运行信息

2. 使用摄像头捕捉照片，并在 Presenter Server 进行结果反馈

图 12-8 展示了使用摄像头捕获图片的方式进行 HDR 效果增强的结果，可以看出，摄像头捕获图片后经 HDR 效果增强系统进行处理，得到的图像具有合适的曝光，动态范围良好且图像细节清晰。

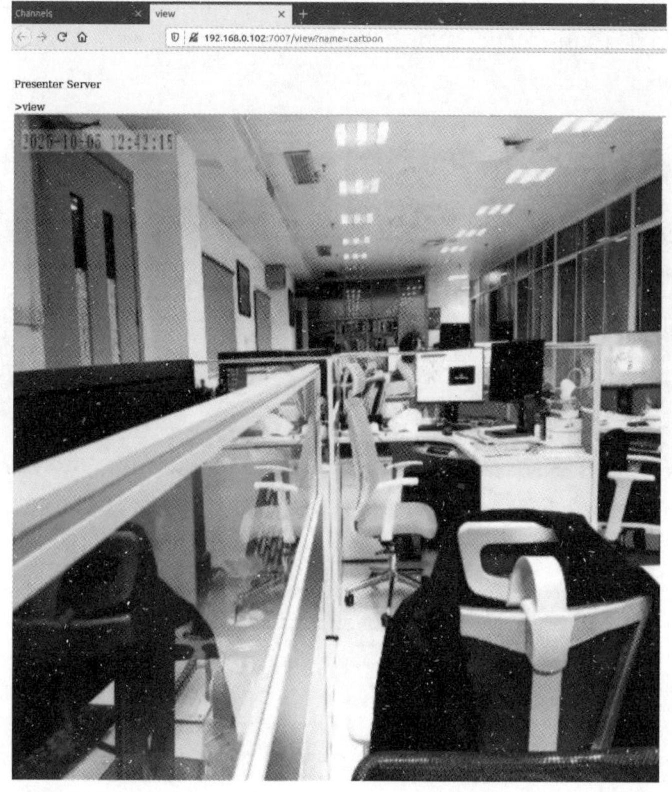

图 12-8 HDR 效果增强系统运行结果(从摄像头捕获图像方式)

12.6 本章小结

本章提供了一个基于华为 Atlas 开发者套件的图像增强案例。本案例涵盖了图像 HDR 增强模型的构建、模型的训练、保存与转换、模型的推理以及从两种方式获取数据在华为 Atlas 开发者套件上进行部署和运行等过程,希望为读者提供一个基于华为 Atlas 开发者套件的图像增强应用的参考,以及一些基础技术的支持。

第 13 章

超分辨率图像算法

13.1 案例简介

超分辨率图像算法是指利用低分辨率的图像重建出对应的高分辨率图像，其在医疗成像、监控安防、卫星图像等相关领域都发挥着重要作用。随着图像分辨率的增长和人们对性能要求的提升，传统的超分辨率图像算法已不能满足如今的需求。得益于深度学习技术的发展，近几年涌现了更高性能的超分辨率图像算法。如今，基于深度学习的超分辨率图像算法正逐步取代传统图像算法成为主流。

本案例将经典的 SRCNN[17]、FSRCNN[18] 和 ESPCN[19] 3 种超分辨率图像算法网络模型在 Atlas 推理卡上进行了移植与部署，通过实现这几个有代表性的模型，展示了超分辨率图像算法应用在 Atlas 推理卡上运行的可行性。

13.2 系统总体设计

该超分辨率图像转换系统可读取低分辨率图像数据，送入超分辨率网络模型进行推理计算后得到放大倍数为 3 的高分辨率图像。

13.2.1 功能结构

超分辨率图像转换系统分为模型训练、模型转换、模型推理 3 个子模块。

1. 模型训练

模型训练模块主要处理从制作数据集到完成训练的过程，包括数据集的处理、增强，根据算法定义网络结构、损失函数，使用 Caffe 框架进行网络训练等。

2. 模型转换

模型转换使用离线模型转换工具 ATC 将训练完成的 Caffe 模型文件转换为能在 Atlas 推理卡上运行的 om 格式模型文件。该过程会对卷积权重进行格式转换、填充，同时对模型进行优化，如冗余算子的去除、卷积算子和 ReLU 激活函数的融合等。

3. 模型推理

完成模型转换后，模型推理系统将在 Atlas 推理卡上进行推理。模型推理系统运行过程包括读取文件形式数据、模型推理、数据后处理等。

系统各模块关系如图 13-1 所示。

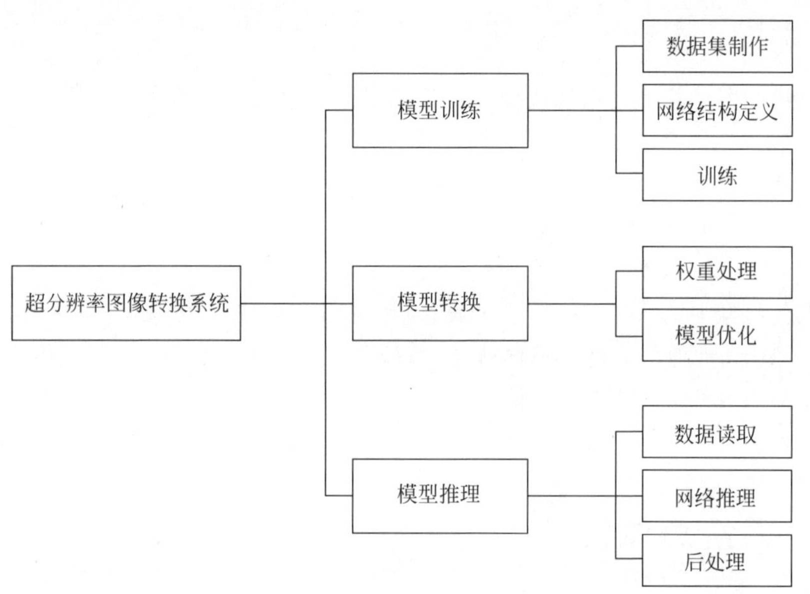

图 13-1　系统整体功能结构

13.2.2　运行流程与体系结构

按照运行流程划分，系统可分成两个阶段，分别是训练阶段和推理阶段，如图 13-2 所示。训练阶段首先进行数据集的制作，使用 MATLAB 对数据集进行灰度化、下采样等操作，得到低分辨率与高分辨率的图像数据对，存储为 hdf5 格式文件，作为后续的训练数据。接着根据算法描述，进行 Caffe 网络结构的定义和训练参数的设置。随后进行网络的训练，得到能够完成图像超分辨率应用的模型文件。最后通过验证环节评估训练过程的质量，验证算法的有效性。

推理阶段主要包括 3 个步骤。第一步是获取输入数据，系统读取本地图像数据并

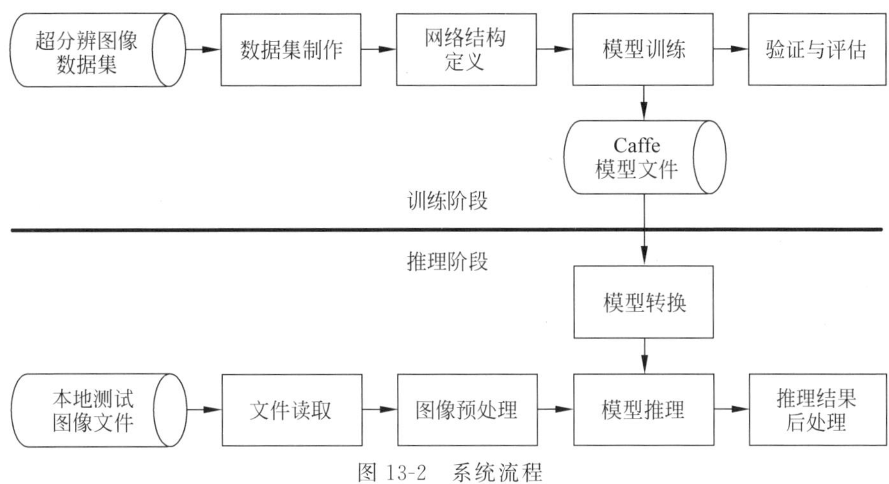

图 13-2　系统流程

执行预处理，作为超分辨率图像网络的输入。第二步是在推理模块中执行网络的前向传播，得到放大后的图像数据。最后，对得到的数据进行后处理，将浮点值转换为 8 位像素值，再存储为本地文件。

按照体系结构划分，整个系统包括运行在宿主机的训练层和运行在 Atlas 推理卡服务器端的推理层，如图 13-3 所示。其中，训练层运行在安装有 Caffe 环境的服务器上；推理层运行在 Atlas 推理卡服务器上，能够支持卷积神经网络的计算加速。

图 13-3　系统体系结构

13.3　系统设计与实现

本节将详细介绍系统的设计与实现。13.3.1 节对本案例使用到的 3 种超分辨率图像网络(SRCNN、FSRCNN 以及 ESPCN)进行介绍；13.3.2 节讲述训练数据集的制作过程；13.3.3 节介绍如何定义 3 种超分辨率网络的 Caffe 模型；13.3.4 节对模型的训练与验证进行介绍；13.3.5 节介绍模型转换的过程和配置；13.3.6 节和 13.3.7 节则分别介绍预处理及模型推理、后处理的开发过程。

本项目使用了开源代码进行模型的训练。其中，SRCNN 与 FSRCNN 采用了原作者提供的官方训练代码，ESPCN 采用了 Github 上的开源代码，这 3 种模型都采用 Caffe 框架进行训练，并在训练前后分别使用了 MATLAB 进行数据集的制作与模型的推理验证，具体步骤将在 13.3.2 节～13.3.4 节进行介绍。另外，13.3.2 节～13.3.4 节中的代码程序清单内容也都选自作者提供的代码。

3 种模型的代码链接分别为：

SRCNN：http://mmlab.ie.cuhk.edu.hk/projects/SRCNN.html；

FSRCNN：http://mmlab.ie.cuhk.edu.hk/projects/FSRCNN.html；

ESPCN：https://github.com/wangxuewen99/Super-Resolution/tree/master/ESPCN。

13.3.1 超分辨率图像算法

本节首先对案例中所实现的超分辨率图像算法模型进行简要介绍，主要包括 SRCNN、FSRCNN 以及 ESPCN。这 3 种算法都是基于深度学习进行实现，但在图像放大这一步骤中采取了不同的做法，因此在超分辨率图像算法中都具有一定代表性。

1. SRCNN

SRCNN 是深度学习在超分辨率图像应用中的首次尝试，它的网络结构非常简单，仅使用了 3 个卷积层(包括两个 ReLU 激活函数)，便能得到优于传统图像超分辨算法的放大效果。以图像放大 3 倍为例，SRCNN 的网络结构如图 13-4 所示。

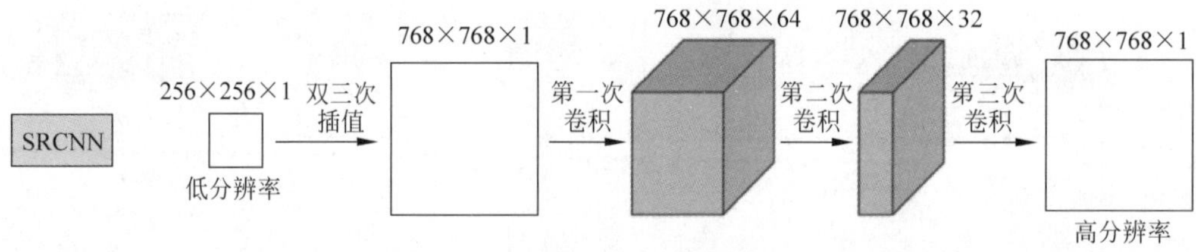

图 13-4 SRCNN 的网络结构

在 SRCNN 算法中，图像在被送进网络之前需要先使用双三次(Bicubic)插值算法进行放大，之后的 3 层网络模型实际上并未改变图像的大小。这里使用双三次插值算法进行前置放大的做法在超分辨率图像网络中也较常见，如 VDSR[20]、DRCN[21]等。

2. FSRCNN

FSRCNN 对 SRCNN 算法做了一些改进，包括使用更多的卷积层、减小卷积核的尺寸、修改激活函数为 PReLU 等。其中，最关键的一个改进为，FSRCNN 在网络最后用了一个反卷积层进行图像的放大。因此，不同于 SRCNN，FSRCNN 可以直接将原始的低分辨率图像输入网络中，而无须经过双三次插值放大，使网络中的数据张量能够拥有更小的尺寸，从而网络的运行速度会有较大的提升。FSRCNN 的网络结构如图 13-5 所示。

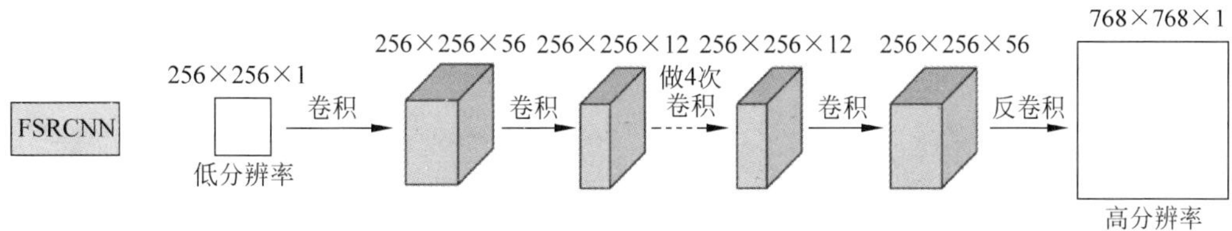

图 13-5　FSRCNN 的网络结构

3. ESPCN

ESPCN 的网络结构如图 13-6 所示。不同于 SRCNN 和 FSRCNN，ESPCN 采用了一种称为亚像素卷积层(Sub-Pixel Convolutional Layer)的结构进行图像的放大。

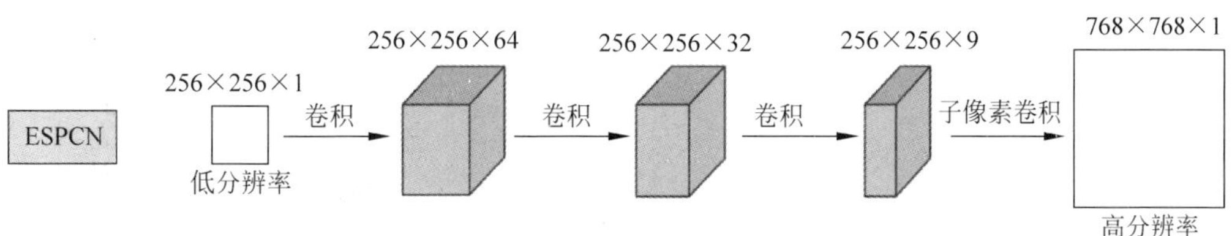

图 13-6　ESPCN 的网络结构

亚像素卷积层可分为两部分——普通卷积层和像素重排(Subpixel 或 PixelShuffle，以下统称为 PixelShuffle)。普通卷积层的输出通道数被设置为最终得到的图片通道数的 r^2 倍，其中 r 为图像的放大倍数。像素重排的过程为：通过一定规律，将通道方向的数据移动至宽高方向。这样就减少了通道数，增大了图片尺寸，最终能够实现固定倍数的放大效果。

ESPCN 也是将低分辨率图像直接作为网络的输入，它的卷积运算量较小，运行速度较快。亚像素卷积层在超分辨应用中也比较常见，如 SRGAN[22] 等。另外，由于 ESPCN 采用 Tanh 作为激活函数，它的精度更高。

13.3.2 数据集制作

13.3.1 节的 3 个模型都采用了 91-image 数据集[23]作为训练集。91-image 数据集包含了 91 张图片，是超分辨率图像领域中常用的训练集。另外，FSRCNN 还采用 General-100 数据集作为补充训练集，并对训练集做了数据增强，提高了模型的泛化能力。91-image 与 General-100 这两个数据集的部分图像分别如图 13-7 和图 13-8 所示。

图 13-7　91-image 数据集部分图像

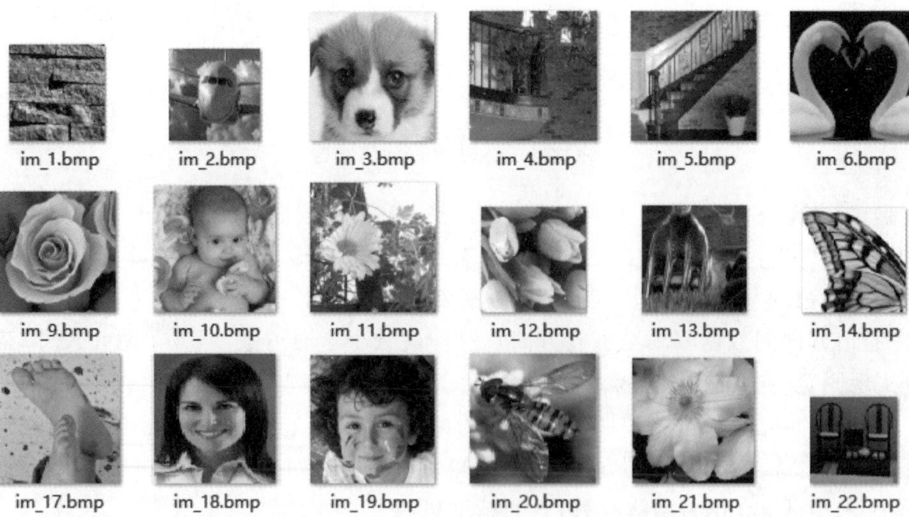

图 13-8　General-100 数据集部分图像

准备好数据集后，接下来使用 MATLAB 进行训练数据集的处理和制作。首先，对训练数据集进行旋转和缩放处理，以增加训练图片数量，如程序清单 13-1 所示。

程序清单 13-1　训练集数据增强

```
for angle = 0 : 3                                      %旋转
    im_rot = rot90(image, angle);
    imwrite(im_rot, [savepath im_name, '_rot' num2str(angle) '.bmp']);
    for scale = 0.6 : 0.1 :0.9                         %缩放
        im_down = imresize(im_rot, scale, 'bicubic');
        imwrite(im_down, [savepath im_name, '_rot' num2str(angle) '_s' num2str(scale *
10) '.bmp']);
    end
end
```

由于 3 种模型都是以灰度图片作为模型的输入，因此接下来需要对数据集进行灰度化处理，使用 rgb2ycbcr()函数进行格式转换，并提取出 Y 通道数据作为所需数据。接着，使用 imresize()函数进行图像下采样，以得到低分辨率的图像数据，该部分代码如程序清单 13-2 所示。需要注意的是，MATLAB 的下采样函数自带抗混叠滤波效果，会使得到的图像更加平滑，更接近真实数据。

程序清单 13-2　灰度化与下采样

```
image = imread(fullfile(folder, filepaths(i).name));
image = rgb2ycbcr(image);                                   %灰度化
image = im2double(image(:, :, 1));
im_label = modcrop(image, scale);
im_input = imresize(im_label, 1/scale, 'bicubic');          %下采样
```

接下来，需要根据不同的模型，制作各自的输入（低分辨率）与输出（高分辨率）图像数据对。需要注意的是，由于 Caffe 框架中并没有 SRCNN 需要的双三次插值操作和 ESPCN 需要的像素重排操作，因此，对于 SRCNN，需要将低分辨率图像先进行双三次插值，再作为输入数据进行训练；对于 ESPCN，需要将高分辨率图像进行一次反向的像素重排操作，作为模型的输出进行训练，详见 13.3.3 节。

最后，对上一步得到的输入与输出图像进行分块操作，进一步提取出尺寸更小的图像数据对写入 hdf5 文件，作为最终的训练数据。

13.3.3　网络结构

在启动训练前，需要编写 prototxt 配置文件用来描述网络的结构。本项目所使用的 3 个算法模型的放大倍数都为 3，其结构在 13.3.1 节中已经给出。需要注意的是，由于 Caffe 框架中不存在与双三次插值和像素重排对应的算子，因此这两个操作需要在 Caffe 框架之外执行。

在实际应用时，对于SRCNN，需要先将低分辨率图像进行双三次插值放大，再作为网络的输入进行计算；而对于ESPCN，输入为低分辨率图像，但是需要对网络的输出再执行一个像素重排的操作才能得到放大的图像；而FSRCNN则无须改动，网络的输入为低分辨率图像，输出即为放大后的图像。图13-9中的圆角矩形框表示了各算法中具体的Caffe网络部分。

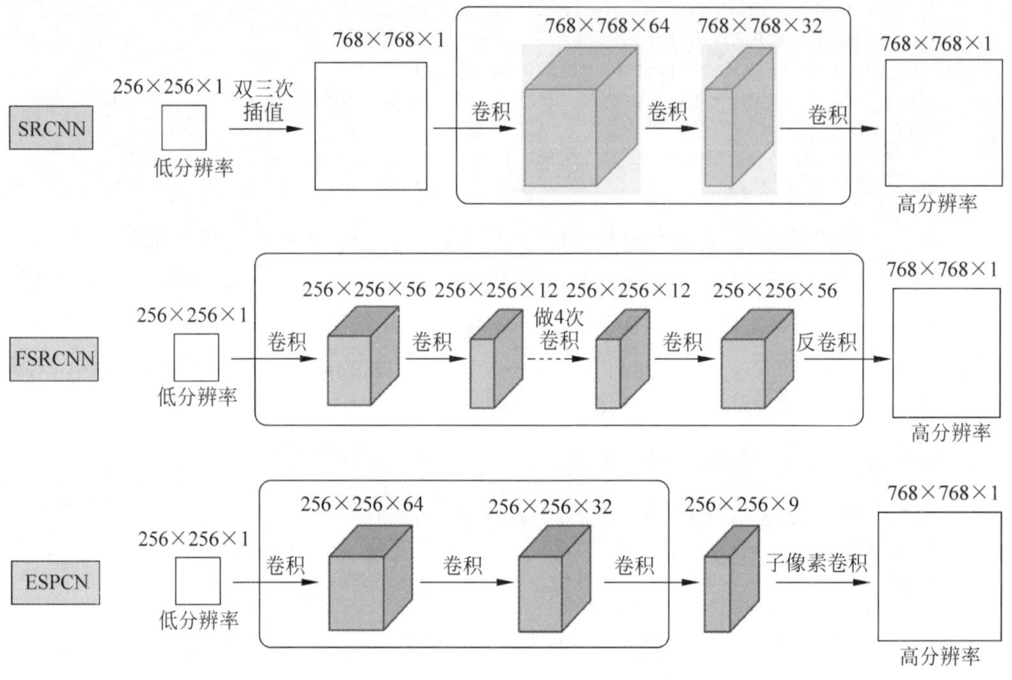

图13-9　各算法中的Caffe网络部分

当然，图像在送进网络前，需要进行预处理操作，将0～255的像素值归一化为0～1的浮点数；对于放大后的结果，还需要进行后处理操作，将输出的数据值(大部分为0～1)再转换为0～255的8位像素值，这样才能得到最后的高分辨率图像。

训练网络所需的prototxt网络结构文件，可参考本章所提供源代码。训练时的prototxt文件内容可简单分为3部分——数据输入、网络结构以及损失函数定义。而对于实际部署时所使用的deploy.prototxt网络结构文件，为了保证卷积后特征图尺寸不改变，需要严格设置padding参数，从而保证最后的高分辨率图像与低分辨率图像的尺寸呈倍数关系。

13.3.4　模型训练与验证

由于使用的是Caffe框架，因此准备好数据集并定义好网络结构与训练参数文件

solver. prototxt 后即可启动训练。solver. prototxt 文件定义了训练过程中需要的各种参数。

准备好训练所需要的文件后，即可启动 SRCNN 模型的训练，输入命令如下所示。

```
./build/tools/caffe train --solver examples/SRCNN/solver.prototxt
```

在训练过程中，每完成 100000 轮迭代，会对目前的网络参数进行存储。结束训练后，得到最终的模型权重文件，并结合修改得到的用于推理的网络结构 deploy. prototxt 文件，可作为后续 Atlas 开发者套件模型转换的输入。

接下来，根据作者提供的测试代码，使用 MATLAB 在 Set5 数据集[24]上进行验证。Set5 数据集包含 5 张风格不同的图片，被广泛用在超分辨率图像算法的性能验证，图 13-10 展示了 Set5 数据集的全部图片。

baby_GT.bmp

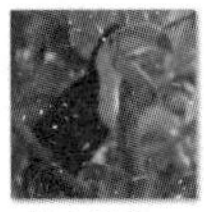
bird_GT.bmp

butterfly_GT.bmp

head_GT.bmp

woman_GT.bmp

图 13-10　Set5 数据集

这里包含两个步骤。首先，运行作者提供的脚本 saveFilters. m，将模型权重文件中的网络参数存储至 MATLAB 常用的. mat 文件中。接着，启动脚本 demo_SR. m 进行测试，该脚本会读取 Set5 数据集，灰度化后进行下采样得到低分辨率图像，然后将低分辨率图像送入网络进行推理计算，得到恢复出的高分辨率图像，最后进行 PSNR (峰值信噪比)计算。

最后，计算出的 PSNR 可达到作者论文中给出的 32. 39dB，说明模型训练已经完成，并且达到了不错的精度。由于如何使用 MATLAB 进行计算不是本项目的重点，并且此处只是对模型的训练效果进行简单的验证，因此这里不对其进行更细节的介绍。在 13. 5 节中，会展示模型在 Atlas 推理卡上的运行效果，届时会给出实际效果图，并对评价指标 PSNR 进行进一步介绍。

以上对 SRCNN 的训练过程进行了具体介绍，由于 FSRCNN 与 ESPCN 的训练过程与 SRCNN 基本相同，这里不再重复阐述，感兴趣的读者可下载代码进行查看。至此，模型训练部分已经全部介绍完毕。下面将介绍如何在 Atlas 推理卡上部署实现这 3 个网络模型，并在 13. 5 节中给出 Set5 数据集在 Atlas 推理卡上进行实际推理的结果。

13.3.5　模型转换

在完成超分辨率模型的训练，得到全精度的算法模型之后，首先需要进行离线模型转换这一步骤，将 Caffe 模型转换为昇腾处理器（这里以昇腾 310 为例）支持的模型（Davinci 架构模型），才可进一步将其部署在 Atlas 推理卡上。

ATC 是昇腾 AI 处理器对应的模型转换工具，能够将 Caffe 或 TensorFlow 模型转换成昇腾 AI 处理器支持的离线模型，并且模型转换过程中可以实现算子调度的优化、权值数据重排、内存使用优化等。

对于本应用，在模型转换的过程中需要注意 Input Shape 这个参数的配置。以 FSRCNN 放大 256×256 像素的图像为例，NCHW 参数需要设置为[1,1,256,256]，其中 C 通道为 1 是由于以上训练得到的超分辨率模型都是针对灰度图像进行处理，若是需要展示彩色图像结果，可参考 13.3.7 节中的处理方式。另外，如果使用 SRCNN 模型，此处的 H 与 W 需要设置为 768，即低分辨率图像经过双三次插值放大后的尺寸。FSRCNN 模型转换命令及转换结果如图 13-11 所示。

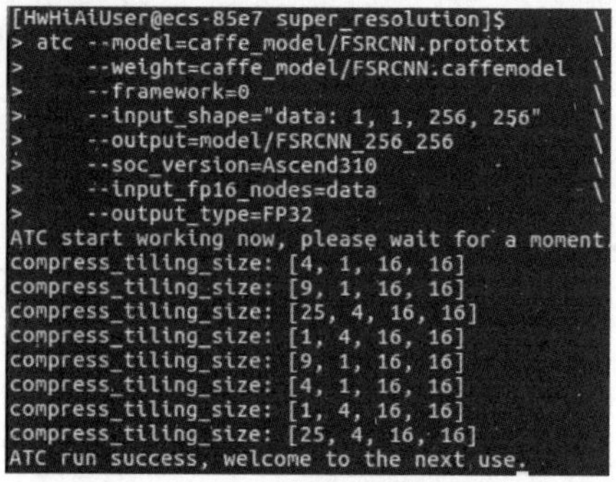

```
[HwHiAiUser@ecs-85e7 super_resolution]$                \
> atc --model=caffe_model/FSRCNN.prototxt              \
>     --weight=caffe_model/FSRCNN.caffemodel           \
>     --framework=0                                    \
>     --input_shape="data: 1, 1, 256, 256"             \
>     --output=model/FSRCNN_256_256                    \
>     --soc_version=Ascend310                          \
>     --input_fp16_nodes=data                          \
>     --output_type=FP32
ATC start working now, please wait for a moment.
compress_tiling_size: [4, 1, 16, 16]
compress_tiling_size: [9, 1, 16, 16]
compress_tiling_size: [25, 4, 16, 16]
compress_tiling_size: [1, 4, 16, 16]
compress_tiling_size: [9, 1, 16, 16]
compress_tiling_size: [4, 1, 16, 16]
compress_tiling_size: [1, 4, 16, 16]
compress_tiling_size: [25, 4, 16, 16]
ATC run success, welcome to the next use.
```

图 13-11　FSRCNN 模型转换

对于本项目中使用到的 3 种模型（SRCNN、FSRCNN 以及 ESPCN），离线模型转换的参数配置基本相同，唯一区别仅在于 Input Shape 参数的设置，转换 SRCNN 模型时，H 与 W 需要设置为输入图像尺寸的 3 倍，即低分辨率图像经过双三次插值放大后的尺寸。

13.3.6　预处理及模型推理

本系统在 Atlas 推理卡上的搭建设计参考了官方图像分类样例 acl_resnet50，对其进行了修改和补充，使其成了一个图像超分辨率应用的框架。本节将对图像预处理以及推理模块进行介绍。

首先是图像预处理模块。该模块的作用是读取系统上的本地图像文件并进行归一化预处理，该模块对应的完整代码请参考 preProcess. py 文件。该模块中有两个关键点：①由于所使用的超分辨率网络的输入都是单通道的图片，因此在读取彩色图像后需要将其转为灰度形式；②由于 SRCNN 的网络模型的输入是低分辨率图像经双三次插值放大后的结果，因此在读取图片后需要对其进行放大再送至推理模块。该部分的代码如程序清单 13-3 所示。

程序清单 13-3　图像预处理模块相关代码

```
def preProcess(input_path, model_type):
    up_scale = 3
    # 读取图像后转为灰度格式
```

```
im = Image.open(input_path).convert('L')
(input_width, input_height) = im.size
output_width = input_width * up_scale
output_height = input_height * up_scale
# 若当前是 SRCNN,则对图像进行放大
if model_type == 'SRCNN':
    im = im.resize((output_width, output_height), Image.BICUBIC)
    input_width, input_height = output_width, output_height
# 归一化
img = np.array(im) / 255.
img = img.astype("float16")
result = img.reshape([1, 1] + list(img.shape)) # NCHW
# 保存为二进制文件
output_name = 'data.bin'
result.tofile(output_name)
return input_width, input_height, output_width, output_height
```

推理模块对应的文件为 sample_process.cpp，该模块的实现与图像分类样例 acl_resnet50 中的实现类似，包括资源初始化、离线模型的加载与执行、资源销毁等，这里不再赘述。不同之处在于，本样例为 main 函数开放了两个参数接口，用户能够自行选择 om 模型文件以及待处理的输入数据。另外，完成推理过程后，推理模块会将数据结果保存为二进制文件，等待后续模块的处理。

13.3.7 推理结果后处理

在得到推理模块输出的结果后，需要对其进行后处理，这里主要包括 3 方面：数值范围转换、ESPCN 中的像素重排操作处理以及彩色图像处理。后处理模块对应的文件为 postProcess.py。

1. 数值范围转换

由于推理模块的输出为浮点数据，且数据范围大部分为[0,1]（这是由于训练时的标签也是[0,1]的数据），而最终需要的是 8 位像素数据，因此需要进行数值范围转换，将浮点数据还原为[0,255]的 8 位像素数据值。

2. 像素重排操作

如 13.3.3 节所述，若当前处理的网络为 ESPCN，则需要对输出的数据进行一次像素重排的操作。例如，若此时网络输出的数据为[1,256,256,9]，经过像素重排可得到[1,768,768,1]形状的图像数据，即为最后的高分辨率图像。

3. 彩色图像处理

通常，在超分辨率图像模型(包括本项目使用的 3 种模型)当中，输入图像与输出图像的通道数往往都为 1，因此图像超分辨率仅适用于单通道图像的放大。为了将这类单通道模型用于处理彩色图像，可采用图 13-12 的处理流程。

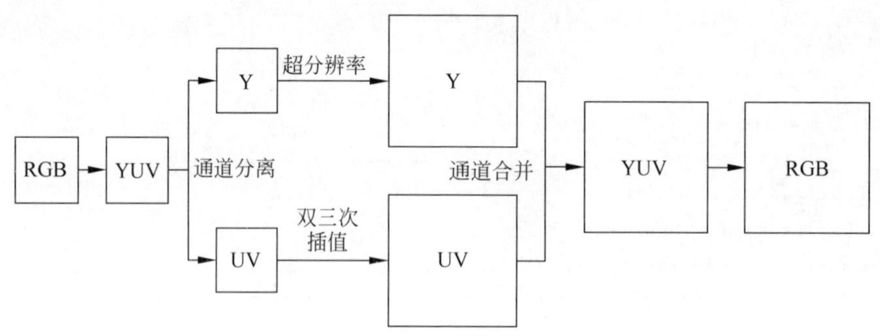

图 13-12　超分辨率网络彩色图像处理流程

首先，将 RGB 格式的图像转换为 YUV 格式，然后将通道进行分离。对于亮度通道 Y，使用图像超分辨率算法进行放大，得到一张高分辨率灰度图像，而对于色度通道 UV 只须使用双三次插值算法进行处理，这是由于人眼对亮度信号的空间分辨率大于对色度信号的空间分辨率，因此对于相对不敏感的色度通道，使用插值算法即可满足视觉要求。最后，将 3 个通道的高分辨率数据进行合并，再转换回 RGB 格式，即可完成使用单通道模型进行彩色图像的超分辨率应用过程。

13.4　系统部署

本案例在 Atlas 推理卡上搭建了一个基于图像文件输入的超分辨率图像转换系统，13.4.1 节对该系统进行了描述。另外，为了简化使用流程并且更直观地展示算法效果，13.4.2 节基于 Python Flask 框架进一步搭建了一个完整的 Web 应用。

13.4.1　超分辨率图像转换系统

基于 13.3.5 节～13.3.7 节描述的内容，本案例在 Atlas 推理卡上搭建了一个基于图像文件输入的超分辨率图像转换系统。该系统从文件中读取图像数据并进行预处理，接着送入超分辨率图像算法模型进行放大，最后对生成的图像进行后处理并保存。系统模块包含 3 部分：预处理模块、推理模块以及后处理模块，如图 13-13 所示。

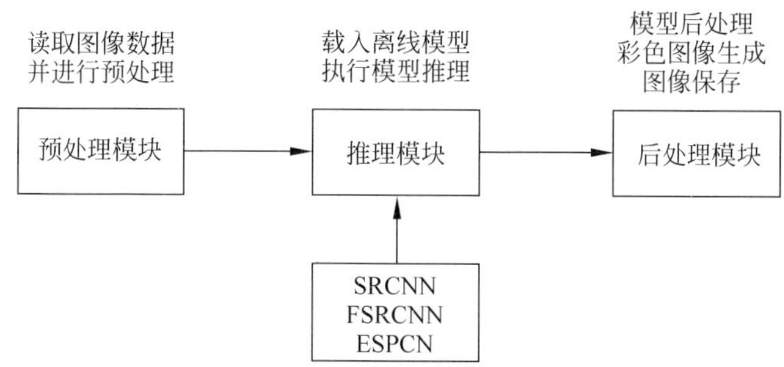

图 13-13　基于图像文件输入的超分辨率图像转换系统

各模块功能的详细说明如下。

(1) 预处理模块包括图像文件的读取和预处理。首先，使用 Python PIL 导入所需要处理的低分辨率图像数据，由于本项目所使用模型的输入图像通道都为 1，因此需要进一步转为灰度形式。对于 SRCNN，由于模型的输入为双三次插值放大后的图像，所以此处导入图像数据后需要继续使用图像放缩函数(resize)进行双三次插值放大(FSRCNN 和 ESPCN 则无须这一步操作)。接下来对数据进行归一化，将数据范围调整至[0,1]，最后保存为二进制文件等待推理模块进行处理。

(2) 推理模块主要处理模型推理的相关部分，包括资源的初始化、离线模型的加载与使用等。首先，根据用户选择的模型路径，推理模块会加载已完成转换的超分辨率网络模型(SRCNN、FSRCNN 或 ESPCN)。接下来即可调用 AscendCL 计算接口对预处理完的数据执行模型推理。得到网络的输出数据后，保存为二进制文件等待后续处理。

(3) 后处理模块的工作包括数据范围转换、ESPCN 的像素重排操作、彩色图像的生成等。首先，读取到推理模块的输出数据之后，需要将数据范围(大部分数据为[0,1]区间的浮点数)还原为[0,255]，并转换为 8 位像素数据值。如果当前处理的网络为 ESPCN，则需要对输出的数据进行像素重排的操作。另外，该模块中还进行了使用单通道模型生成彩色图像，以及使用双三次图像插值算法生成对比图片的相关操作。最后，将处理完成的图像进行保存。

13.4.2　基于 Flask 的 Web 应用

为了便于用户使用，本节基于 Python Flask 框架进一步搭建了一个完整的 Web

应用。通过浏览器进行访问，用户能够自行选择待处理图像和超分辨率模型，Atlas 推理卡服务器端接收到用户上传的图像后自动进行超分辨率处理，最终将结果显示在用户的浏览器上。

该应用相关代码已放置在 super_resolution 文件夹下，接下来介绍该 Web 应用的部署流程。进行部署前，首先需要修改程序 server.py 中的 IP 地址和端口号，IP 地址需要设置为 Atlas 推理卡服务器的私有 IP 地址，端口默认采用 3389。接下来需要将 super_resolution 文件夹下的所有文件复制到 Atlas 推理卡服务器/home/HwHiAiUser/HIAI_PROJECTS/super_resolution 目录下。

完成上述操作后，进入 Atlas 推理卡服务器 super_resolution 目录下，按照以下步骤进行应用部署。

（1）编译推理模块 C++程序。

```
mkdir -p build/intermediates/host
cd build/intermediates/host
cmake ../../../src -DCMAKE_CXX_COMPILER=g++ -DCMAKE_SKIP_RPATH=TRUE
make
cd ../../../
```

（2）安装本应用需要的 Python 第三方库。

```
pip3.7.5 install pillow flask --user
```

（3）启动服务。

```
python3.7.5 server.py
```

本应用会根据用户输入的任意尺寸（在限制范围内）的图像转换对应大小的离线模型，因此上述部署过程并不需要进行模型转换操作。为了方便整个部署操作，本案例还提供了一键式部署脚本 deploy.sh，输入命令 sh deploy.sh 即可完成部署。

完成部署后，在计算机或者移动端的浏览器中通过 Atlas 推理卡服务器的公网 IP 地址和对应端口即可进行访问，如 http://119.3.230.176:3389。

在网页界面上，用户能够自行选择待处理的低分辨率图像并切换 3 种超分辨率图像模型，用户操作界面如图 13-14 所示。

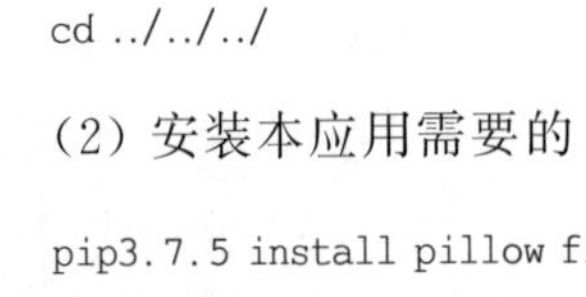

上传图像并启动转换

测试集：Set5, Set14

选择文件 未选择文件

◉SRCNN ○FSRCNN ○ESPCN

开始转换

图 13-14 用户操作界面

服务端接收到用户上传的图像后，会根据图像的尺寸和用户选择的超分辨率图像模型进行离线模型转换，若已存在对应模型，则跳过该步骤。模型转换完毕后便会启动 13.4.1 节所述的运行流程进行图像处理，最终将由超分辨率网络以及双三次插值得到的结果显示在用户界面上，如图 13-15 所示。

图 13-15　结果展示界面

13.5　运行结果

为了查看本项目搭建的超分辨率图像系统的实现效果，本章将使用 Set5 数据集在搭建的系统上进行实际运行和验证。

13.5.1　实现结果

对于本项目的 3 种模型，Set5 数据集都能得到正确的超分辨率结果，并且相比于传统的双三次插值算法，性能都有明显的提升。图 13-16 展示了 FSRCNN 超分辨率网络在 Atlas 推理卡上运行得到的结果，可以看出 FSRCNN 相比于双三次插值算法能实现更好的效果。

13.5.2　PSNR

峰值信噪比(PSNR)可用于衡量图像失真程度，两张图像之间的 PSNR 值越大，则

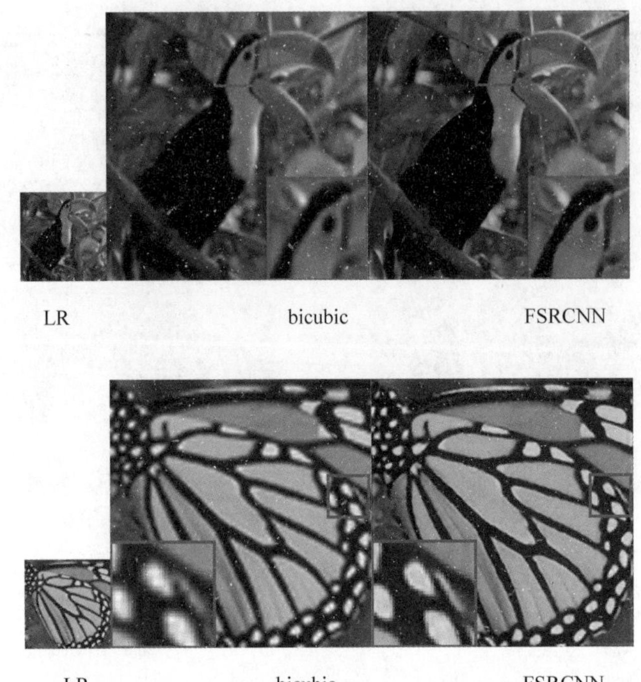

图 13-16　FSRCNN 在 Atlas 推理卡上运行得到的结果(LR 表示放大前的低分辨率图像，bicubic 和 FSRCNN 分别表示使用双三次插值和 FSRCNN 的结果)

表示它们越相似。PSNR 的计算如式(13-1)所示，其中，MAX 表示图像颜色的最大数值，对于 8 位图像取值为 255；MSE 表示两张图像间的均方差。本节将使用 Set5 数据集在 Atlas 推理卡上进行测试，考查不同网络模型的 PSNR 指标。

$$\mathrm{PSNR} = 10\lg\left(\frac{\mathrm{MAX}^2}{\mathrm{MSE}}\right) \tag{13-1}$$

超分辨率图像算法的 PSNR 测试通常在灰度通道上进行，因此，首先在 MATLAB 中对 Set5 数据集进行处理，包括图像灰度化以及下采样，得到高、低分辨率灰度图像数据对。接下来，将 5 张低分辨率图像分别送入对应大小的网络模型中进行推理，得到超分辨率网络的输出结果。最后，根据式(13-1)，得出各算法模型在 Atlas 推理卡上的 PSNR。另外，计算 PSNR 时需要先对图像每个边界进行 6 像素的裁剪，忽略图像边界位置处可能存在的数据误差。如图 13-17 所示，SRCNN 生成的图像在边界处可能存在一圈“黑边”，因此计算 PSNR 时对其进行了裁剪。

最后，使用 Set5 数据集在 Atlas 推理卡上进行测试得到的 PSNR 结果如表 13-1 所示。

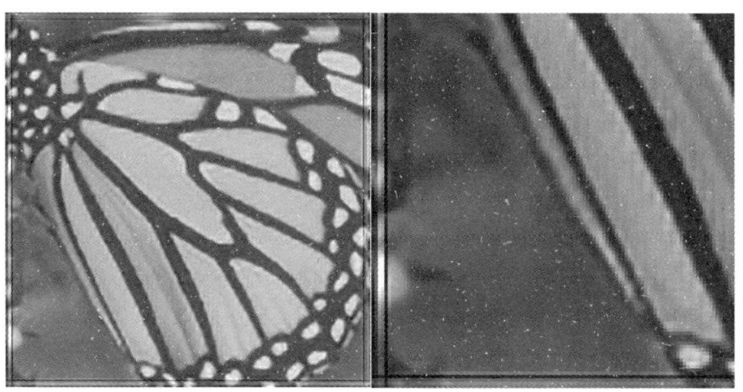

图 13-17　图像边界处可能存在的数据误差

表 13-1　超分辨率算法模型实现的 PSNR 结果

场　景	PSNR/dB			
	bicubic	SRCNN	FSRCNN	ESPCN
Atlas 推理卡	30.40	32.46	33.09	32.50
论文效果	30.39	32.39	33.16	33.13

13.6　本章小结

本章提供了一个基于华为 Atlas 推理卡的超分辨率图像应用案例。本案例将 SRCNN、FSRCNN 和 ESPCN 3 种超分辨率图像算法网络在 Atlas 推理卡上进行了移植与部署，构建了一个超分辨率图像转换系统。本系统能够读取低分辨率图像数据，送入超分辨率网络模型进行推理计算后得到高分辨率图像。

本章对案例系统进行了详细介绍，包括整个系统的功能、运行流程和结构如何设计、如何构建深度学习模型并移植模型到 Atlas 推理卡等内容。最后的运行结果表明，本案例系统具有优于传统插值算法的精度和视觉效果。读者可以在本案例系统的基础上进一步开发复杂度更高的超分辨率应用系统。

第五篇　模 式 分 类

第 14 章

人体动作识别

14.1 案例简介

人体可被视为一种关节系统，它由关节点连接的刚性段(肢体)组成。人体行为由这些刚性段的运动组成，由人体骨架节点在三维空间中的运动表示。基于人体骨骼序列的动作识别，就是基于这种思路，不直接识别视频中的动作，而是先提取视频中的人体骨架，形成时间方向上的骨架序列，然后对骨架序列进行分类识别。

基于人体骨骼序列的动作识别系统，一般先通过视频采集设备获取动作的图像帧序列，之后检测图像帧序列中的人体骨骼关键点，构成动作的骨骼关键点序列，再设计动作识别算法识别动作类别，流程如图 14-1 所示。

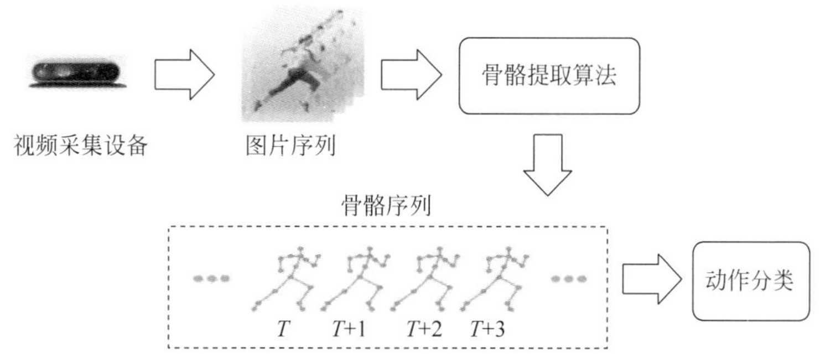

图 14-1 基于人体骨骼序列的动作识别系统

本章主要介绍基于华为 Atlas 开发者套件构建的人体动作识别系统，借助套件提供的 C++ 接口完成案例设计与实现，涉及数字视觉预处理(Digital Vision Pre-Processing，DVPP)、TensorFlow 模型的转换与部署、开发板 OpenCV(C++)等库的安装、图卷积网络的介绍和用其构建动作识别模型的过程。

14.2 系统总体设计

14.2.1 功能结构

该系统主要在 Atlas 开发者套件上实现人体动作的识别，通过外接视频采集装置获取目标人体动作的图像帧序列，之后利用套件上的图像处理模块和高性能的模型推理模块，处理图像帧序列，推理出动作的类别。该系统在设计和部署的过程中，主要分为以下 4 个功能模块：获取图像帧序列、检测人体骨骼关键点、制作数据集、设计动作识别模型。

14.2.2 系统设计流程

由于 Atlas 开发者套件的 Type C 接口是从设备，若采用 USB 接口的视频采集设备，还需配有一台主机，驱动视频采集设备获取图像帧序列，然后将其转发到 Atlas 开发者套件，保存在 Atlas 开发者套件本地，之后利用 Atlas 开发者套件的 DVPP 进行图像预处理，包括图像解码和缩放等操作。

在进行动作识别网络训练和预测之前，首先要在 Atlas 开发者套件上部署人体骨骼关键点检测的 OpenPose 模型，OpenPose 模型直接使用 CMU 实验室提供的预训练好的模型，利用其提供的模型结构和参数文件，对模型进行转换；然后将经过图像预处理获取的图像帧序列，输入到 OpenPose 模型中进行推理，获得人体骨骼关键点序列。

本系统基于人体骨骼关键点的动作识别模型参考 ST-GCN 自行设计，包括采集数据集、设计网络结构、训练和预测，如图 14-2 所示。

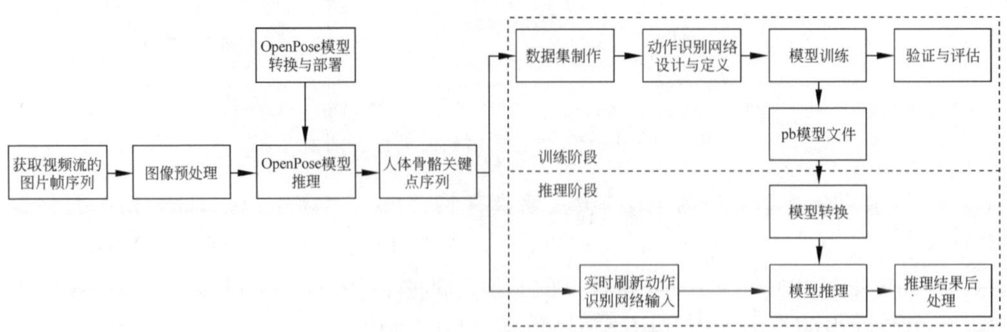

图 14-2 系统设计流程

训练阶段首先进行数据集的制作，使用 OpenPose 采集动作的人体骨骼关键点数据，之后再对数据进行归一化和标准化等过程，将其保存为 TFRecord 格式的文件，作为后续的训练数据；接着基于时空卷积网络设计动作识别网络，并对其进行训练、验证和评估；最后将模型固化成 pb 格式的模型文件，用于后续模型转换。

推理阶段主要利用 OpenPose 推理后的人体骨骼关键点序列作为模型输入，并在推理后获取 5 种动作对应的置信度，以概率最大的动作作为模型的识别结果，并将其发送至机器人的控制器来执行相应的动作。

14.3　系统设计与实现

本节将详细介绍系统各部分功能的设计与实现过程。该系统利用华为 Atlas 开发者套件提供的 C++接口实现系统搭建。

本系统采用基于人体骨架的动作识别算法，先通过 RealSense 相机获取目标人体动作的 RGB 视频流，然后采用 OpenPose 对人体骨架进行识别，获取人体骨骼关键点序列，之后参照 ST-GCN（时空图卷积网络）搭建动作识别网络，识别动作类别。

本节将详细介绍 OpenPose 检测人体骨骼关键点和制作数据集的步骤、动作识别网络的结构和设计、模型的转换、部署和推理的过程。

14.3.1　OpenPose 检测骨骼关键点与制作数据集

本项目使用 OpenPose[25] 检测读取到的图片中的人体骨骼关键点。OpenPose 是目前最常用的骨骼关键点检测算法，是一种自下而上的方法，先检测图像中人体部件，然后将图像中多个人体的部件分别组合成人体，这类方法在测试推断的时候往往更快速，但准确度稍低。OpenPose 人体姿态识别项目是美国卡内基梅隆大学基于卷积神经网络和监督学习并以 Caffe 框架开发的开源库。

OpenPose 有很多种格式的输出，本项目采用的是 COCO 格式的肢体关键点，具体如图 14-3 所示，其一共输出 18 个关键点的坐标位置以及背景类（0-'nose'，1-'neck'，2-'Rsho'，3-'Relb'，4-'Rwri'，5-'Lsho'，6-'Lelb'，7-'Lwri'，8-'Rhip'，9-'Rkne'，10-'Rank'，11-'Lhip'，12-'Lkne'，13-'Lank'，14-'Leye'，15-'Reye'，16-'Lear'，17-'Rear'，18-'pt19'）。本项目涉及的动作都是肢体动作，最终使用的关键点去掉了头部相关的关键点，只用到了前 14 个关键点，具体如图 14-3 所示。

对于 OpenPose 获取的骨骼关键点坐标位置，还不能作为骨架序列直接输入动作识别网络中，需要进行数据的统一和标准化。具体的统一和归一化操作见 gitee 项目

action_recognition/data_gen/preprocess.py，包括以某个位置坐标中心化和以某个身体部位的长度归一化。

接下来介绍用 OpenPose 采集数据集的步骤。

本项目的数据集是通过 OpenPose 自己采集得到，本项目涉及的数据集都上传到 gitee 项目中的“动作识别模型数据集（含训练和测试）”路径下，其中 raw_data 中是通过 OpenPose 采集到的原始骨骼关键点坐标数据，一共包含了 5 种动作，分别为鼓掌、挥手、踢腿、双手平举、站立，对应的类别标签分别为 0、1、2、3、4。在利用 OpenPose 制作数据集时，每种动作采集的时间为 2s，含有 60 帧的动作骨骼序列。原始样本数据，以 CTV 的形式保存在 txt 文件中，并在其命名时标记其类别信息，其中 C 表示坐标信息的维度，值为 2；T 表示帧数统一后的时间序列数，值为 60；V 表示骨架的关节点数，值为 14。数据集目录下的文件列表如图 14-4 所示。

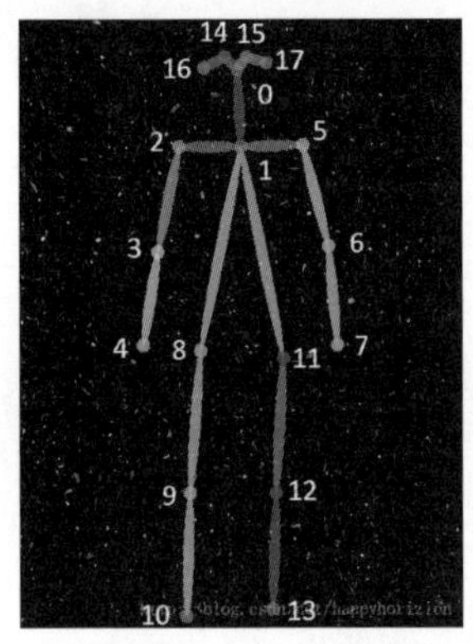

图 14-3　OpenPose COCO 格式骨骼关键点输出示意图

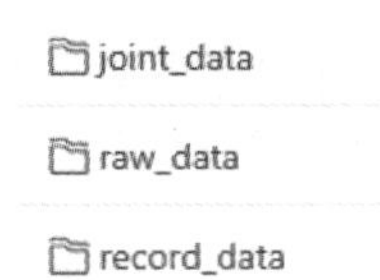

图 14-4　数据集目录

在获取原始样本数据后，对原始数据进行预处理，包括标准化数据和对数据进行数据增强等操作，预处理部分代码在 data_gen 目录下的 gen_joint_data.py 文件中实现。

（1）读入 txt 文件，将其按照二维坐标信息、时间维度、关键点维度的顺序读入，存放到张量中，增加样本类别标签，将所有采集到的数据保存在一个张量中。

（2）对骨架序列进行上述归一化和标准化。

（3）将骨架序列帧数调整为动作识别网络的帧数（这里原始数据为 60 帧，动作识别网络的帧数为 30 帧，可根据实际情况改变）。

（4）对骨架序列数据在 x 维度上进行对称，增加数据量。

（5）根据关节之间的连接关系增加骨骼数据（OpenPose 采集到的骨架序列数据只有关键点信息）。

（6）打乱数据集顺序，按照 7∶1.5∶1.5 的比例分成训练集、测试集和验证集。

保存预处理之后得到的数据集(包括训练集、验证集、测试集)以及样本对应的信息(样本类别标签,原始样本文件名、原始样本数据的帧序列数)到 joint_data 文件夹下。其中样本的骨架序列数据为矩阵信息,利用 Python 的 NumPy 模块保存成 npy 文件,标签和原始样本文件名合并在一起,保存为 pkl 文件,原始骨架序列的序列数单独保存在 txt 文件中。

本项目最终的训练数据格式为 TFRecord,分别加载 joint_data 中的训练集、验证集和测试集信息,将其转化成 TFRecord 格式,保存在 record_data 文件中,之后训练网络和测试网络直接加载 TFRecord 数据集。

本项目提供的原始动作数据集为 1055 个,每个动作有 211 个,经过翻转增加后,最终数据集的数量为 2110。按照比例分成训练集、测试集和验证集,其个数分别为 1477、317 和 316。

另外,数据集除了可以自己采集外,也可以使用常用数据集,如 NTU RGB+D 数据集和 Kinetics-skeleton 数据集等。

14.3.2　动作识别网络

动作模型采用时空图卷积网络(Spatial Temporal Graph Convolutional Networks,ST-GCN)[26]搭建,其通过堆叠时空卷积层提高网络的特征提取能力和性能。在动作识别领域,ST-GCN 首次引入了图卷积,该网络首先构建了一个拓扑图,将人的关节作为时空图的顶点(Vertexs),将人体连通性和时间作为图的边(Edges),其网络结构如图 14-5 所示,圈出的点,在空间(Spatial)上,取与之相邻的点,作为需要参与卷积的点,实际用的时候,用邻接矩阵表示这个拓扑图,将表示骨架序列信息的张量乘上邻接矩阵,再进行卷积。在 Temporal 上,取前后帧在相同位置的点,作为需要参与卷积的点;然后使用标准 Softmax 分类器将 ST-GCN 上获取的高级特征图划分为对应的类别。

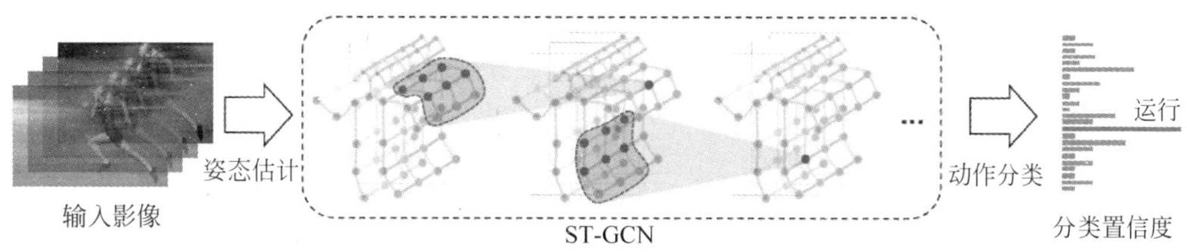

图 14-5　ST-GCN 的网络结构

进一步地,网络中图卷积部分的骨架拓扑图使用固定的邻接矩阵 **A** 表示,不可学习,**A** 的维度信息为 14×14×3,3 表示有 3 个子图,分别为自身连接关系、关键点的物理内连接和外连接,因为本实例的动作都是关于肢体的动作,所以增加了内外连接的中肢体连接部分的参数权重,设置为 1.2。

以内连接为例，图 14-6 给出了骨骼关键点物理内连接邻接矩阵示意，中心原点为“1”，若向内两个关键点存在物理连接，则对应位置为 1，否则为 0。“1”与自身连接。

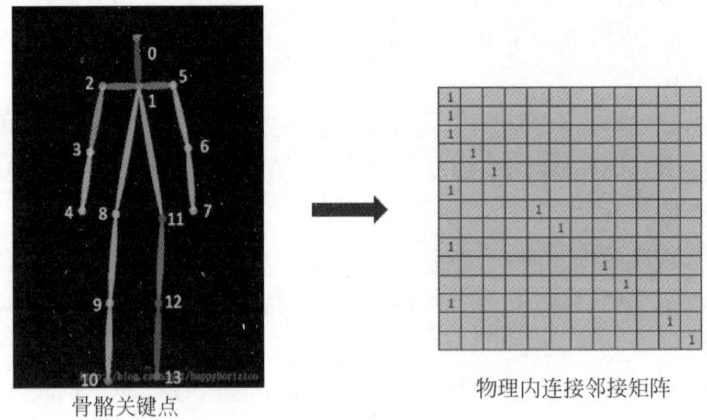

图 14-6 骨骼关键点物理内连接邻接矩阵

时空卷积网络的实现，参考 github 上 2s-AGCN（代码链接：https://github.com/lshiwjx/2s-AGCN）中的 agcn，其实在 PyTorch 上实现的，本项目参考其/model/agcn.py 中的结构，用 TensorFlow 实现时空卷积网络（ST-GCN），另外骨骼关键点拓扑图和数据预处理的部分，也都参考其代码进行改进，下文将具体介绍。

从整体来看，本文通过堆叠时空卷积层提高动作识别网络特征提取和分类的能力，输入的骨架序列通过多层 ST-GCN 后，经过全局平均值池化，减小参数，之后再经过 Dropout 层，提高网络的泛化性，降低过拟合，最后经过全连接和 Softmax 层，得到动作分类的概率，其网络结构如图 14-7 所示。

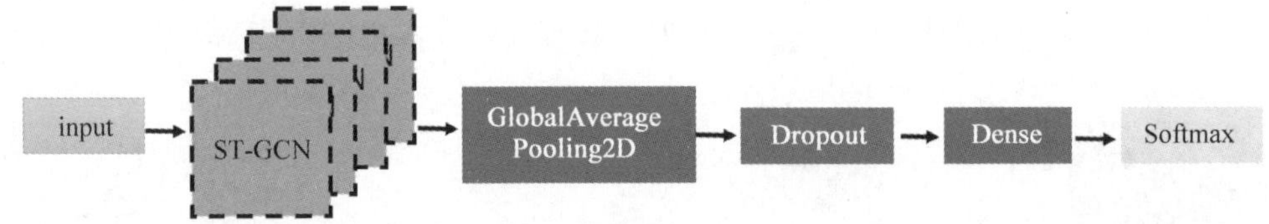

图 14-7 动作识别网络结构

下面详细介绍本项目 ST-GCN 的搭建，ST-GCN 的整体结构如图 14-8 所示，空间卷积和时间卷积分开，先进行空间卷积，然后其输出作为时间卷积的输入，再与残差网络求和，之后通过激活函数，最后再加一个激活函数是因为在时序卷积网络（Temporal Convolutional Network，TCN）中进行批量标准化（BN）后，并没有添加激活函数。

对于图卷积网络（Graph Convolutional Network，GCN），其网络结构如图 14-9 所示。图卷积中的人体骨架拓扑图由邻接矩阵 **A** 表示，其中 **A** 由 3 个子图分别表示骨

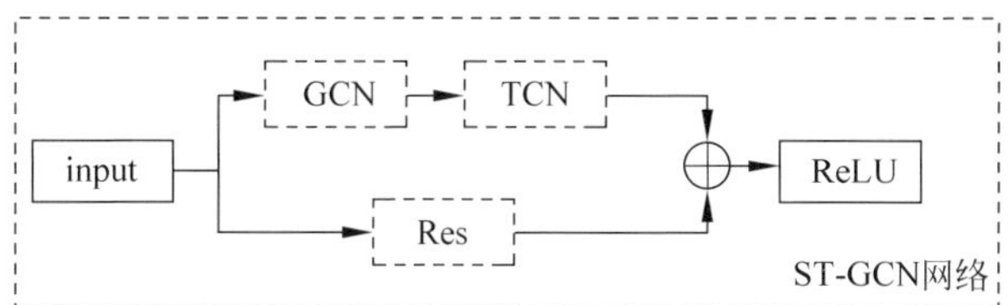

图 14-8　动作识别网络中 ST-GCN 模块的网络结构

架关键点的自身连接、向外连接图和向内连接图。对于这 3 个子图，网络先通过卷积，然后再乘以其对应的邻接矩阵，实现图卷积。其中，网络的输入格式是 NCTV，经过卷积后，会根据卷积核的个数改变其 C 通道的数值。对 3 个子图都进行图卷积后，得到 3 个 NCTV 格式的输出，再对它们的输出求和。在进行卷积操作后，特征数据的分布可能会改变，在卷积后，会再加上一个 BN 层，对数据进行标准化，使它们的分布一致。需要注意的是，如果网络中加入 BN 层，那么，卷积函数中就先不要进行激活函数操作，在 BN 层归一化数据之后，再进行激活，本项目使用的激活函数是 ReLU 激活函数。代码中，激活函数作为 unit_gcn_tcn()的形参，可以根据需求，自行改变。

时间卷积网络的结构如图 14-10 所示，相较于图卷积，比较简单，其中卷积网络卷积核在 V 的维度上为 1，只在 T 维度上进行卷积操作。并且随着网络深度的增加，T 维度上卷积操作的步长(stride)会设置为 1，相当于 padding，T 维度的特征会减少一半。

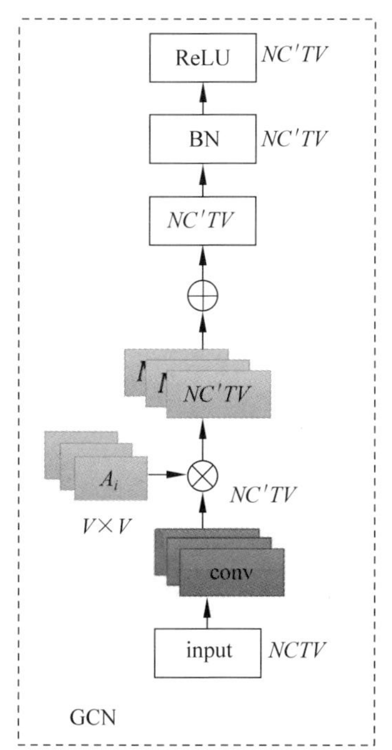

图 14-9　ST-GCN 中 GCN 模块的网络结构

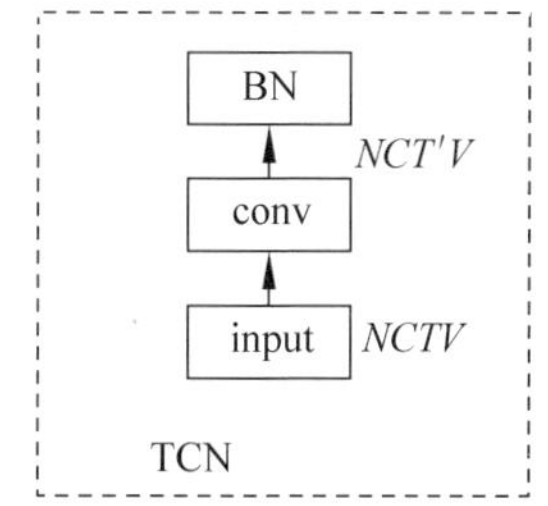

图 14-10　ST-GCN 中 TCN 模块的网络结构

根据上述的网络结构搭建整个动作识别网络，本项目的动作识别网络一共包含 10 层时空卷积网络，具体地，对各时空卷积层的参数设置如表 14-1 所示，滤波器(filter)是该时空卷积层中图卷积中卷积核的个数；步长(stride)是时间卷积网络中在 T 维度上卷积的移动步长；残差(residual)表示该时空卷积层是否要添加残差模块；下采样(downsample)与步长是一一对应的，步长为 2 时表示特征在 T 维度上会降采样。

表 14-1　动作识别网络中各时空卷积层对应的参数设置

时空图卷积网络层	输入大小	滤波器	步长	残差	下采样	输出大小
L1	$N\times2\times30\times14$	64	1	假	假	$N\times64\times30\times14$
L2	$N\times64\times30\times14$	64	1	真	假	$N\times64\times30\times14$
L3	$N\times64\times30\times14$	64	1	真	假	$N\times64\times30\times14$
L4	$N\times64\times30\times14$	64	1	真	假	$N\times64\times30\times14$
L5	$N\times64\times30\times14$	128	2	真	真	$N\times128\times15\times14$
L6	$N\times128\times15\times14$	128	1	真	假	$N\times128\times15\times14$
L7	$N\times128\times15\times14$	128	1	真	假	$N\times128\times15\times14$
L8	$N\times128\times15\times14$	256	2	真	真	$N\times256\times8\times14$
L9	$N\times256\times8\times14$	256	1	真	假	$N\times256\times8\times14$
L10	$N\times256\times8\times14$	256	1	真	假	$N\times256\times8\times14$

模型的输入格式为 32×2×30×14，分别代表：训练时的批次(batch)大小为 32，关键点的二维坐标值(数据集中只取前两维，关键点之间的骨骼数据未使用)，骨骼关键点序列帧数为 30 帧，骨骼关键点的个数 14 个；30 帧骨架序列在尽可能保证模型识别精度的同时又能在实际使用时快速刷新实时的动作骨架序列，保证实时性。

14.3.3　模型转换

本系统中包括两个神经网络模型，分别为 OpenPose 人体姿态识别模型以及自行训练的动作识别模型。其中 OpenPose 人体姿态识别项目是美国卡内基梅隆大学基于卷积神经网络和监督学习并以 Caffe 框架开发的开源库，可以实现人体动作、面部表情、手指运动等姿态估计，适用于单人和多人，具有极好的鲁棒性。

基于上述介绍的时空图卷积网络框架搭建动作识别模型，通过堆叠时空卷积层提高模型的特征提取能力和性能。调整模型参数，使模型在测试集上识别准确率在 95% 以上，将模型固化，保存为 pb 文件。本案例的 pb 文件上传到了 gitee 工程中的 action_recognition/pb/stgcn_fps30_sta_ho_ki4.pb。

1. OpenPose 模型转换

对于 OpenPose 模型，首先要下载其对应的模型文件以及权重文件，下载链接分别为：

pose_iter_440000.caffemodel: https://github.com/foss-for-synopsys-dwc-arc-processors/synopsys-caffe-models/raw/master/caffe_models/openpose/caffe_model/pose_iter_440000.caffemodel

pose_deploy.prototxt: https://github.com/ZheC/Realtime_Multi-Person_Pose_Estimation/blob/master/model/_trained_COCO/pose_deploy.prototxt

接下来要利用 MindStudio 软件将 OpenPose 的模型转化成 Atlas 开发者套件使用的 om 模型文件。具体步骤为：打开 MindStudio 软件，选择 Ascend→Model Converter，打开模型转换器；分别加载模型文件和权重文件，并设置输出模型的名称；设置输入数据类别为 Uint8，输入数据格式为 NCHW，并将默认的 H 和 W 均改为 128；在预处理部分设置模型输入图像格式为 BGR，并将 Mean 和 Variance 分别设置为 128 和 0.003906，进行数据归一化。单击 Finish 按钮后即开始模型转换过程，当在 MindStudio 的 Output 栏看到 Model converted successfully 字样时，即表示模型转换成功，具体操作示意图如图 14-11 所示。

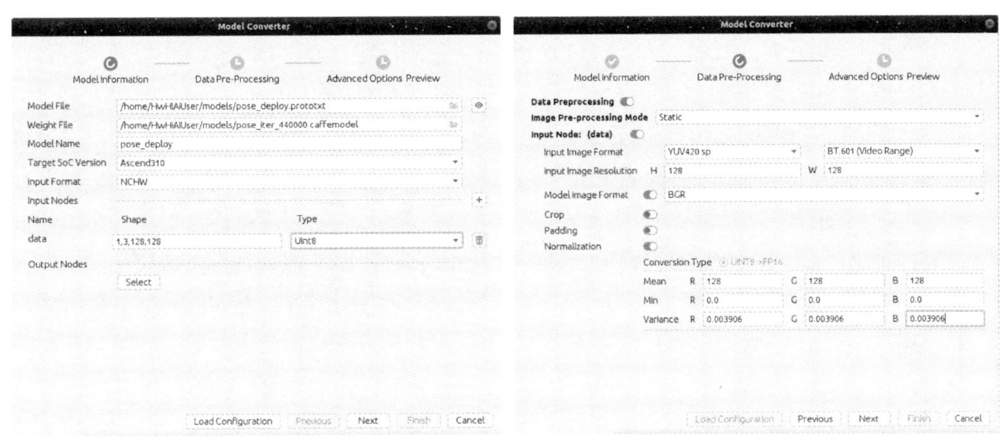

图 14-11　OpenPose 模型转换流程

2. 动作识别模型转换

本项目中使用的动作识别模型已在本书配套的代码中，此处仅对模型转换做示例说明。动作识别模型是基于 TensorFlow 框架训练的模型，最终转换成 pb 类型的模型保存，且模型输入为骨骼关键点的位置序列，因此无须图像预处理操作，图 14-12 展示了将动作识别模型转换为 Davinci 模型的参数配置。

14.3.4　模型推理

本系统的模型推理过程均在 Atlas 开发者套件上实现。模型推理过程主要依赖

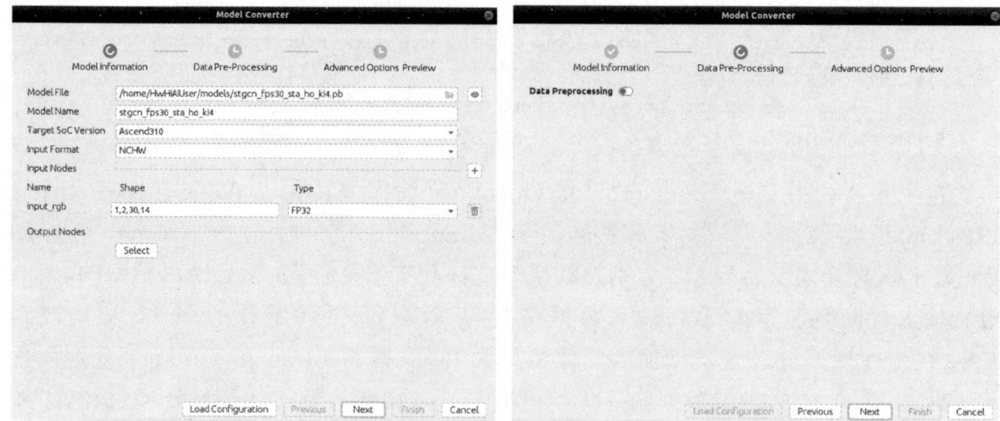

图 14-12　动作识别模型转换流程

AscendCL 的 C++ API 库进行模型加载与执行和算子加载与执行等。本项目模型推理部分完整执行顺序为：图像预处理、OpenPose 模型推理、OpenPose 数据后处理、动作识别模型推理和动作识别数据后处理。

(1) 加载图像数据并进行预处理(详见 ReadImageFile()函数以及 Preprocess()函数)：负责实时读取最新的摄像头数据，并对其进行调整大小处理，得到与模型输入数据维度匹配的图像。

(2) OpenPose 模型推理(详见 OpenPoseInference()函数)：通过调用 OpenPose 模型，在输入的图像数据中提取人体骨骼关键点，得到原始的输出数据 PAF(Part Affinity Fileds)以及热图。

(3) OpenPose 数据后处理(详见 Postprocess()函数)：分别从 OpenPose 原始输出的热图以及 PAF 数据中提取人体骨骼关键点在图像中的像素坐标以及关键点之间的连接关系，并从同一画面中的多人骨架中提取出画面正中央的人体骨架，将其存入 30 帧长度的动作序列中。

(4) 动作识别模型推理(详见 GestureInference()函数)：将 30 帧长度的人体骨骼关键点像素坐标序列作为动作识别模型的输入数据，获取该动作序列对应的动作类别。每当动作序列更新 5 帧数据即调用一次该动作识别模型。举例来说，若图像更新的速率为每秒 30 帧，则该模型在 1s 内将被调用 6 次。

(5) 动作识别数据后处理(详见 PostGestureProcess()函数)：本项目共包含 5 种动作的识别，分别为站立(机器狗无动作)、鼓掌(机器狗踏步)、挥手(机器狗匍匐)、双手平举(机器狗高抬腿)以及踢腿(机器狗跳舞)。根据识别到的不同动作，Atlas 开发者套件会向机器狗的运动中控机发送不同的指令以控制机器人做出相应的动作。

14.4　系统部署

本节将案例系统部署分为 3 部分，分别为配置开发板环境、部署动作识别项目以及实时传输摄像头数据。

14.4.1　配置开发板环境

项目部署前，首先需要配置 Atlas 开发者套件的运行环境，分别安装编译工具以及 OpenCV，本安装过程主要分为两个步骤。

1. 配置开发板联网

```
> su root
> vim /etc/netplan/01 - netcfg.yaml
```

填写如图 14-13 所示的配置。

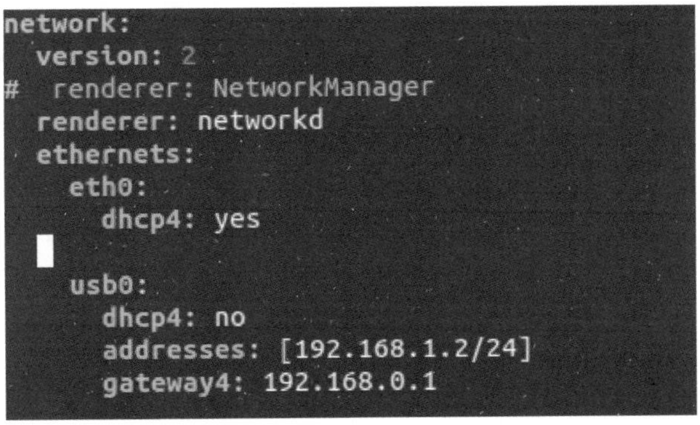

```
network:
  version: 2
#  renderer: NetworkManager
  renderer: networkd
  ethernets:
    eth0:
      dhcp4: yes

    usb0:
      dhcp4: no
      addresses: [192.168.1.2/24]
      gateway4: 192.168.0.1
```

图 14-13　Atlas 开发者套件联网配置

执行以下命令使配置生效，并将开发板网口接上可正常联网的网线。

```
> netplan apply
```

2. 安装编译工具以及 OpenCV

关于安装编译工具以及 OpenCV 的步骤请见程序清单 14-1。

程序清单 14-1　在华为 Atlas 开发者套件终端中安装编译工具及 OpenCV

```
#安装相关依赖(需要在 root 用户下安装)
> apt-get install build-essential libgtk2.0-dev libavcodec-dev libavformat-dev
libjpeg-dev libtiff5-dev git cmake libswscale-dev python3-setuptools python3-dev
python3-pip pkg-config -y
> pip3 install --upgrade pip
> pip3 install Cython
> pip3 install numpy
#安装编译工具
> sudo apt-get install -y g++-aarch64-linux-gnu g++-5-aarch64-linux-gnu
#下载 OpenCV
> git clone -b 4.3.0 https://gitee.com/mirrors/opencv.git
> git clone -b 4.3.0 https://gitee.com/mirrors/opencv_contrib.git
> cd opencv
> mkdir build
> cd build
#编译 OpenCV
> cmake -D BUILD_SHARED_LIBS=ON -D BUILD_opencv_python3=YES -D BUILD_TESTS=OFF -D
CMAKE_BUILD_TYPE=RELEASE -D CMAKE_INSTALL_PREFIX=/home/HwHiAiUser/ascend_ddk/arm -D
WITH_LIBV4L=ON -D OpenCV_EXTRA_MODULES=../../opencv_contrib/modules -D PYTHON3_
LIBRARIES=/usr/lib/python3.6/config-3.6m-aarch64-linux-gnu/libpython3.6m.so -D
PYTHON3_NUMPY_INCLUDE_DIRS=/usr/local/lib/python3.6/dist-packages/numpy/core/
include -D OpenCV_SKIP_PYTHON_LOADER=ON ..
> make -j8
> make install
#使 python3-opencv 生效
> su root
> cp /home/HwHiAiUser/ascend_ddk/arm/lib/python3.6/dist-packages/cv2.cpython-36m-
aarch64-linux-gnu.so /usr/lib/python3/dist-packages
> exit
#修改环境变量,将 OpenCV 安装的库文件地址加到该环境变量中
> vim ~/.bashrc
#在最后添加
> export LD_LIBRARY_PATH=/home/HwHiAiUser/Ascend/acllib/lib64:/home/HwHiAiUser
/ascend_ddk/arm/lib
#退出 root 用户
> exit
#将 OpenCV 库导入本机开发环境中(在开发环境中使用普通用户操作)
> mkdir $HOME/ascend_ddk
> scp -r HwHiAiUser@192.168.1.2:/home/HwHiAiUser/ascend_ddk/arm $HOME/ascend_ddk
#切换至开发环境中的 root 用户
> su root
> cd /usr/lib/aarch64-linux-gnu
> scp -r HwHiAiUser@192.168.1.2:/lib/aarch64-linux-gnu/* ./
```

```
> scp -r HwHiAiUser@192.168.1.2:/usr/lib/aarch64-linux-gnu/* ./
```

14.4.2　部署动作识别项目

在 MindStudio 中打开上述动作识别项目，首先需要导入 OpenPose 及动作识别的模型，在 MindStudio 对应工程上右击，选择 Add Model，分别选择转换后的 OpenPose 模型及动作识别模型，具体操作如图 14-14 所示。

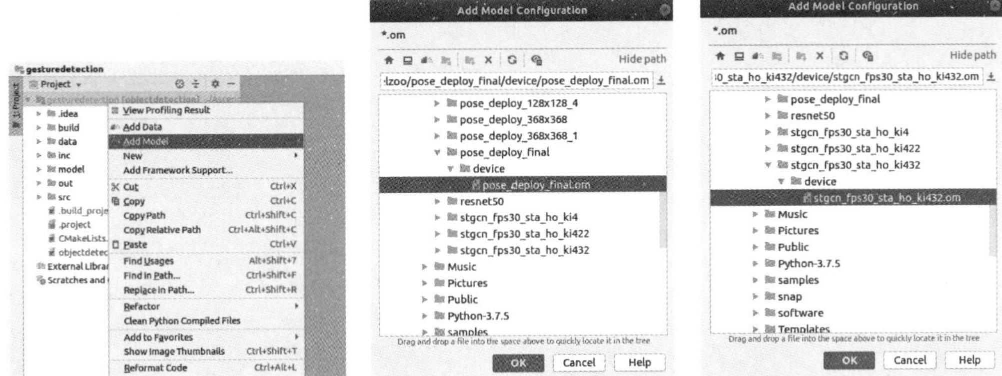

图 14-14　添加 OpenPose 模型及动作实时模型

选择 Tools→Device Manager，选择 Add Device 并在 Host IP 中输入已连接的 Atlas 开发者套件的 IP 地址，如图 14-15 所示，将该设备添加到 MindStudio 中。

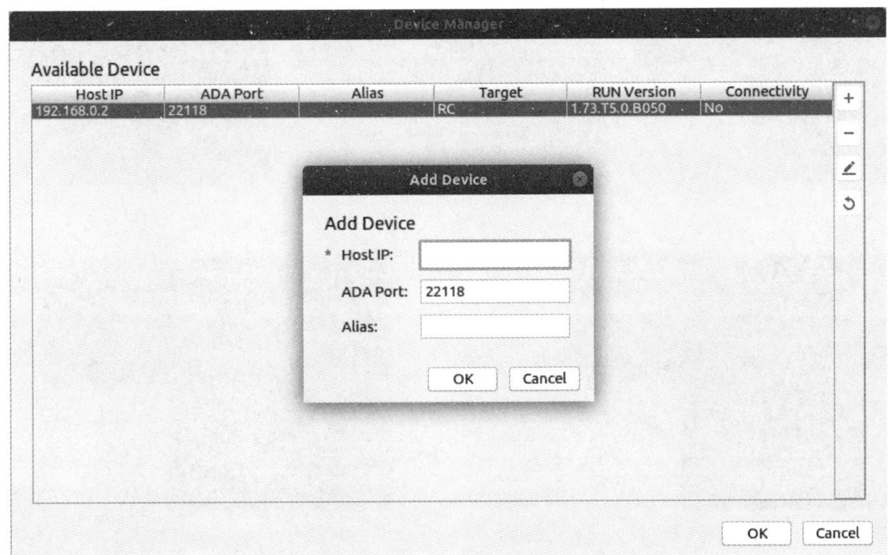

图 14-15　添加 Atlas 开发者套件设备

在 MindStudio 中选择 Build→Edit Build Configurations，并将 Target OS 更改为 Euleros2.8，单击 Build 按钮开始编译项目，编译完成后运行，即开始将本项目部署至 Atlas 开发者套件上。在将程序部署至 Atlas 开发者套件后，即可直接利用安全外壳协议(Secure Shell，SSH)登录至 Atlas 开发者套件运行编译后的可执行文件，执行本项目。

14.4.3 实时传输摄像头数据

本项目的输入数据为 RealSense 相机捕获的图像画面，由于 Atlas 开发者套件的 Type-C 接口只可作为从设备进行输出，因此需要一台可以驱动 RealSense 的计算机将实时的图像画面传输至 Atlas 开发者套件，本案例提供了一个基于 Python2.7 的示例代码，详见 send_image.py 文件。

14.5 运行结果

由于本项目是进行动作识别，它针对一段时间内人体做出的动作进行识别，因此无法直观地通过图片进行结果显示，此处将仅以连续的动作序列中最具代表性的图进行显示，该系统的动作识别效果如图 14-16 所示。另外，本章提供了一种具体的应用案

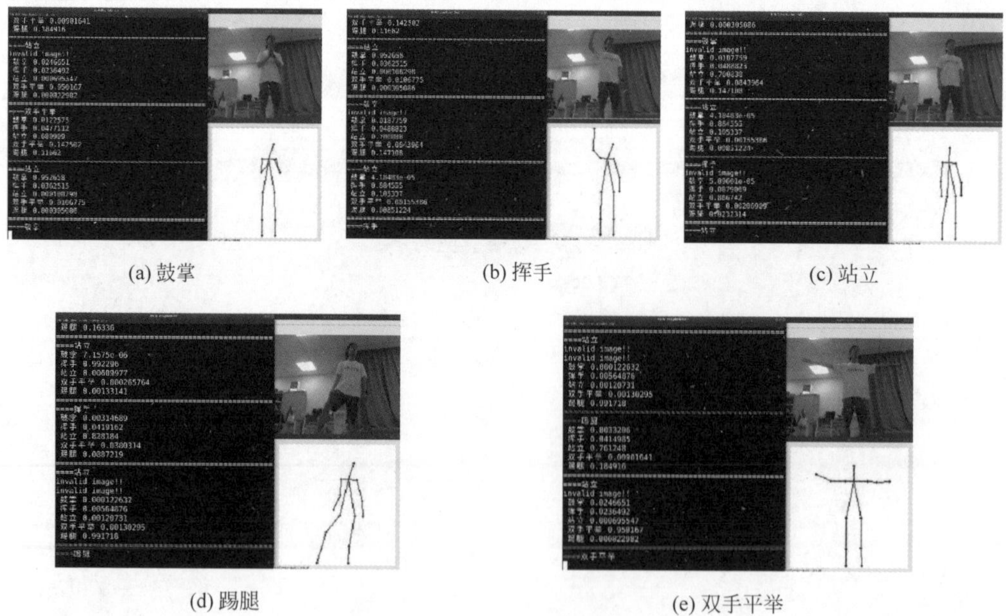

(a) 鼓掌　(b) 挥手　(c) 站立

(d) 踢腿　(e) 双手平举

图 14-16　动作识别结果

例，将 Atlas 开发者套件安装在四足机器人“绝影 Mini”上，利用四足机器人的主机驱动其自身的视觉采集设备获取视频数据，Atlas 开发者套件作为从设备，基于其快速的图像处理模块 DVPP 和高效的神经网络推理能力进行动作的识别。在四足机器人上执行的效果如图 14-17 所示。

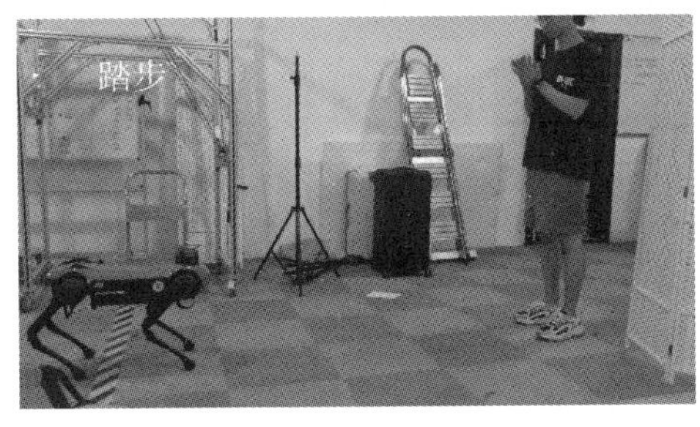

(a) 鼓掌(人)-踏步(机器人)

(b) 双手平举(人)-高抬腿(机器人)

(c) 挥手(人)-降低身高(机器人)

(d) 踢腿(人)-跳舞(机器人)

图 14-17　四足机器人测试效果

对本项目搭建的人体动作识别系统在 Atlas 开发者套件平台上的性能进行测试，主要测试其加载模型、图像解码以及模型推理时间。

本节以 640×480 像素的图像作为输入，通过 DVPP 对图像进行大小调整以及解码，针对解码后的数据依次通过 OpenPose 模型以及动作识别模型，得到对应的动作 ID，该过程中每一步骤的推理时间如表 14-2 所示。

表 14-2　人体动作识别算法各部分推演时间

阶　　段	时间/ms	阶　　段	时间/ms
时间模型初始化	4080.25	OpenPose 模型后处理	18.627
DVPP 图像解码	2.912	动作识别模型推理	0.388
OpenPose 推理	0.3495		

值得注意的是，DVPP 图像解码输入为 640×480 像素的图像，输出为 128×128 像素的图像。

14.6 本章小结

本项目结合 Atlas 开发者套件上实现了一个简易的动作识别系统，目前能够准确和快速地识别所设计的 5 种动作。另外，可以参考本章介绍的 OpenPose 检测人体骨骼关键点和制作数据集的方法制作其他动作。

第 15 章

人脸识别

15.1 案例简介

人脸识别主要分为人脸检测(Face Detection)、关键点提取(Key Point Extraction)和人脸识别(Face Recognition)3 个过程。人脸识别技术是基于人的脸部特征,对输入的人脸图像或视频流首先检测其是否存在人脸,如果存在人脸,则进一步给出每个脸的具体位置,接下来获得人脸的 5 个关键点的位置信息,并依据这些信息,进一步提取每个人脸中所蕴含的身份特征,并将其与已注册的人脸进行特征向量对比,从而识别每个人脸的身份。

本章提供了一个基于华为 Atlas 开发者套件开发的人脸识别案例。开发者可以将本应用部署至 Atlas 开发者套件上实现人脸注册,并通过摄像头对人脸进行识别,与已注册的人脸进行比对,预测出最可能的用户。通过人脸检测、关键点检测、特征向量提取 3 个模型的推理之后即可完成人脸识别,将检测结果和原始图片发送到 Presenter Server(展示器服务端)侧进行画框和身份展示。

15.2 系统总体设计

15.2.1 功能结构

人脸识别系统可以分为输入模块、人脸检测模块、特征点检测模块、特征向量获取模块以及输出模块。系统整体结构如图 15-1 所示,输入模块是通过摄像头和注册输入人脸信息。人脸注册输入时,在界面上选取人脸图片,输入图片用户名,通过 Presenter Server 发送到 Presenter Agent(展示器代理)传入板侧进行推理,通过 3 个模型推理之后得到人脸坐标以及特征向量,将得到的这些数据发送到 Presenter Server 并保存在文件中。摄像头输入时则将图片直接传入人脸检测模块，人脸检测模块负责检测该图片中是否含有人脸并且获得人脸的坐标信息，之后传入下一个模块，即特征点检测模块，检测出人脸的左眼、右眼、鼻子、左嘴角、右嘴角 5 个关键点的位置，获得这 5 个关键点的作用是用来对图片中侧着的人脸进行对齐，再将对齐后的人脸传到特征向量提取模型进行推理以提取人脸的特征向量，最后将提取的特征向量通过 Presenter Agent 发送到 Presenter Server 完成人脸对比。

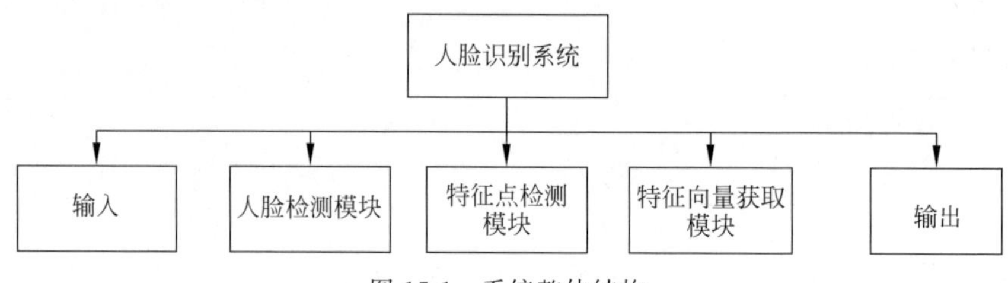

图 15-1　系统整体结构

15.2.2　系统设计流程

系统整体流程如图 15-2 所示，在该系统中，首先将通过人脸注册输入图片，经过人脸检测模型、关键点提取模型、特征向量提取模型推理之后得到是否包含人脸和人脸坐标以及特征向量的信息，发送到 Presenter Server 并保存在文件中。另外一个图片输入是在进行人脸识别时通过摄像头输入，此时将获得的图片直接传入人脸检测模型，在该模型中，会检测出输入的图片是否含有人脸信息并且获得人脸的坐标信息，之后传入下一个模块——VanillaCNN(关键点检测模型)，在该模块中进行推理之后得到左眼、右眼、鼻子、左嘴角和右嘴角 5 个特征点信息，再传入特征向量提取模块，通过上一个模块检测得到的关键点信息进行人脸对齐，将人脸对齐后的图片和对齐后的水平垂直翻转的图片一起传入特征向量提取模型进行推理，之后得到人脸的特征向量，后处理模块接收数据之后，根据是图片注册还是人脸识别功能分别进行不同的处理。

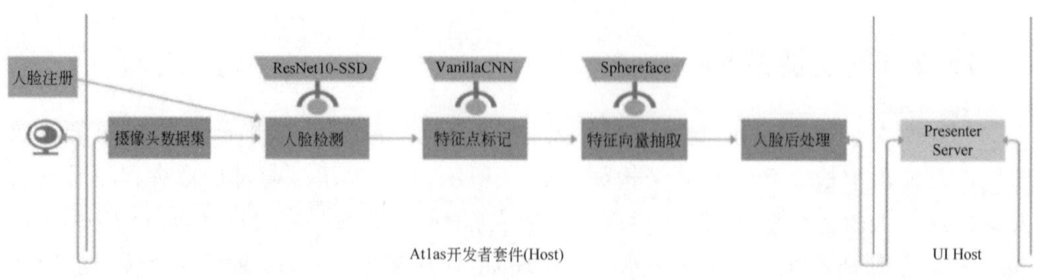

图 15-2　人脸识别系统流程

15.3 系统设计与实现

本节将详细介绍系统各部分功能的设计与实现过程。

15.3.1 模型定义

在该人脸识别系统中使用了 3 个模型，第一个是人脸检测模型，第二个是关键点检测模型，第三个是特征向量提取模型，下面分别介绍这 3 个模型。

(1) face_detection(人脸检测模型)。对图片中是否含有人脸进行检测，当检测到人脸后再推理得到人脸的左上和右下的坐标并且传入后面的模块进行处理。face_detection(人脸检测模型)原始网络模型文件链接为 https://c7xcode.obs.cn-north-4.myhuaweicloud.com/models/face_detection/face_detection.caffemodel，face_detection(人脸检测模型)权重文件获取链接为 https://c7xcode.obs.cn-north-4.myhuaweicloud.com/models/face_detection/face_detection.prototxt。

(2) VanillaCNN(关键点检测模型)：用于标记面部关键点的网络模型。对人脸 5 个关键点进行检测，它将得到人脸的 5 个坐标点(左眼、右眼、鼻子、左嘴角、右嘴角)。针对 FC5 得到的特征进行 K 个类别聚类，将训练图像按照所分类别进行划分，用以训练所对应的 FC6K。测试时，图片首先经过 VanillaCNN 提取特征，即 FC5 的输出，将 FC5 输出的特征与 K 个聚类中心进行比较，将 FC5 输出的特征划分至相应的类别中，然后选择与之相应的 FC6 进行连接，最终得到输出。VanillaCNN 原始网络模型文件及其对应的权重文件获取途径为：打开链接(https://gitee.com/HuaweiAscend/models/tree/master/computer_vision/classification/vanillacnn)跳转之后再单击目录中的 README.md 下载相应的原始网络模型文件及其对应的权重文件。

(3) Sphereface(特征向量提取模型)。输入数据描述：大小为 96×112；格式为 RGB U8。输出数据描述：预训练的模型在 CAISA-WebFace 上进行训练，在人脸数据集(Labled Faces in the Wild，LFW)上使用 20 层 CNN 架构进行测试，它将对人脸进行特征向量提取并返回 1024 维的特征向量，特征提取作为人脸识别最关键的步骤，提取到的特征更偏向于该人脸独有的特征，对于特征匹配起到举足轻重的作用，而我们的网络和模型承担着提取特征的重任，优秀的网络和训练策略使模型更加健壮。Sphereface(特征向量提取模型)原始网络模型文件及其对应的权重文件获取途径为：打开链接(https://gitee.com/HuaweiAscend/models/tree/master/computer_vision/

classification/sphereface)跳转之后再单击目录中的 README. md 下载相应的原始网络模型文件及其对应的权重文件。

理想的开集人脸识别学习到的特征需要满足的条件是在特定的度量空间内(见图 15-3),需要同一类内的最大距离小于不同类之间的最小距离,然后再使用最近邻检索就可以实现良好的人脸识别和人脸验证性能。

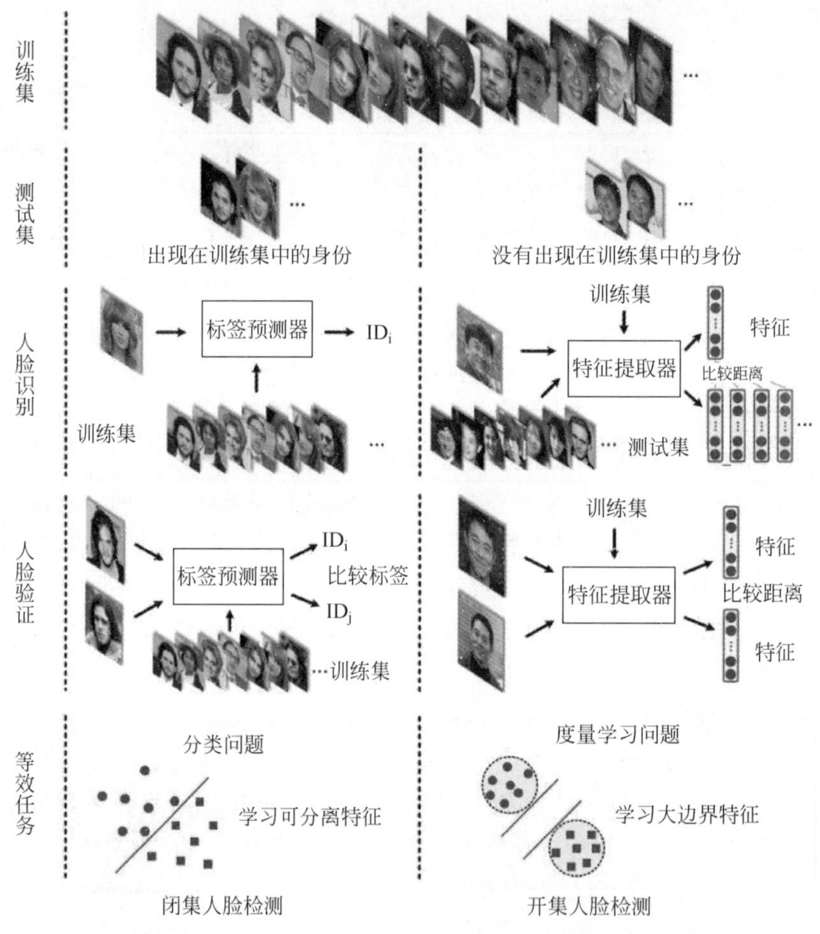

图 15-3　Sphereface 开闭集示意图

15.3.2　模型转换

在该人脸识别系统中,需要 3 个模型,分别是 Face_Detection、VanillaCNN 和 Sphereface,需要将原始网络模型转换为适配昇腾 AI 处理器的模型。通过 MindStudio 工具进行模型转换。在 MindStudio 操作界面的菜单栏中选择 Ascend→Model

Converter 进入模型转换界面，在弹出的 Model Converter 操作界面中，进行模型转换配置，Model File 选择为已经下载的模型文件，此时会自动匹配到权重文件并填写在 Weight File 中，Model Name 填写为对应的模型名称。

（1）VanillaCNN 模型转换时非默认值配置为：Input Nodes 配置中的 data 的 N 值修改为 4，此参数需要与 graph_template.config 中的对应模型的 batch_size 的值保持一致，C、H、W 保持默认值，如图 15-4 所示，AIPP 配置中的 Data Preprocessing 设置为 off。

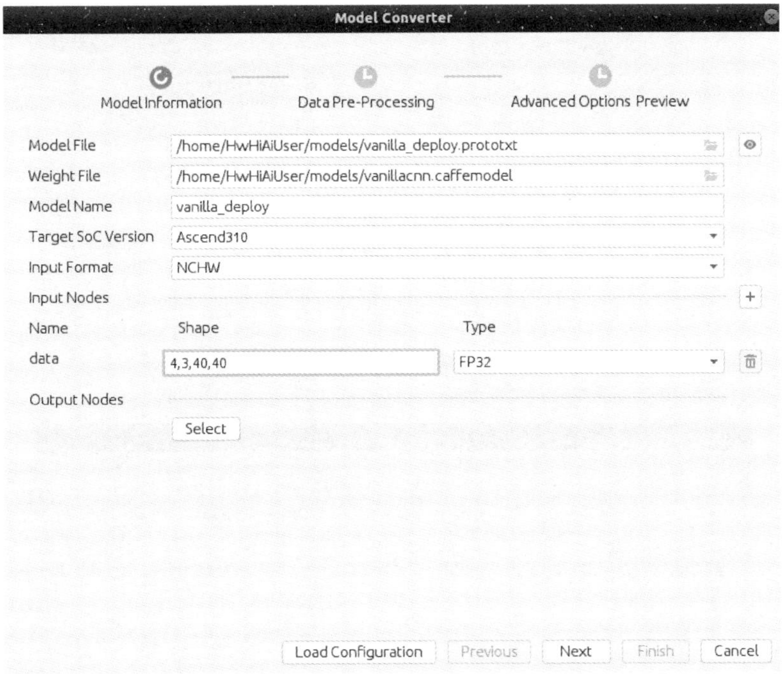

图 15-4　VanillaCNN 模型信息配置

（2）Sphereface 模型转换时非默认值配置为：Input Nodes 配置中的 data 的 N 设置为 8，表示人脸识别程序每次处理 8 张人脸，此参数需要与 graph_template.config 中的对应模型的 batch_size 的值保持一致，如图 15-5 所示。

Sphereface 模型转换时，AIPP 配置中的 Input Image Format（输入图片的格式）选择为 RGB Package；AIPP 配置中的 Input Image Resolution，因为此处不需要做 128×16 对齐，直接使用模型要求的宽和高即可，即 96 和 112；AIPP 配置中的 Model Image Format（模型图片的格式）选择为 BGR；AIPP 配置中的 Mean 为此模型训练使用的图片的均值，可从此模型的 sphereface_model.prototxt 文件中获取，如图 15-6 所示。

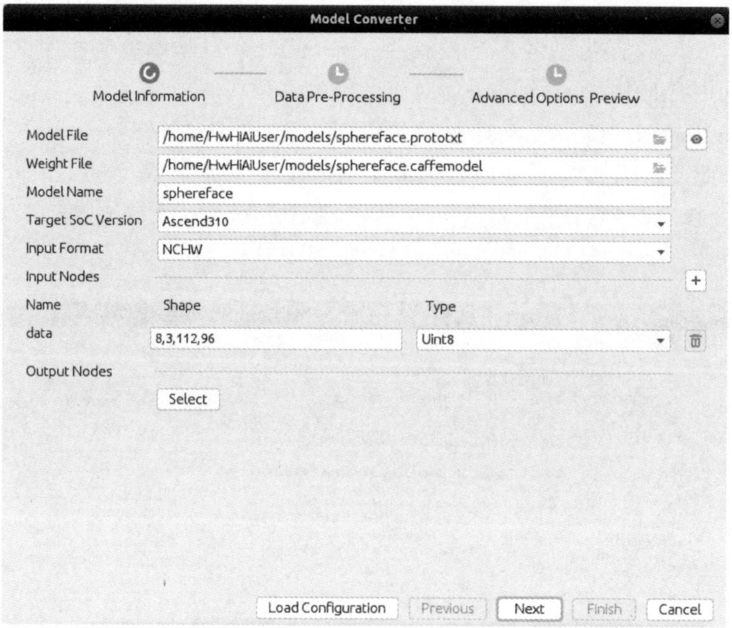

图 15-5　Sphereface 模型信息配置

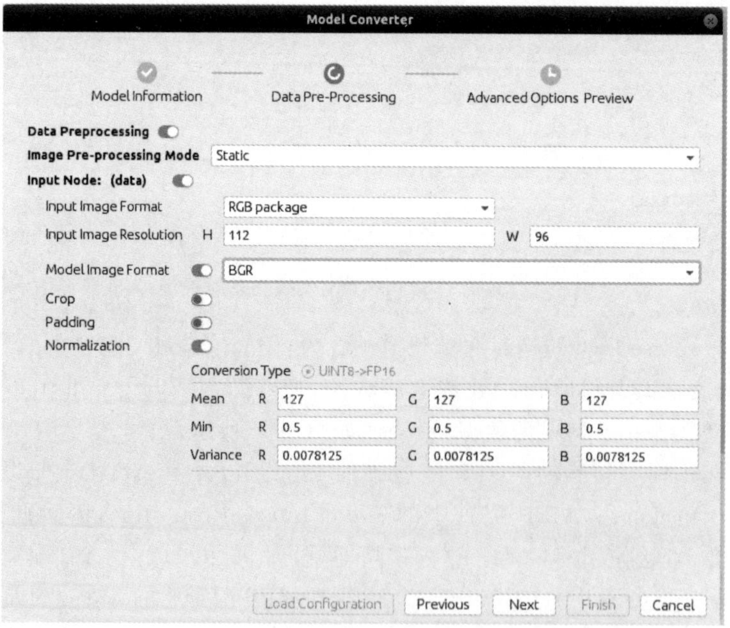

图 15-6　Sphereface 模型 AIPP 配置

（3）face_detection 模型中 Input Image Resolution 需要分别修改为 300 和 304，Model Image Format 选择 BGR，打开 Crop。face_detection 模型转换时非默认配置部分如图 15-7 和图 15-8 所示。

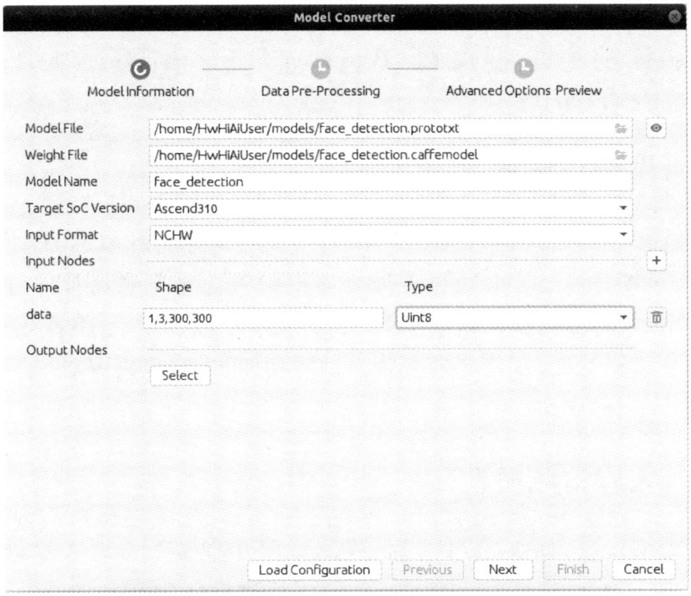

图 15-7　face_detection 模型信息配置

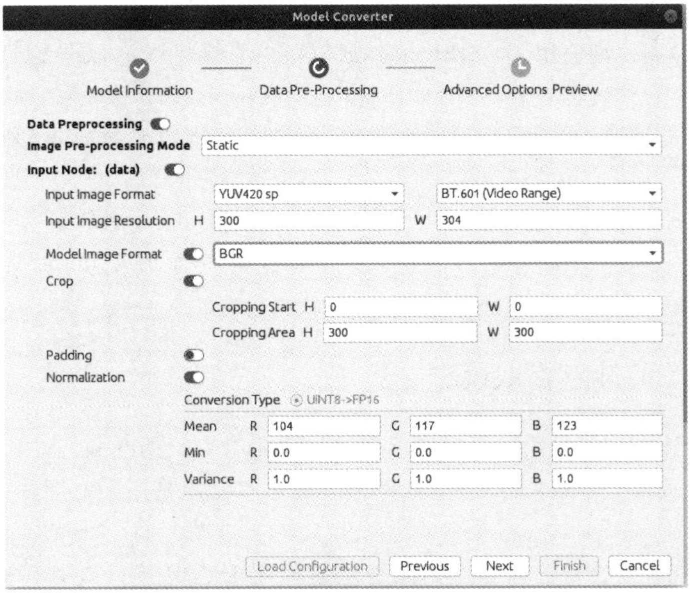

图 15-8　face_detection 数据处理配置

15.3.3 人脸注册

在人脸注册输入时，在界面上选取人脸图片，输入图片用户名，通过 Presenter Server 发送到 Presenter Agent 传入板侧进行推理，通过 3 个模型推理之后得到人脸坐标以及特征向量，将这些数据发送回 Presenter Server 侧再保存到文件中，详细代码请查看 face_register. cpp。

15.3.4 摄像头输入

摄像头输入是在进行人脸识别时的输入，直接将摄像头获取的图片传入人脸检测模块进行推理，该图片经过 3 个模型推理之后得到人脸坐标和特征向量，之后将人脸坐标、原始图片以及特征向量发送到 Presenter Server 进行展示，将特征向量与注册时保存的特征向量进行对比，从而实现人脸识别的功能，详细代码查看 face_register. cpp 文件中 DoCapProcess 函数。

15.3.5 人脸检测模型

人脸检测模型接收到输入图片之后，检测该图片中是否含有人脸，如果含有人脸则给出人脸的坐标信息，将这些信息传入关键点检测模块进行推理。人脸检测模型推理模块可以分为 3 部分：预处理、模型推理和后处理。

（1）预处理部分主要调用 DVPP 的 resize 接口将图片调整到模型推理需要的大小，由于人脸检测模型使用了 AIPP 功能，所以可以直接将调整后的 YUV 图片输入人脸检测模型，详细代码可查看 FaceDetection::Preprocess()函数。

（2）模型推理部分将预处理之后的图片进行人脸检测推理，详细代码可查看 FaceDetection::Inference()函数。

（3）后处理部分处理模型推理之后的数据。在该模块，可以得到人脸检测的框体信息、左上和右下的坐标信息，将该数据传到关键点提取模块，详细代码可查看 FaceDetection::Postprocess()函数。

15.3.6 关键点提取模型

关键点检测模型通过关键点提取模型推理检测出人脸的左眼、右眼、鼻子、左嘴角和右嘴角 5 个关键点位置信息，获得这 5 个关键点的作用是用来对图片中侧着的人脸进行对齐。

在该模块中，接收到输入的原始图片之后调用 DVPP 接口先对其进行人脸的裁剪，得到裁剪后的人脸图片，再传入 resize 模块处理得到模型推理需要的尺寸，再传到

ImageYUV2BGR 处理模块，将 YUV 格式转换成 BGR 格式，之后进行归一化处理，将归一化处理之后的图片送入关键点提取模型进行模型推理，得到人脸中左眼、右眼、鼻子、左嘴角和右嘴角 5 个关键点位置信息，详细代码可查看 face_feature_mask.cpp 文件中的 FaceFeatureMaskProcess::Inference()函数。

15.3.7　特征向量提取模型推理

特征向量提取模块利用关键点检测模型推理得到的 5 个关键点坐标对裁剪后的人脸图片进行对齐处理，最后将对齐的人脸和水平垂直翻转得到的人脸送入特征向量提取模型推理，得到人脸特征向量，然后将该向量传入数据整理模块。特征向量提取模块的主要流程是预处理和推理。

(1) 预处理。首先调用 DVPP 接口将图片调整至模型指定的尺寸；将 YUV 图片转成 BGR 图片，便于 OpenCV 处理；进行人脸对齐(Face Alignment)，人脸对齐的输入是经过裁剪的人脸图片，然后根据关键点检测模块推理所得的 5 个关键点的坐标对裁剪后的人脸图片进行对齐；最后将对齐的人脸送入特征向量提取模型得到一个 1024 维向量(使用的特征向量是人脸图像的特征和水平翻转之后的人脸图像的特征的连接向量，即 512＋512，故 1024 维)，详细代码可查看 face_recognition.cpp 文件中的 FaceRecognition::AlignedAndFlipFace()函数。

(2) 模型推理。将对齐之后的人脸和水平垂直翻转的图片送入模型进行推理，得到人脸特征向量，详细代码可查看 face_recognition.cpp 文件中的 FaceRecognition::InferenceFeatureVector()函数。

15.3.8　后处理

本案例的后处理阶段是将模型推理之后所得到的数据整理之后发送到 Presenter Server。本案例中的输入有两个来源，分别是摄像头输入和注册输入，注册和人脸识别需要做不同的处理，注册时发送到板侧的图片经过预处理和推理之后得到人脸坐标以及特征向量，之后将这些数据发送到 Presenter Server 侧再保存到文件中。摄像头输入则是进行人脸识别，经过 3 个模型推理之后得到特征向量，与注册时的特征向量进行对比，当相似度达到或超过阈值时，则说明是同一张人脸。二者实现的功能不同，因此后处理在输出数据的时候也会依据不同的来源进行不同的处理。如果是人脸注册，则通过后处理将人脸框坐标以及人脸特征向量发送到 Presenter Server 保存成文件；而在人脸识别时，则除了发送人脸坐标以及特征向量，还会发送原始图片至 Presenter Server 展示。人脸识别时由摄像头输入的后处理代码可查看 face_post_process.cpp 文件的 FacePostProcess::SendFeature()函数。

注册输入时通过在界面上注册图片，通过模型推理之后得到人脸坐标信息以及特征向量，发送到 Presenter Server 保存在文件中。后处理代码可查看 face_post_process.cpp 文件的 FacePostProcess::ReplyFeature()函数。

15.3.9 展示器服务端

输入一个人脸特征，通过和已注册在库中的 N 个身份对应的特征进行逐个比对，找出一个与输入特征相似度最高的特征，将这个最高相似度值和预设的阈值相比较，如果达到或超过阈值，则返回该特征对应的身份用户名，否则返回 Unknown。

Presenter 包含两个组件：Presenter Server（服务端）和 Presenter Agent（客户端），用以展示推理结果。其原理如下：推理应用，推理结果解析后，调用 Presenter Agent 的接口向 Presenter Server 发送数据；Presenter Server 接收到 Presenter Agent 发送的数据后，一帧一帧地展示；用户通过浏览器访问 Presenter Server，可以查看到展示的结果。

启动 Presenter Server 的方法如下。

(1) 打开 MindStudio 工具的 Terminal，在应用代码存放路径下，执行如下命令，在后台启动 facialrecognition 应用的 Presenter Server 主程序，如图 15-9 所示。

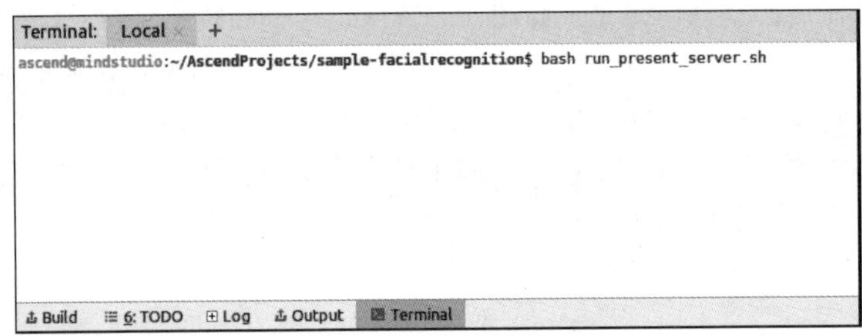

图 15-9 启动命令输入框

(2) 当提示 Please choose one to show the presenter in browser(default: 127.0.0.1) 时，请输入在浏览器中访问 Presenter Server 服务所使用的 IP 地址（一般为访问 MindStudio 的 IP 地址），当提示 Please input a absolute path to storage facial recognition data: 时，请输入 MindStudio 中存储人脸注册数据及解析数据，此路径 MindStudio 用户需要有读写权限，如果此路径不存在，脚本会自动创建。

(3) 如图 15-10 所示，在 Current environment valid ip list 中选择通过浏览器访问 Presenter Server 服务使用的 IP 地址，并输入存储人脸识别解析数据的路径，如图 15-11 所示，表示 Presenter_server 的服务启动成功。使用已选择的 URL 登录 Presenter Server，IP 地址为图 15-10 中输入的 IP 地址，端口号默认为 7009，表示 Presenter Server 启动成功，主页显示如图 15-12 所示。

(4) Presenter Server、MindStudio 与 Atlas 开发者套件（这里以 Atlas 200 DK 为例）之间通信使用的 IP 地址示例如图 15-13 所示。其中，Atlas 开发者套件使用的 IP 地

```
Terminal:  Local  +
Find 192.168.1.223 which is in the same segment with 192.168.1.2.
Current environment valid ip list:
        127.0.0.1
        192.168.221.130
        192.168.221.128
        192.168.1.223
Please choose one to show the presenter in browser(default: 127.0.0.1):
Use 192.168.1.223 to connect to Atlas DK Developerment Board...
Use 127.0.0.1 to show information in browser...
Please input a absolute path to storage facial recognition data:/home/ascend/video_storage
Use /home/ascend/video_storage to store facial recognition data...
Finish to prepare facial_recognition presenter server ip configuration.
Build  6: TODO  Log  Output  Terminal
```

图 15-10　IP 地址

```
Terminal:  Local  +
ascend@mindstudio:~/AscendProjects/sample-facialrecognition$ Presenter socket server listen on 192.168.1.223:7008

Please visit http://127.0.0.1:7009 for presenter server

ascend@mindstudio:~/AscendProjects/sample-facialrecognition$
ascend@mindstudio:~/AscendProjects/sample-facialrecognition$
ascend@mindstudio:~/AscendProjects/sample-facialrecognition$
ascend@mindstudio:~/AscendProjects/sample-facialrecognition$
ascend@mindstudio:~/AscendProjects/sample-facialrecognition$
ascend@mindstudio:~/AscendProjects/sample-facialrecognition$
ascend@mindstudio:~/AscendProjects/sample-facialrecognition$
ascend@mindstudio:~/AscendProjects/sample-facialrecognition$
6: TODO  Log  Output  Terminal
```

图 15-11　Presenter Server 服务启动

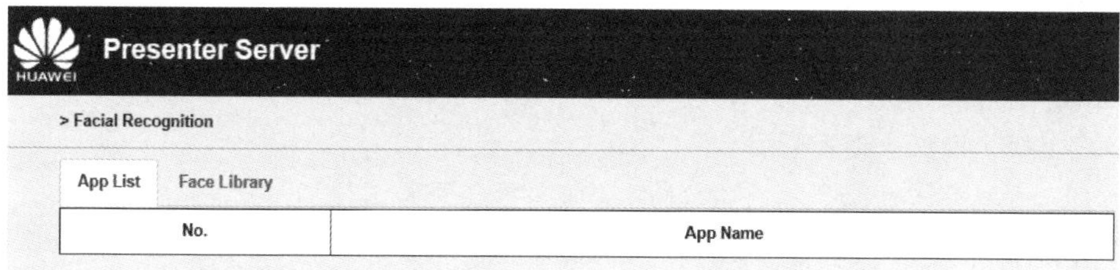

图 15-12　Presenter Server 主页显示

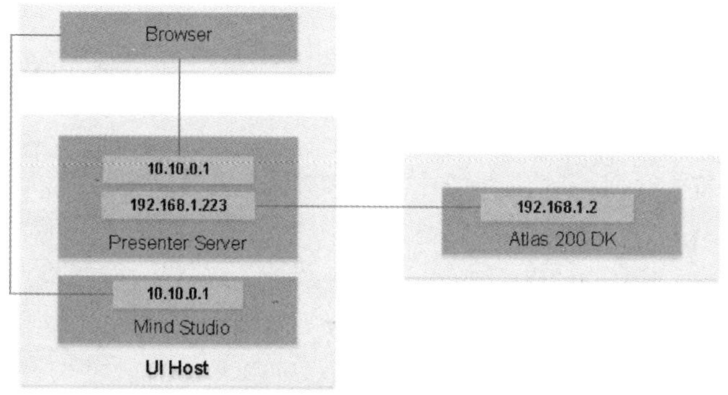

图 15-13　IP 地址示例

址为 192.168.1.2(USB 方式连接)；Presenter Server 与 Atlas 开发者套件通信的 IP 地址为 UI Host 服务器中与 Atlas 开发者套件在同一网段的 IP 地址，如 192.168.1.223；通过浏览器访问 Presenter Server 的 IP 地址，本示例为 10.10.0.1，由于 Presenter Server 与 MindStudio 部署在同一服务器，此 IP 地址也为通过浏览器访问 MindStudio 的 IP。

15.4 系统部署

本案例系统运行在华为 Atlas 开发者套件上。系统基于 C++实现人脸识别功能，通过人脸识别模型，关键点检测模型，特征向量获取模型对人脸进行识别，具体的部署运行流程如下。

(1) 人脸注册；

(2) 在界面注册人脸信息，输入人脸姓名；

(3) 执行模型推理；

(4) 将模型推理之后得到的人脸坐标以及特征向量发送到 Presenter Server 侧保存在文件中；

(5) 人脸识别；

(6) 通过摄像头图片输入；

(7) 执行模型推理；

(8) 将推理结果得到的人脸坐标，特征向量和原始图片通过 Presenter Agent 发送到 Presenter Server 侧，进行用户名和置信度展示。

15.5 运行结果

本案例中，首先注册人脸信息，如图 15-14 所示，注册成功之后，通过摄像头输入图片，在界面查看结果，当识别到摄像头输入的图片已经在注册的图片中时，则会显示该图片的人脸画框以及用户名(Username)。由图 15-15 可知，经过模型推理之后，该系统可以成功进行人脸识别，对输入的图片进行人脸的画框展示以及图片中人脸对应的用户名(Username)和置信度(Confident Score)的显示。当通过摄像头输入的图片经过检测在已经注册的图片内，会显示用户名，否则会显示 Unknown。

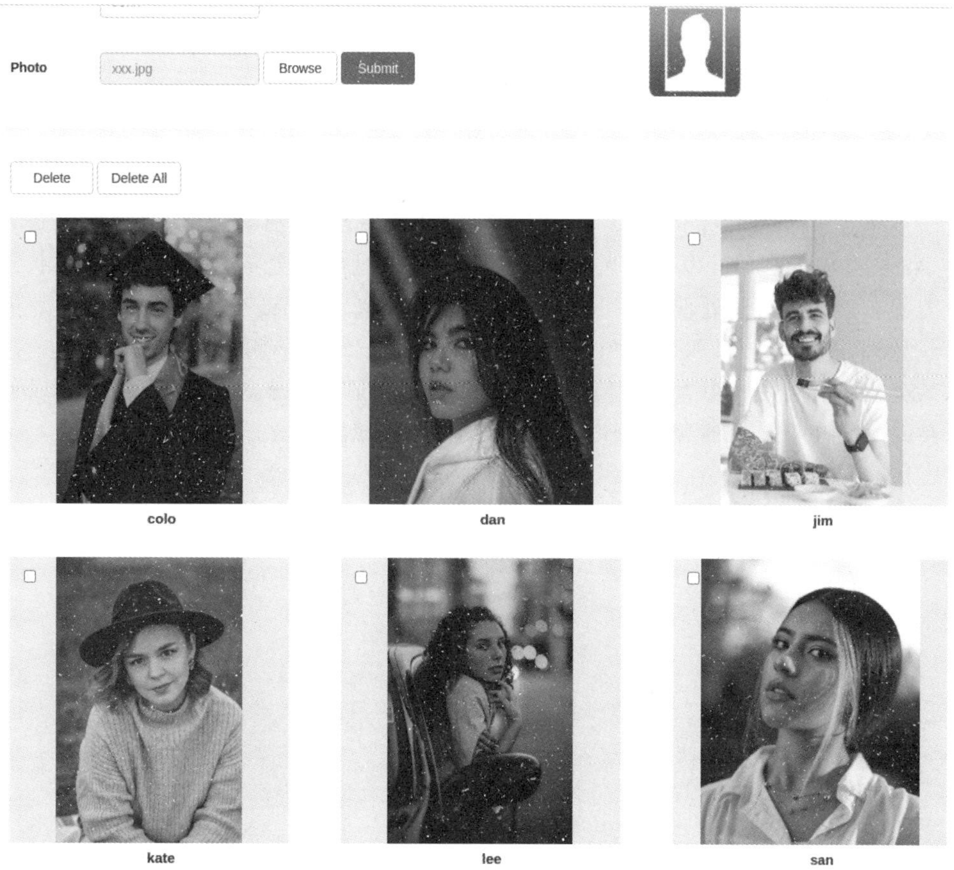

Photo　xxx.jpg　Browse　Submit

Delete　Delete All

colo　dan　jim

kate　lee　san

图 15-14　注册图片

图 15-15　识别结果

15.6 本章小结

本章提供了一个基于华为 Atlas 开发者套件的人脸识别案例，演示了如何基于华为 Atlas 开发者套件开发一个人脸识别应用。它通过人脸检测模型、关键点检测、特征向量提取 3 个模型的处理，调用一系列的 DVPP 接口以及 AIPP 对输入的人脸数据进行预处理，将推理结果和原始图片发送到 Presenter Server 侧，Presenter Server 再将人脸框出来并将图片中人脸对应的用户名和置信度显示出来。通过该应用，可以加深一些对 DVPP 接口和模型推理以及关键点检测的了解。

第 16 章

大规模视频手势识别

16.1 案例简介

手势是一种交流的形式，它是利用人的肢体动作来说明其意图或者态度的行为，在视频监测控制、标志语言理解、虚拟现实和人机交互领域有着巨大的应用前景，包括创造能看懂人类大规模手势的机器人、通过大规模手势识别融合 AR/VR 技术实现机器与人的沉浸式交互。越来越多的研究人员不满足一些简单的手势识别，开始研究大规模手势、复杂手语识别算法，以实现将人类大规模手势、手语解释给机器的目标。大规模手势识别的主要过程包括处理手势视频、通过 C3D 模型进行特征学习和提取、特征分类和预测手势种类，如图 16-1 所示。

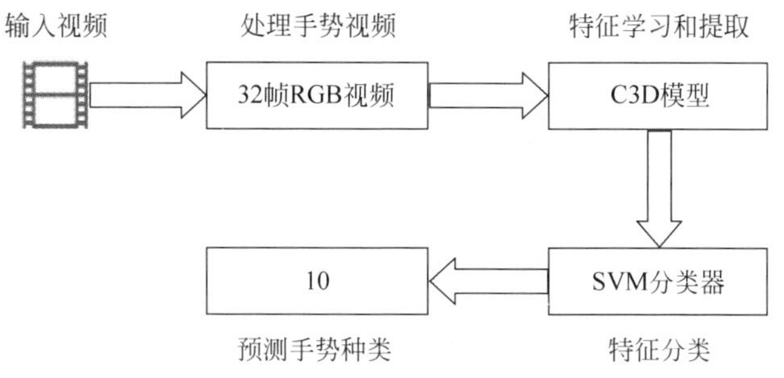

图 16-1 大规模手势识别的主要过程

16.1.1 手势识别现状概述

手势识别在计算机视觉中有着许多重要的应用，然而，基于视频的大规模手势识别仍然面临着许多问题，诸如背景、表演者的肤色、服饰等与手势无关因素都会干扰特征的提取，因此如何能够从一段视频当中学习到大规模复杂手势的特征，是一个较为重要的问题。如图 16-2 所示是一个基于 RGB-S 的手势视频案例，本案例结合了 RGB 图像和分割后的显著性特性区域进行手势的识别，准确率较高。

图 16-2 基于 RGB-S 的手势视频案例

6.1.2 C3D 模型介绍

近年来，随着微软推出 Kinect 体感外设，基于 RGB-D(RGB-深度)视频的手势识别受到学界的广泛关注，因此我们利用 RGB 和深度视频做手势识别，用 C3D 模型来提取特征进行学习。为了能更好地学习视频中的手势细节，将对输入视频进行预处理，将其转成 32 帧图像。由于背景、着装、肤色等因素可能会扰乱识别，使用显著性视频使其能集中注意手势。C3D 模型能够学习时空特征，将 RGB 特征、深度特征和显著性特征融合在一起可以提高性能，最终的分类由 SVM 实现。整体的网络结构如图 16-3 所示。

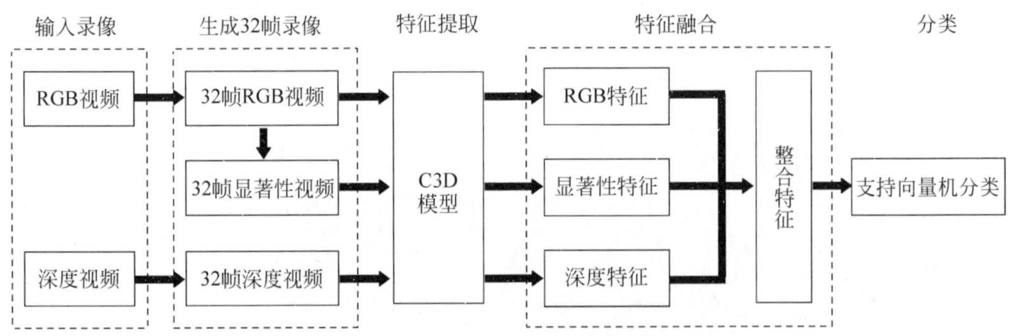

图 16-3 基于 RGB-D 的 C3D 大规模手势识别网络结构

16.1.3 基于强化学习的 ResC3D 大规模手势识别

首先，对图像进行 Retinex 去雾、图像增强等预处理；其次，将时空注意机制的流场图像特征加入进来，以提高 32 帧图像之间的互相关性，增强帧间信息的特征融合，最后，提出 ResC3D 算法，该模型算法能够提取和学习视频流中大规模手势的不同类型的特征，包括颜色空间、深度空间、流场空间等不同特征，并将这些特征进行融合，进而提高大规模手势识别的精确率与召回率。

基于多维度融合特征的 ResC3D 大规模手势识别流程如图 16-4 所示。

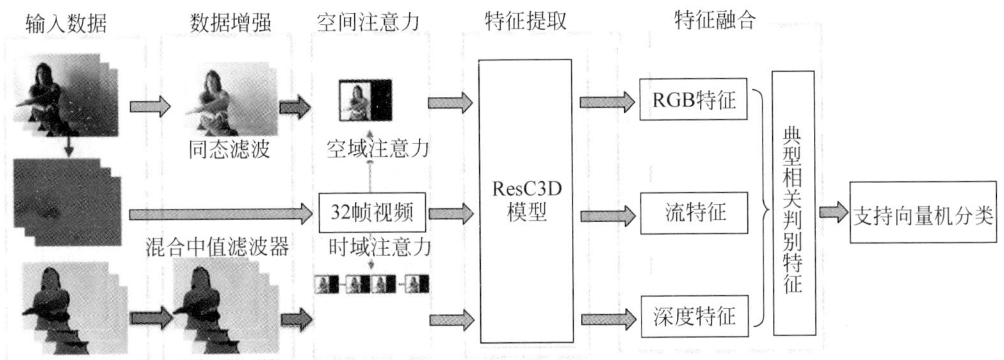

图 16-4 基于多维度融合特征的 ResC3D 大规模手势识别流程

16.1.4 案例迁移简介

本章主要介绍基于华为 Atlas 开发者套件构建两种不同的大规模视频手势识别算法系统，包括基于 RGB-S-D 的 C3D 算法和基于强化学习的 ResC3D 算法。该系统首先对输入的手势视频进行数据归一化，然后经过 C3D 模型进行多维特征学习和提取，最终通过 C3D 模型和 SVM 分类器将手势视频转化为手势类别结果输出。

16.2 系统设计与实现

本节将详细介绍系统各部分功能的设计与实现过程。该系统利用华为 Atlas 开发者套件提供的 Python 接口实现系统搭建。

16.2.1 系统综合设计

基于 3DCNN 的大规模视频手势识别系统可以分为图像预处理模块、特征学习和提取模块、分类预测模块，系统整体结构如图 16-5 所示。图像预处理模块负责对手势视频进行统一至 32 帧的处理，通过这样的预处理方式，超过 98%的视频至少每 3 帧后进行一次采样，大部分的运动路径信息得以保留；特征学习和提取模块通过三维 CNN-C3D 模型来实现对视频手势特征的自动提取；分类预测模块通过已经训练好的 C3D 模型对手势视频进行分类预测，输出预测结果。

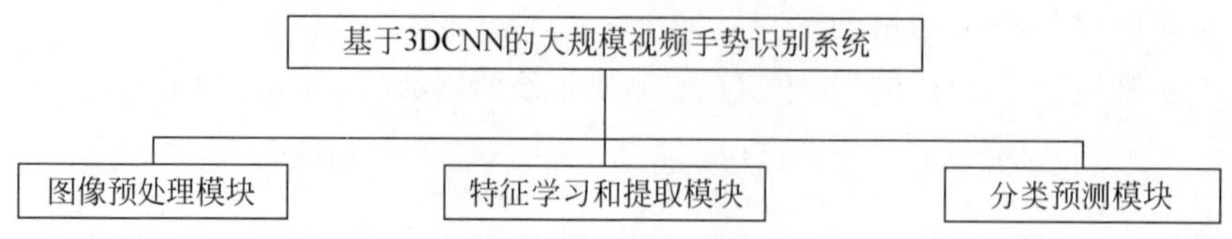

图 16-5　基于 3DCNN 的大规模手势识别系统整体结构

16.2.2　C3D 模型的定义、训练与生成

C3D 模型包括 8 个卷积层、5 个池化层、2 个全连接层来学习特征，以及 1 个 softmax 层来提供预测的类别。8 个卷积层的卷积核个数分别是 64、128、256、256、512、512、512、512，卷积核的最佳大小是 3×3×3。通过对视频时空卷积，可以获得在不同尺度上的特征图。在 1 次或 2 次卷积操作之后，通过 1 次池化操作，来对特征进行降采样，以获得更具全局性的特征。第 2～5 个池化层的卷积核大小是 2×2×2，而第 1 个池化层的卷积核大小是 1×2×2，以保证在网络中时域信息能够得到最大限度保留。在经过多次卷积和池化操作之后，特征图被抽象成一个 4096 维的特征向量。C3D 网络结构定义如程序清单 16-1 所示，结构示意图如图 16-6 所示。

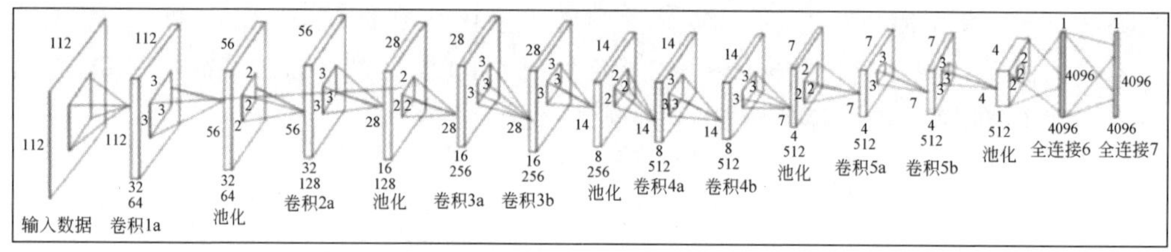

图 16-6　C3D 模型网络结构

模型训练集中的示例如图 16-7 所示。

参数定义和网络结构如程序清单 16-1 所示。

程序清单 16-1　C3D 网络结构定义

```
import tensorflow as tf
import tensorflow.contrib.slim as slim

def C3D(input, num_classes, keep_pro = 0.5):
    with tf.variable_scope('C3D'):
        with slim.arg_scope([slim.conv3d],
                            padding = 'SAME',
                            weights_regularizer = slim.l2_regularizer(0.0005),
                            activation_fn = tf.nn.relu,
                            kernel_size = [3, 3, 3],
```

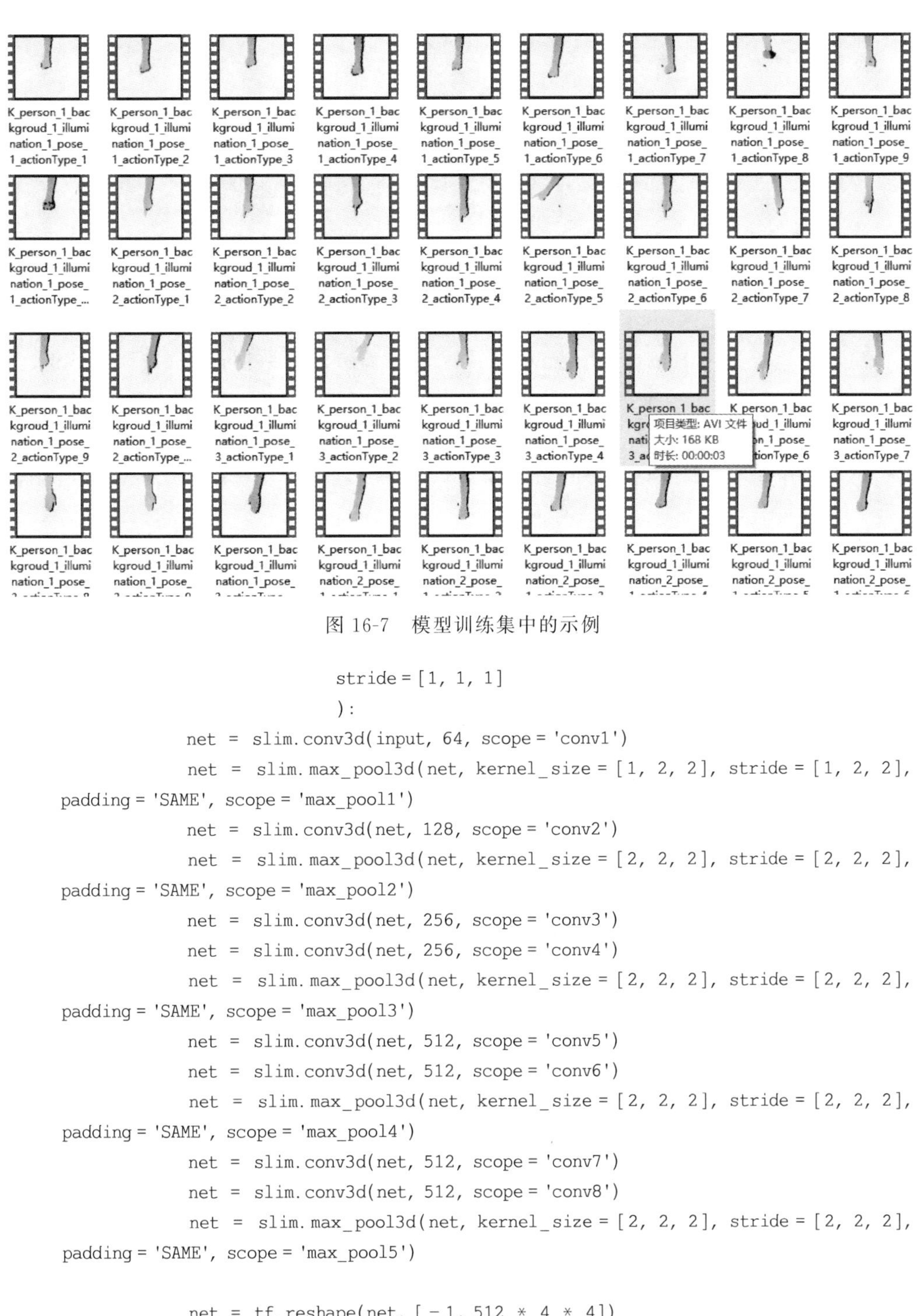

图 16-7　模型训练集中的示例

```
                    stride = [1, 1, 1]
                    ):
        net  =  slim.conv3d(input, 64, scope = 'conv1')
        net  =  slim.max_pool3d(net, kernel_size = [1, 2, 2], stride = [1, 2, 2],
padding = 'SAME', scope = 'max_pool1')
        net  =  slim.conv3d(net, 128, scope = 'conv2')
        net  =  slim.max_pool3d(net, kernel_size = [2, 2, 2], stride = [2, 2, 2],
padding = 'SAME', scope = 'max_pool2')
        net  =  slim.conv3d(net, 256, scope = 'conv3')
        net  =  slim.conv3d(net, 256, scope = 'conv4')
        net  =  slim.max_pool3d(net, kernel_size = [2, 2, 2], stride = [2, 2, 2],
padding = 'SAME', scope = 'max_pool3')
        net  =  slim.conv3d(net, 512, scope = 'conv5')
        net  =  slim.conv3d(net, 512, scope = 'conv6')
        net  =  slim.max_pool3d(net, kernel_size = [2, 2, 2], stride = [2, 2, 2],
padding = 'SAME', scope = 'max_pool4')
        net  =  slim.conv3d(net, 512, scope = 'conv7')
        net  =  slim.conv3d(net, 512, scope = 'conv8')
        net  =  slim.max_pool3d(net, kernel_size = [2, 2, 2], stride = [2, 2, 2],
padding = 'SAME', scope = 'max_pool5')

        net  =  tf.reshape(net, [ - 1, 512 * 4 * 4])
```

```
            net = slim.fully_connected(net, 4096, weights_regularizer = slim.l2_
regularizer(0.0005), scope = 'fc6')
            net = slim.dropout(net, keep_pro, scope = 'dropout1')
            net = slim.fully_connected(net, 4096, weights_regularizer = slim.l2_
regularizer(0.0005), scope = 'fc7')
            net = slim.dropout(net, keep_pro, scope = 'dropout2')
            out = slim.fully_connected(net, num_classes, weights_regularizer = slim.
l2_regularizer(0.0005), activation_fn = None, scope = 'out')
            return out
```

利用程序清单 16-1 中定义好的网络模型进行训练，模型训练和模型保存代码见程序清单 16-2。首先利用 get_video_indices 函数读取视频训练数据；然后将视频数据转换为(15,16,122,122,3)维度的输入张量；之后只需利用 model.fit()函数对模型进行训练。

程序清单 16-1 中定义好的网络模型 model，经过 layer1 至 out 层的计算，得到(1×10)的概率张量，即每个数值对应相应手势类别的概率值。经过多次迭代实现模型的训练。

模型训练过程如程序清单 16-2 所示。

程序清单 16-2　模型训练和模型保存代码

```
TRAIN_LOG_DIR = os.path.join('Log/train/', time.strftime
('%Y-%m-%d %H:%M:%S', time.localtime(time.time())))
TRAIN_CHECK_POINT = 'check_point/'
TRAIN_LIST_PATH = 'train.list'
TEST_LIST_PATH = 'test.list'
BATCH_SIZE = 15
# BATCH_SIZE = 1
# NUM_CLASSES = 101
NUM_CLASSES = 10
CROP_SIZE = 112
CHANNEL_NUM = 3
CLIP_LENGTH = 16
# EPOCH_NUM = 50
EPOCH_NUM = 300
INITIAL_LEARNING_RATE = 1e-4
LR_DECAY_FACTOR = 0.5
EPOCHS_PER_LR_DECAY = 2
MOVING_AV_DECAY = 0.9999
# GET SHUFFLE INDEX
Train_video_indicesa, validation_video_indices =
data_processing.get_video_indices(TRAIN_LIST_PATH)
With tf.Graph().as_default():
```

```
Batch_clips = tf.placeholder(tf.float32, [BATCH_SIZE, CLIP_LENGTH,
CROP_SIZE, CHANNEL_NUM], name = 'X')
Batch_labels = tf.placeholder(tf.int32, [BATCH_SIZE, NUM_CLASSES],
name = 'Y')
Keep_prob = tf.placeholder(tf.float32)
# logits = C3D_model.C3D(batch_clips, NUM_CLASSES, keep_prob)
# batch_clips = tf.placeholder(tf.float32, [BATCH_SIZE, CLIP_LENGTH,
CROP_SIZE, CHANNEL_NUM, NUM_CLASSES], name = 'X')
Logits = C3D_model.C3D(batch_clips)
With tf.name_scope('loss'):
Loss = tf.reduce_mean(tf.nn.softmax_cross_entropy_with_logits
(logits = logits, labels = batch_labels))
Tf.summary.scalar('entropy_loss', loss)
With tf.name_scope('accuracy'):
Accuracy = tf.reduce_mean(tf.cast(tf.equal
(tf.argmax(logits, 1), tf.argmax(batch_labels, 1)), np.float32))
Tf.summary.scalar('accuracy', accuracy)
# global_step = tf.Variable(0, name = 'global_step', trainable = False)
# decay_step = EPOCHS_PER_LR_DECAY * len(
train_video_indices) //BATCH_SIZE
Learning_rate = 1e - 4
# tf.train.exponential_decay(INITIAL_LEARNING_RATE,
global_step, decay_step, LR_DECAY_FACTOR, staircase = True)
Optimizer = tf.train.AdamOptimizer(learning_rate).minimize(loss)
Saver = f.train.Saver()
```

训练后生成的模型文件为 *.ckpt 文件(如图 16-8 所示),然后将其转换为 pb 格式文件。

936440960 Oct 29 00:28 train.ckpt-99.data-00000-of-00001
2758 Oct 29 00:28 train.ckpt-99.index
205696 Oct 29 00:28 train.ckpt-99.meta

图 16-8　训练后生成的模型文件

16.2.3　系统设计流程

该系统设计流程可分为模型训练阶段和模型推理阶段,如图 16-9 所示。前者主要在服务器端完成构建,而后者主要在华为 Atlas 开发者套件上完成构建。

模型训练阶段首先构建 C3D 网络模型,本案例中的 C3D 网络模型采用深度学习框架 TensorFlow 定义其神经网络 CNN 结构,并将 CTC(Connectionist Temporal Classification)作为其损失函数对模型进行训练;训练所得的模型为 TensorFlow 的 pb 格式模型,以满足华为 MindStudio 平台模型转换要求;最终对转换后的 pb 格式模型进行验证和评估。

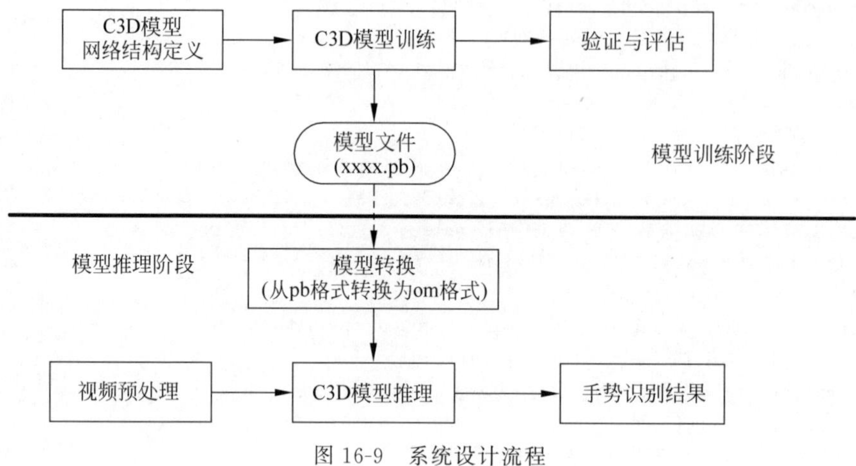

图 16-9 系统设计流程

模型推理阶段首先对输入的手势视频进行视频预处理，并将结果作为 C3D 模型的输入张量；利用华为 MindStudio 平台和 ATC 工具将 pb 格式的 TensorFlow C3D 模型转为华为 Atlas 开发者套件支持的 om 格式模型；然后通过 C3D 模型对输入的张量进行识别，最终输出手势识别结果。

16.2.4 模型转换

本系统中 C3D 模型为神经网络模型，需要进行模型转换。华为 MindStudio 平台模型转换工具目前只支持 Caffemodel 和 TensorFlow 的 pb 格式模型的转换。利用模型训练、生成并进行转换后获得的 pb 格式模型文件，并使用华为昇腾 ATC 工具，借助 ATC 转换命令将 pb 格式文件转换为 om 格式文件，转换命令如程序清单 16-3 所示。

程序清单 16-3 转换命令

```
atc --output_type=FP32 --input_shape="X:1,16,112,112,3" --input_fp16_nodes
="X" --input_format=NDHWC --model=/home/frozen_model.pb --output=/home/out/
module_tf --soc_version=Ascend310 --framework=3 --save_original_model=false
```

可通过 MindStudio 下的模型可视化功能查看转换后的 om 模型结构。

16.2.5 模型推理

在生成 C3D 的华为昇腾下的 om 模型后，需要将测试视频流转换为 32 帧图像，然后通过 video2bin 脚本文件，将 32 帧图像再融合成 bin 文件，以供测试使用。video2bin 程序如程序清单 16-4 所示。

程序清单 16-4　video2bin 程序

```
## Video to bin new

import cv2
import numpy as np
import os
FILEPATH = './test_actiontype7/'
OUTFILE = './Output/float/test_float32_actiontype7.bin'
#OUTFILE = './Output/float32/test_actiontype1.bin'
CROP_SIZE = 112
CHANNEL_NUM = 3
CLIP_LENGTH = 16
def file_names():
    F = []
    for root, dirs, files in os.walk(FILEPATH):
        for file in files:
            #print file.decode('gbk')
            if os.path.splitext(file)[1] == '.jpg':
                #print(root + file)
                F.append(root + file)
    return F
def read_images(imglist):
    imgArray = np.empty([1,CLIP_LENGTH, CROP_SIZE,
CROP_SIZE ,CHANNEL_NUM], dtype = np.float32)
    i = 0
    for img in imglist:
        image = cv2.imread(img)
        image = cv2.resize(image, (CROP_SIZE, CROP_SIZE))
        imgArray[0][i] = image
        i = i + 1
        print(imgArray[0][i-1])
        #print(image.shape)
    return imgArray
imageNames = file_names()
imageNames.sort()
print(imageNames)
imgArray = read_images(imageNames)
print(imgArray.shape)
print(imgArray)
```

最后生成不同格式的与 om 模型匹配的 bin 文件，如图 16-10 所示。

通过启动 MindStudio2.3.1 编写工程文件，读入 bin 文件及 om 模型文件，再利用推理函数进行推理，得出推理结果，其程序详见本书配套的项目推理代码。

名称	修改日期	类型	大小
test_float.bin	2020/10/26 14:04	BIN 文件	4,704 KB
test_float16.bin	2020/10/26 15:11	BIN 文件	1,176 KB
test_float32.bin	2020/10/26 13:33	BIN 文件	2,352 KB
test_float64.bin	2020/10/26 15:21	BIN 文件	4,704 KB
test_int.bin	2020/10/19 13:40	BIN 文件	4,704 KB
test_int_1.bin	2020/10/26 15:43	BIN 文件	4,704 KB
test_int16.bin	2020/10/26 15:30	BIN 文件	1,176 KB
test_int32.bin	2020/10/26 13:43	BIN 文件	2,352 KB
test_int64.bin	2020/10/26 15:43	BIN 文件	4,704 KB
test_uint8.bin	2020/10/26 15:44	BIN 文件	588 KB
test_uint16.bin	2020/10/26 15:44	BIN 文件	1,176 KB
test_uint32.bin	2020/10/26 15:45	BIN 文件	2,352 KB
test_uint64.bin	2020/10/26 15:46	BIN 文件	4,704 KB

图 16-10　不同格式的与 om 模型匹配的 bin 文件

16.3　系统部署

在 Atlas 开发者套件上部署，通过调用其上的昇腾处理器（这里以昇腾 310 为例）进行大规模手势的识别及判定。

16.4　运行结果

运行结果如图 16-11 所示。

```
top 1: index[2] value[18.875000]
top 2: index[9] value[7.699219]
top 3: index[6] value[0.137695]
top 4: index[3] value[-1.587891]
top 5: index[8] value[-2.246094]
top 6: index[4] value[-2.298828]
top 7: index[1] value[-3.154297]
top 8: index[7] value[-3.710938]
top 9: index[0] value[-5.609375]
top 10: index[5] value[-5.890625]
```

(a) 2号手势权重结果

```
top 1: index[6] value[11.953125]
top 2: index[2] value[2.312500]
top 3: index[9] value[-0.162842]
top 4: index[4] value[-0.471680]
top 5: index[1] value[-0.774902]
top 6: index[3] value[-0.811523]
top 7: index[5] value[-1.903320]
top 8: index[0] value[-3.238281]
top 9: index[7] value[-3.458984]
top 10: index[8] value[-4.019531]
```

(b) 6号手势权重结果

图 16-11　运行结果

通过 MindStudio 打印的两次结果图 16-11(a)、图 16-11(b)可以看出，序号分别为 2、6 号（由于 0 号手势存在的原因，实质为 3 号、7 号手势）的手势输出权重值最大，这和输入的测试 bin 文件 test_float32_actiontype3/7.bin 相吻合，证明以上的流程均正确运行，包括 bin 文件的读取、om 模型的转换、模型的装载以及推理 inference 函数的调用。

16.5　本章小结

本章介绍了基于 RGB-S-D 的 C3D 算法和基于强化学习的 ResC3D 算法的方案框架及实施流程。结合大量的 RGB、显著度、深度及其他多特征的同一场景下不同维度的视频，通过在 TensorFlow 深度学习框架下进行模型的设计，最终训练出 C3D 模型，通过达芬奇架构昇腾处理器下的 om 模型转换，以及 om 模型与 pb 模型的对比验证，证明了 om 模型转换的正确性。并通过达芬奇架构下的 C3D 模型推理，得到了正确的结果，从而验证了大规模手势识别非常适合在含有昇腾处理器的 Atlas 开发者套件上进行迁移，可以为基于大规模复杂手势识别的边缘产品落地提供行之有效的途径。

第六篇　机　器　人

第 17 章

VSLAM 智能小车平台

17.1 案例简介

机器人的应用正逐步渗入工业和社会的各个层面。本案例中智能小车视觉定位与建图的研究将有助于智能车辆的研究。智能车辆驾驶任务的自动完成将给人类社会的进步带来巨大的影响,例如能切实提高道路网络的利用率、降低车辆的油耗,尤其是在改进道路交通安全等方面提供新的解决途径。这里的小车,即轮式机器人,最适合在那些人类无法工作的环境中工作,该技术可以应用于无人驾驶机动车、无人生产线、仓库和服务机器人等领域。

本案例属于机器人视觉应用,旨在借助华为 Atlas 开发者套件的深度学习推理能力,结合不同硬件及传感器模块,开发智能小车同步定位与地图构建(Simultaneous Localization And Mapping,SLAM)及运动平台。该平台能够通过相机实时捕获视频数据、分析图像,进行实时跟踪定位,发送控制数据给小车进而规划小车运动。

17.2 总体设计

本系统应用华为 Atlas 开发者套件,基于昇腾计算语言(Ascend Computing Language,AscendCL)和机器人操作系统(Robot Operating System,ROS)框架,搭建了 VSLAM 智能小车平台。该平台可通过 Atlas 开发者套件的 DVPP 引擎捕获摄像头视频帧,利用 NPU 推理出相机视野区域的深度信息,结合 SLAM 系统框架进行定位和地图构建。

SLAM 系统整体框架如图 17-1 所示,分为硬件执行层、传感器层、功能实现层和交互层。

硬件执行层:硬件执行层由机器人移动底盘各组件组成,机器人移动底盘由

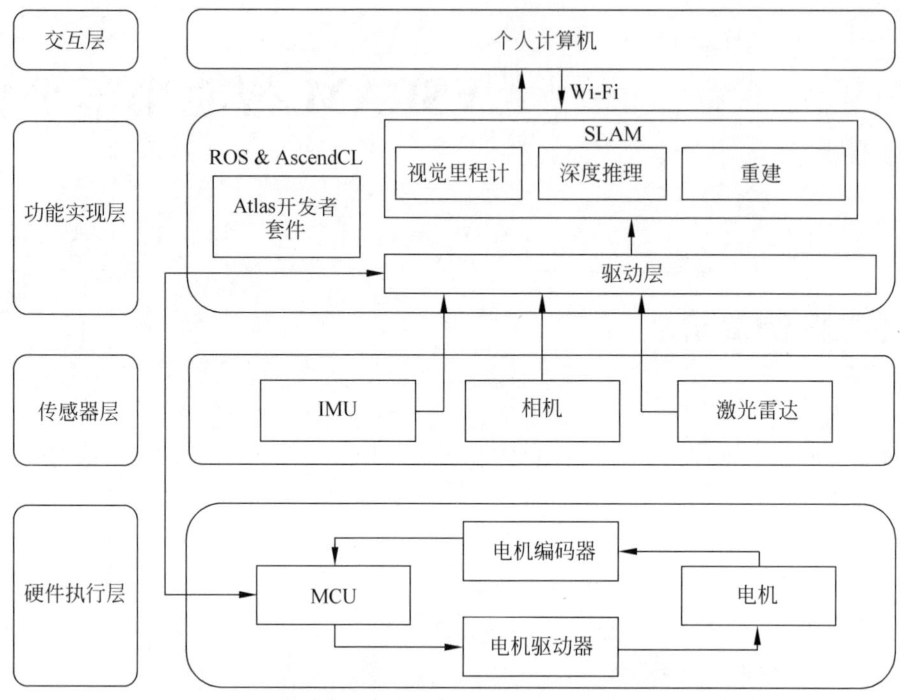

图 17-1 SLAM 系统整体框架

MCU、电机、电机驱动器和电机编码器，以及各电源稳压模块组成，其中 MCU 作为从机(Slaver)，进行底层的电机控制，实现机器人底盘的运动，并与主机(Host)Atlas 开发者套件通过 I2C 协议通信，接收底盘的运动控制数据，并反馈底盘里程计数据。

传感器层：传感器层主要由 IMU、相机、激光雷达组成。其中，IMU 选用 6DoF 传感器 MPU 6050，基于 I2C 协议与 Atlas 开发者套件通信，实现传感器配置、数据读取等操作，并发布包含 IMU 传感器数据的 ROS 话题。相机通过 MIPI-CSI 接口连接到 Atlas 开发者套件，通过 Ascend DVPP 模块获取图像数据并进行预处理，发布图像话题。激光雷达扫描 2D 平面内的距离信息，用于平面导航。

功能实现层：功能实现层以 Atlas 开发者套件作为核心硬件，融合机器人操作系统(ROS)和昇腾计算语言框架(AscendCL)作为软件框架。功能实现层包括移动底盘和各传感器的驱动程序，以及实现机器人视觉感知定位的多个功能包，以实现视觉 SLAM、传感器融合定位、路径规划等功能。

交互层：上位机 PC 与机器人通过 Wi-Fi 建立分布式节点，PC 可对机器人进行配置并数据读取，通过 RViz 进行可视化和发布任务级指令。

17.2.1　平台硬件系统

智能小车的外形与硬件结构如图 17-2 所示。其中，Atlas 开发者套件作为核心计算资源及主控制器，执行 SLAM 系统功能模块，进行神经网络推理、传感器数据的读取及机器人运动控制命令的下发。相机模块通过 MIPI-CSI 接口与 Atlas 开发者套件连接，IMU 模块通过 I2C 总线与 Atlas 开发者套件连接，激光雷达通过 UART 接口与 Atlas 开发者套件连接。Arduino 主要用于配合各种传感器来感知环境并控制小车。

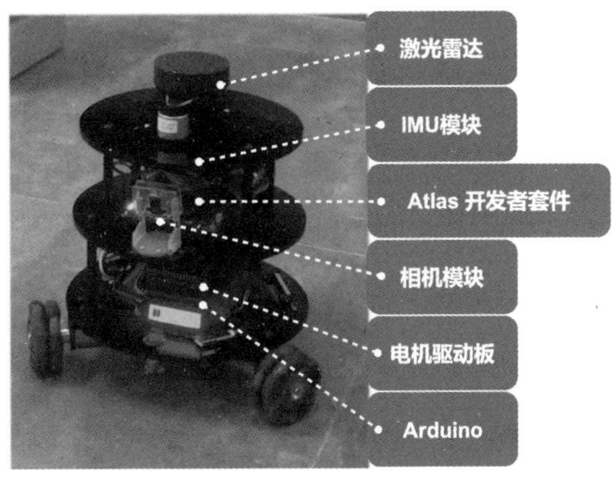

图 17-2　智能小车的外形与硬件结构

17.2.2　VSLAM 系统功能结构

本案例中的 VSLAM 系统从功能来看共分 3 个模块：跟踪定位模块、深度预测模块和地图构建模块，功能结构如图 17-3 所示。跟踪定位模块包含位姿估计、BA (Bundle Adjustment)优化，在 CPU 运行；深度预测模块为基于 AscendCL 框架和 DenseNet 网络结构的推理模型，包括输入图像预处理、构建输入张量、AI 加速深度图推理及输出处理；地图构建模块包含场景点云生成及占用栅格地图的构建，在 CPU 运行。最终，可视化及用户交互在 Host 端运行。

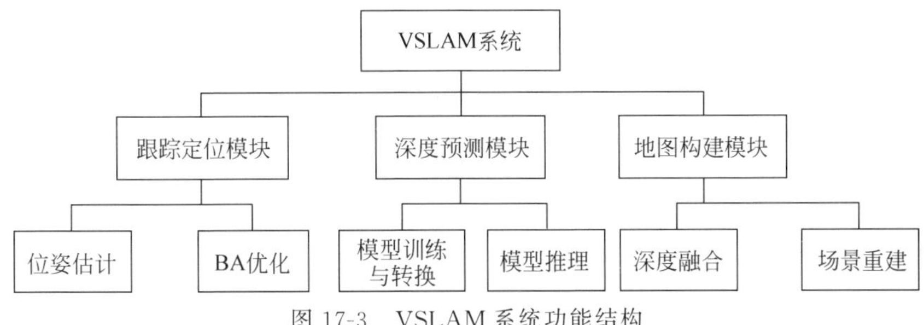

图 17-3　VSLAM 系统功能结构

17.2.3 VSLAM 系统流程

为了保证实时性，VSLAM 系统采用双线程方式，前端线程负责相机姿态的初始估计，后端负责 BA 优化、闭环检测及重定位，AI 模型推理可直接用于前端深度预测。系统整体流程如图 17-4 所示。对于摄像头采集的连续图像帧，深度预测模块利用 DVPP 对图像进行预处理，并进行模型推理，发布 RGB 图像和深度图。与此同时，SLAM 对相机进行跟踪定位及优化，发布相机位姿。地图构建模块在接收到 RGB 图像和对应深度图及位姿后，对场景点云进行重建与拼接，同时生成栅格地图，发布到 PC 端进行可视化。

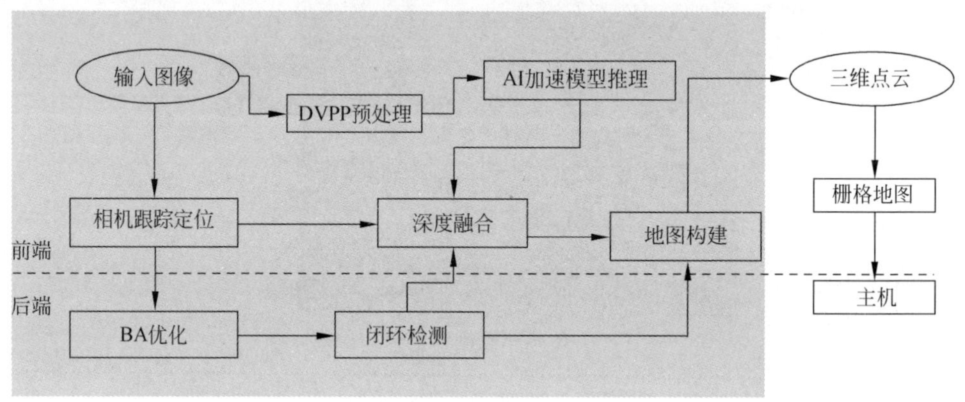

图 17-4　VSLAM 系统整体流程

跟踪定位模块：对于输入连续图像帧，提取 ORB 特征并匹配，采用 PnP 等方式初始化相机位姿再进行迭代优化。选择当前帧是否可作为关键帧，将关键帧及可见地标（像素点）加入图，利用局部 BA 优化，得到调整后的相机位姿和运行轨迹，维护稀疏三维点云地图，并实时输出。

深度预测模块：深度预测流程分为模型训练阶段和模型推理阶段，前者在服务器端完成，后者在 Atlas 开发者套件构建。本案例中的深度学习网络框架基于 DenseNet，模型训练阶段采用 Keras 深度学习库定义其神经网络 CNN 结构，基于 L1 损失函数对模型进行训练；需要将 Keras 训练所得的模型转换为 TensorFlow 的 pb 格式模型，以满足 ATC 模型转换工具要求；利用 ATC 工具将 pb 模型转换为 om 格式模型，进行验证和评估。模型推理阶段首先对摄像头输入的 YUV 格式图像进行预处理，包括色域转换等，并构造深度预测模型的输入张量，然后通过 om 模型对输入张量进行深度值预测推理，最终将深度图输出至地图构建模块。

地图构建模块：根据估计所得关键帧相机位姿进行深度融合，利用 ROS 通信传输的 RGB 图像、深度图和相机位姿，生成稠密点云，将不同关键帧点云进行拼接，生成全局地图，并将点云转换为栅格地图，后续用于机器人自主导航。

17.3　系统设计与实现

本节将介绍系统各部分的详细设计与实现。

17.3.1　ROS 框架

通常机器人需要整合多种传感器，完成一系列数据处理任务，如视觉感知、路径规划等，并完成与物理世界和人的交互，因此机器人软件系统往往庞大且复杂。采用低耦合、高内聚的模块化设计，能够提高机器人软件系统的鲁棒性和适应性。

ROS 是目前应用最为广泛的机器人模块化分布式系统之一，其提供了一个强大而灵活的机器人系统框架，也是学术研究领域中较为广泛使用的框架。ROS 包含全面的开发工具包、方便的通信和调度机制及各种调试工具，提供统一的配置部署、运行和通信等功能，开发者可以基于该框架快速验证算法，设计应用层面的功能，并进行部署。

本案例的 VSLAM 智能小车平台基于 ROS 框架构建，主要分为四层。

(1) 感知层：负责接收与处理原始传感器数据，如图像数据、IMU 数据、移动底盘里程数据等，实现基于视觉的实时定位与地图重建和智能小车的运动控制。

(2) 规划层：负责接收任务目标指令，结合感知层数据，对机器人的运动路径及轨迹做出规划，结合地图和实时的视觉感知信息，建立代价地图，进行运动规划，下发运动控制指令。

(3) 控制执行层：负责接收规划层的控制指令，依据执行器反馈状态数据，进行闭环控制，如根据机器人的轨迹规划和传感器的反馈数据，控制机器人当前的移动速度和角速度。

(4) 交互层：为用户提供可交互的图形界面。一方面，将系统的实时状态和数据进行可视化，如机器人的传感器数据、坐标变换数据、视觉定位与地图数据、运动路径等。另一方面，为用户提供上层的任务指令接口，以图形化的方式控制机器人的运动。

ROS 的核心是一个通信架构，基于 TCP/UDP 网络协议进行封装，定义了基于 TCPROS/UDPROS 的话题(Topic)、服务(Service)、动作(Action)等通信传输机制，使得各个功能模块可以在不同硬件架构平台、使用不同的语言构建，在不同主机各子系统之间进行处理和通信，协同完成机器人任务。

1. 话题通信

话题通信是一种单向的异步通信机制，其通信的双方发布者(Publisher)和订阅者(Subscriber)需要在节点管理器(ROS Master)注册后，根据订阅和发布的话题建立连接。具体过程为：发布者向节点管理器注册发布者信息及话题名，注册信息存储在注册列表中，等待订阅者订阅；当订阅者节点启动后，向节点管理器注册订阅话题；当匹配到话题的发布者后，节点管理器向订阅者发送对应的发布者通信地址信息，订阅者尝试向该地址发送连接许可；发布者给予确认后，双方通过 TCPROS 建立连接；建立连接后，当订阅者接收到的话题触发时，订阅者通过回调(Callback)的方式处理话题数据。话题通信是一种多对多的通信机制。

2. 服务通信

与话题通信机制相比，服务(Service)机制是一种更为可靠的双向、多对一的同步通信机制。服务的双方包括服务端(Server)和客户端(Client)，当客户端发送请求(Request)后，服务端的相关服务程序被调用从而响应(Response)。当一次服务结束后，两个节点的连接将断开。由于服务采用一次性通信的方式，因此其在网络上的负载很小。除此之外，不同的客户端可以对同一服务端发送服务请求。

3. 动作通信

当服务端接收到客户端的请求后，若响应过程时间较长，且在响应的过程中客户端需要服务执行过程的反馈(Feedback)信息，通常采用动作(Action)通信机制。其反馈数据的发送与异步方式的话题相同，动作客户端与动作服务器之间进行双向异步通信，客户端设置动作的目标(Goal)，动作服务器根据目标进行响应，并实时反馈动作的进度，最后将结果(Result)发送给客户端，同时客户端可以在任意时刻取消及中断目标命令。这样的一个特性，使得它在一些特别的机制中拥有很高的效率。利用 Action 进行请求响应，Action 的内容格式应包含 3 部分：目标(Goal)、反馈(Feedback)、结果(Result)。

目标：机器人执行一个动作，应该有明确的移动目标信息，包括一些参数的设定，如方向、角度、速度等，从而使机器人完成动作任务。

反馈：在动作进行的过程中，应该有实时的状态信息反馈给服务器的实施者，通知实施者动作完成的状态，可以使实施者作出准确的判断去修正命令。

结果：当运动完成时，动作服务器把本次运动的结果数据发送给客户端，使客户端得到本次动作的全部信息，例如可能包含机器人的运动时长，最终姿态等。

在以上的通信机制中，需要通过主节点 ROS Master 为需要通信的双方建立连接，因此对主节点具有很强的依赖，一旦 ROS Master 失效将导致整个系统崩溃，这也是 ROS1.0 最大的局限性。ROS2.0 基于 DDS，即数据分发服务的设计架构，综合性能得到很大的提升，其核心是借助以数据为核心的发布订阅(Data-Centric Publish-Subscribe，DCPS)机制建立全局数据空间，每个节点作为参与者读写全局数据空间，并增加了质量服务原则(Quality of Service Policy)。相比 ROS1.0，ROS2.0 使得通信的实时性、持续性和可靠性各方面得到了提升。鉴于 ROS2.0 依然处于快速演进阶段，系统稳定性待提高，本案例依然采用 ROS1.0 作为机器人底层通信架构。

17.3.2 实时跟踪定位

跟踪定位模块对每一帧输入图像对应的相机位姿进行估计，作为 SLAM 系统的前端。本案例基于当前帧与关联帧之间的像素对应关系估计相机运动，使用 ORB (Oriented FAST and Rotated BRIEF)特征提取及匹配选取两帧图像之间的对应像素点。ORB 特征提取分为两部分：计算图像 FAST 角点和提取 rBRIEF 特征点描述子。其中，rBRIEF 特征点描述子在二进制 BRIEF 描述子的基础上加入了旋转因子，因此具有一定的旋转不变性。提取 ORB 特征通过调用 ORBextractor::ORBextractor()实现，然后调用 ORBmatcher::ORBmatcher()计算二进制特征的汉明距离作为图像帧之间特征点描述子的相似性，进行对应像素点的快速匹配。

令 I_i、I_j 连续图像帧的特征匹配像素点分别为 $\boldsymbol{p}_i=[u_i,v_i]\in I_i$，$\boldsymbol{p}_j=[u_j,v_j]\in I_j$，空间点 $\boldsymbol{P}=[X,Y,Z,1]$为 $\boldsymbol{p}_i$ 对应的空间三维点，估计位姿 T_{ij} 使得 $\boldsymbol{p}_i$ 重投影到 I_j 帧和对应像素点 $\boldsymbol{p}_j$ 之间距离最小，重投影误差表示为

$$e_{ij}=\boldsymbol{p}_j-\frac{1}{s_i}\boldsymbol{K}\boldsymbol{T}_{ij}\boldsymbol{P} \tag{17-1}$$

式中，$\boldsymbol{K}$ 表示相机内参，s_i 表示空间点 $\boldsymbol{P}$ 在图像 I_j 所在相机坐标系的深度，$\boldsymbol{T}_{ij}=\exp(\boldsymbol{\xi}_{ij})$由李代数指数运算转换，$\boldsymbol{\xi}_{ij}$ 为六维向量。假设观测到 N 个匹配特征点，则最终将跟踪问题转化为最小二乘问题求解：

$$\min\sum_{k=1}^{N}\parallel e_{ij}^{k}\parallel^{2} \tag{17-2}$$

采用二阶迭代优化算法 Levenberg-Marquardt 对目标方程求解，保证收敛性及精度。令$\boldsymbol{\xi}_{ij}^{n+1}=\delta\boldsymbol{\xi}_{ij}\circ\boldsymbol{\xi}_{ij}^{n}$，每轮迭代通过左乘增量 $\delta\boldsymbol{\xi}_{ij}$ 更新位姿，具体如下：

$$\delta\boldsymbol{\xi}_{ij}=-(\boldsymbol{J}^{\mathrm{T}}\boldsymbol{W}\boldsymbol{J}+\lambda\operatorname{diag}(\boldsymbol{J}^{\mathrm{T}}\boldsymbol{W}\boldsymbol{J}))^{-1}\boldsymbol{J}^{\mathrm{T}}\boldsymbol{W}\boldsymbol{\varepsilon} \tag{17-3}$$

式中，$\boldsymbol{J}$ 表示雅可比矩阵，$\boldsymbol{W}$ 表示重投影误差方差，$\boldsymbol{\varepsilon}$ 表示像素重投影误差组成的向量。根据链式法则，可以求出重投影误差相对位姿的雅可比矩阵：

$$\frac{\partial e}{\partial \delta \xi_{ij}} = \frac{\partial e}{\partial P'} \frac{\partial P'}{\partial \delta \xi_{ij}} = -\begin{bmatrix} \frac{f_x}{Z'} & 0 & -\frac{f_x X'}{Z'^2} & -\frac{f_x X' Y'}{Z'^2} & f_x + \frac{f_x X'^2}{Z'^2} & -\frac{f_x Y'}{Z'} \\ 0 & \frac{f_y}{Z'} & \frac{f_y Y'}{Z'^2} & -f_y - \frac{f_y Y'}{Z'^2} & \frac{f_y X' Y'}{Z'^2} & \frac{f_y X'}{Z'} \end{bmatrix} \tag{17-4}$$

$\boldsymbol{P}'=[X',Y',Z',1]$表示 $\boldsymbol{P}$ 在 I_j 坐标系下的空间点，$[f_x,f_y]$为相机焦距。Atlas 开发者套件通过调用 g2o::OptimizationAlgorithmLevenberg( )实现 L-M 算法，利用前一帧相机位姿进行初始化，迭代优化直到收敛，可得相机姿态变换。若获得两帧之间的运动模型，可以利用运动估计对下一帧位姿进行初始估计，再进行迭代优化。

17.3.3 深度预测模型训练

本案例中深度预测编码网络采用开源 DenseNet 网络模型，基于 Python 和 Keras 实现，相比 ResNet，DenseNet 利用 Dense Block 网络设计，使得网络层数更少，参数量更小，且保证特征和梯度信息的有效传递，同时减少了梯度消失现象，在深度预测任务上达到了更好的效果。编码网络采用 DenseNet169 结构，每个 DenseBlock 包含若干 1×1 和 3×3 的卷积层，DenseBlock 之间是 Transition 层，包含一个 1×1 卷积层和 Pooling 层，编码网络初始参数在 ImageNet 数据集上预训练获得。解码网络包含 4 个上采样层及 Concat 层和卷积层结构，最终 COV3 卷积层后输出分辨率为 320×240 像素的深度图。

利用程序清单定义的网络模型，在 NYU 数据集上进行训练，图 17-5 为数据集图像示例。NYU Depth v2 是多种室内场景视频序列组成的数据集，主要来自 Kinect 摄像头记录，包含 1449 个密集标记对齐的 RGB 和深度图像。训练损失函数包含预测深度值及深度图梯度和真实值差距，以及深度图和真实深度图的结构相似性，令真实深度为 D，预测深度值为 $\hat{D}$，则深度损失函数为

$$L_{\text{depth}}(\hat{D}(p),D(p)) = \frac{1}{n}\sum_{p}^{N} |\hat{D}(p) - D(p)| \tag{17-5}$$

令 $\boldsymbol{g}(\cdot)$表示梯度，深度图梯度损失函数为

$$L_{\text{grad}}(\hat{D}(p),D(p)) = \frac{1}{n}\sum_{p}^{N} |\boldsymbol{g}_x(\hat{D}(p)) - \boldsymbol{g}_y(D(p))| \tag{17-6}$$

结构相似性损失函数为

$$L_{\text{SSIM}}(\hat{D}(p),D(p)) = \frac{1-\text{SSIM}(\hat{D}(p),D(p))}{2} \tag{17-7}$$

为了保证损失函数有效计算，将真实深度值最大设定为 10m，即深度值标签 $\tilde{d}=10/d$，其中 d 为真实深度。训练过程中，create_model( )函数用于构造模型，get_nyu_

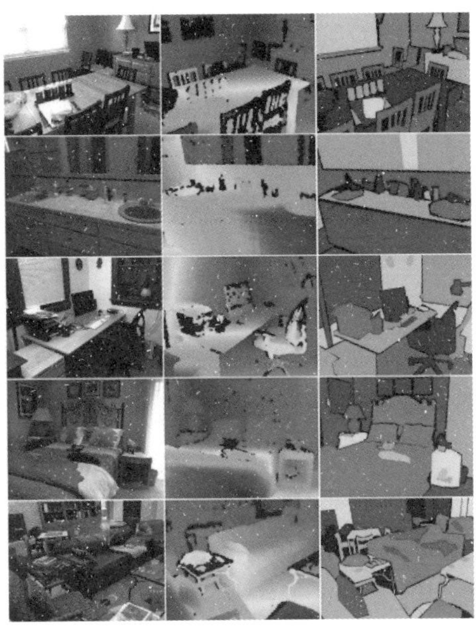

图 17-5 NYU 数据集

train_test_data()函数用于读取图像及真实深度，最后调用 model. fit_generator()函数。

17.3.4 地图重建

1. 深度融合

由于采集训练图像与真实图像的相机内参不同，直接根据估计的深度图重建存在尺度差异，因此需要调整估计的深度值。令训练集使用相机焦距为 f_t，摄像头焦距为 f_{cam}，将当前深度值乘焦距比率得到调整后深度

$$\tilde{d} = \frac{\hat{d} * f_{cam}}{f_t} \tag{17-8}$$

另外，深度预测网络估计的深度图存在误差，导致连续图像帧估计深度存在不一致性。为保证重建的精确性，对深度估计加入时序正则化。根据估计的相机姿态，将前一帧深度投影到当前关键帧，同当前关键帧网络估计深度图比较，衡量邻近关键帧对应像素深度值的一致性。在重建过程中，需要剔除不稳定的深度值，选择更为一致的像素点，对网络预测的深度图基于准确度进行深度融合。记当前深度值为 $\tilde{d}_{cur}$，投影深度值为 $\tilde{d}_{pro}$，采用扩展卡尔曼滤波(EKF)方式融合，有

$$\tilde{d}_{\text{cur}} = \frac{\dfrac{\tilde{d}_{\text{pro}}}{\tilde{d}_{\text{cur}}} U_{\text{cur}} \tilde{d}_{\text{cur}} + U_{\text{cur}} \tilde{d}_{\text{pro}}}{U_{\text{cur}} + \dfrac{\tilde{d}_{\text{pro}}}{\tilde{d}_{\text{cur}}} U_{\text{cur}}} \tag{17-9}$$

式中,U_{cur} 表示当前深度值估计的不确定性。

2. 点云生成

获得关键帧的相机位姿 $\boldsymbol{T}_{ij}$ 和深度图 $\boldsymbol{D}_i$ 后,可以投影到三维空间生成点云。计算当前相机在世界坐标系下的位姿 $\boldsymbol{T}_{iw}=\boldsymbol{T}_{ij}\boldsymbol{T}_{jw}$,根据 RGB 图像和对应深度图重建场景点云,并旋转到世界坐标系下,和已生成的点云进行拼接,可调用 PCL 点云库接口 pcl::transformPointCloud( )实现,如程序清单 17-1 所示。

程序清单 17-1　点云生成代码

```
PointCloud::Ptr cloud(new PointCloud);
for (int m = 0; m < depth.rows; m += 3){
        for (int n = 0; n < depth.cols; n += 3){
        float d = depth.ptr < float >(m)[n];
        if (d < 0.01 || d > 10)
            continue;
        pcl::PointXYZRGBA p;
        p.z = d;
        p.x = (n - cx) * p.z / fx;
        p.y = (m - cy) * p.z / fy;
        #加入彩色信息
        p.b = color.ptr < uchar >(m)[n * 3];
        p.g = color.ptr < uchar >(m)[n * 3 + 1];
        p.r = color.ptr < uchar >(m)[n * 3 + 2];
        cloud -> points.push_back(p);
    }
}
PointCloud::Ptr cloud1(new PointCloud);
pcl::transformPointCloud( * cloud, * cloud1, T.matrix());
```

生成全局点云后,调用 pcl::toROSMsg 将点云转换为 ROS 格式发布,PC 端接收并可视化,如程序清单 17-2 所示。

程序清单 17-2　点云信息发布

```
sensor_msgs::PointCloud2 output;
pcl::toROSMsg(global,output);
output.header.stamp = ros::Time::now();
```

```
output.header.frame_id = "world";
pub_pointcloud.publish(output);
```

17.4 系统部署

本节介绍本案例的前述系统设计和实现的搭建部署，涉及 ROS 环境部署、神经网络模型转换、基于 AscendCL 框架的模型推理及基于 SLAM 系统的部署运行。

17.4.1 ROS 环境部署

本小节介绍机器人操作系统（ROS）在 Atlas 开发者套件上的部署流程。目前昇腾计算语言（AscendCL）框架 C73 版本基于 Ubuntu 18.04 LST 运行，对应的 ROS 版本为 ROS Melodic。在安装之前需要配置开发板联网，简要安装过程如下。

（1）添加 ROS 软件源。

```
sudo sh - c 'echo "deb http://packages.ros.org/ros/ubuntu $(lsb_release - sc) main" >
/etc/apt/sources.list.d/ros - latest.list'
```

（2）设置 APT Key。

```
sudo apt - key adv -- keyserver 'hkp://keyserver.ubuntu.com:80' -- recv - key
C1CF6E31E6BADE8868B172B4F42ED6FBAB17C654
```

（3）更新 APT 包索引。

```
sudo apt update
```

（4）根据需要安装包含不同功能和工具的 ROS 组件。

桌面完整版（推荐）：包含 ROS、RViz、rqt、机器人通用库、2D/3D 模拟器、导航和 2D/3D 感知包。

```
sudo apt install ros - melodic - desktop - full
```

桌面版：包含 ROS、RViz、rqt 和机器人通用库。

```
sudo apt install ros - melodic - desktop
```

ROS-基础包：包含 ROS 包、构建和通信库，没有图形界面工具。

```
sudo apt install ros - melodic - ros - base
```

单独的功能包。

```
sudo apt install ros - melodic - PACKAGE
```

(5) 设置环境。

将 ROS 环境变量添加到.bashrc 中，使得每次启动新的 bash 进程都会自动加载 ROS 的环境变量。代码如下：

```
echo "source /opt/ros/melodic/setup.bash" >> ~/.bashrc
source ~/.bashrc
```

若使用 zsh：

```
echo "source /opt/ros/melodic/setup.zsh" >> ~/.zshrc
source ~/.zshrc
```

(6) ROS 提供了相关的工具用于创建和管理 ROS 工作空间，例如 rosinstall 是一个常用的命令行工具，通过它可以用一个命令轻松地下载 ROS 功能包的依赖。

要安装该工具和其他构建 ROS 包依赖，请运行如下代码：

```
sudo apt install python - rosdep python - rosinstall python - rosinstall - generator
python - wstool build - essentialsource
```

(7) 初始化 rosdep：在可以使用许多 ROS 工具之前，需要初始化 rosdep。rosdep 能够为要编译的源代码安装系统依赖项，并且是在 ROS 中运行一些核心组件所必需的。代码如下：

```
sudo rosdep init
rosdep update
```

至此，ROS 核心功能包及工具包在 Atlas 开发者套件运行环境部署完成，可在

Atlas 开发者套件对功能包在线编译，也可通过交叉编译的方式将 aarch64 架构的代码在 PC 主机编译，下载至 Atlas 开发者套件运行。需要注意的是，ROS 安装的同时会自动安装 OpenCV 3.2 版本到所在系统。

17.4.2 模型转换

对 Atlas 开发者套件使用训练后的网络模型进行推理，首先需要进行模型转换，即将 Keras 格式 model.h5 转换为 TensorFlow 的 pb 格式。生成 pb 模型后再利用 ATC 工具转换为 om 格式。

ATC 工具用于将开源框架网络模型转换成昇腾 AI 处理器支持的离线模型，模型转换过程中可以实现算子的调度优化和内存使用优化等，可以脱离模型完成预处理。在开发环境安装 ATC 软件包，获取相关路径下 ATC 工具，将输入图像转换为 RGB，同时进行预处理。命令如下：

```
./atc --model=/home/viki/Desktop/DepthNet/depth_model.pb
      --framework=3
      --output=/home/viki/DepthEst
      --input_shape="input_1:1,480,640,3"
```

17.4.3 AscendCL 模型推理

模型推理基于 AscendCL 框架在华为 Atlas 开发者套件上实现。Atlas 开发者套件的核心是 AI 加速模块，集成了海思昇腾 AI 处理器，并主要将 Atlas 开发者套件的接口对外开放，方便用户快捷使用，可用于平安城市、无人机、机器人、视频服务器等场景。

模型推理需要在华为 Atlas 开发者套件上安装相关运行环境，包括 pip、numpy、spicy 等一系列依赖库。本案例 AscendCL 推理流程如图 17-6 所示，Atlas 开发者套件通过摄像头获取实时图像帧，DVPP(Digital Vision Pre-Processing)获取图像帧并对图像帧进行缩放操作(resize)，并转换为 RGB 图像，构建张量输入深度预测网络，由模型进行推理得到对应深度图。RGB 图像和深度估计结果会通过 ROS 传递到地图构建模块，进行后续的建图任务。

相机初始化： Atlas 开发者套件支持两路相机采集输入，首先对对应的相机接口初始化，并初始化对应相机通道资源，然后设置相机的采集 FPS，获取相机单帧输入的大小，最后根据单帧大小开辟相机数据保存的内存空间。

AscendCL 运行资源申请： AscendCL 框架提供了 Device 管理、Context 管理、Stream 管理、内存管理、模型加载与执行、算子加载与执行、媒体数据处理等 C 语言 API

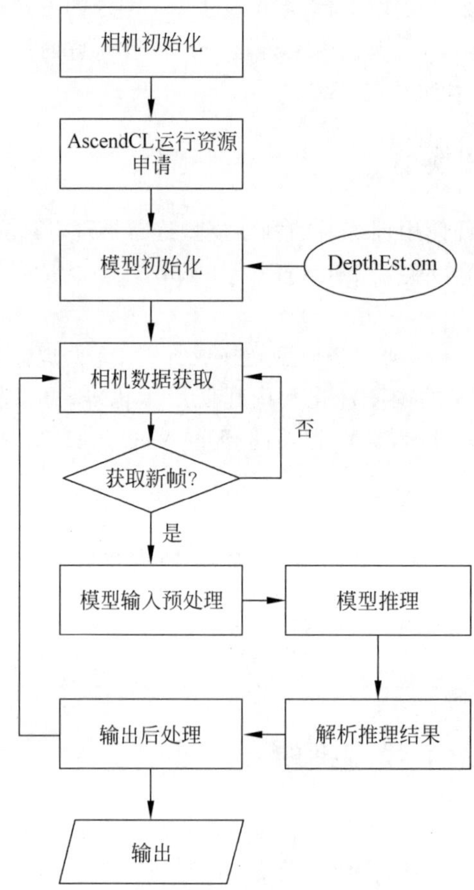

图 17-6　本案例 AscendCL 模型推理流程

库，以便使用昇腾 AI 处理器的计算能力，供用户开发深度神经网络应用，用于实现目标识别、图像分类等功能。需要设置推理运行的 Device，并申请 AscendCL 推理的系统内部资源，如 Context、Stream 等，同时初始化 DVPP 模块，用于对视频图像的预处理。

模型初始化：主要涉及模型文件的加载和输出内存的开辟构建。该流程包括转换好的达芬奇模型文件，即将 om 离线模型文件加载进内存，通过 AscendCL 接口获取模型的参数描述，并根据模型的参数描述创建模型输出对应的内存空间，为模型推理输出做准备。

相机数据获取：读取相机的图像数据，需要注意该过程是堵塞的。

模型输入预处理：根据深度预测模型的输入，将由相机获取图像进行相应的缩放，并由 YUV 格式的图像数据构建 cv::Mat 格式的数据，并通过 ROS 的 cv_bridge 构建 ROS 的 sensor_msgs/Image 格式消息进行发布，同时可使用 OpenCV 对图像数据进行预处理，构建模型的输入数据。本案例的模型输入大小为 640×480 像素，因此需要把读取的相机图像大小缩放到 640×480 像素，并对数据做归一化处理。

模型推理：构建模型的输入，将预处理的数据传递给模型进行模型推理。

解析推理结果：根据模型输出，解析模型的推理结果。

输出后处理：使用 OpenCV 将输出转换为 cv::Mat 格式，作为最终结果，并发布 sensor_msgs/Image 消息到 ROS 框架中。

17.4.4　SLAM 系统部署

VSLAM 系统部署：将 VSLAM 系统各功能模块部署在 Atlas 开发者套件上，下载编译开源代码 ORBSLAM2，包含第三方库 DBoW2 和 g2o。编译成功后，在 CmakeList.txt 添加相关链接路径：

```
set(LIBS
$ {OpenCV_LIBS}
$ {EIGEN3_LIBS}
$ {Pangolin_LIBRARIES}
$ {PROJECT_SOURCE_DIR}/../../../Thirdparty/DBoW2/lib/libDBoW2.so
$ {PROJECT_SOURCE_DIR}/../../../Thirdparty/g2o/lib/libg2o.so
$ {PROJECT_SOURCE_DIR}/../../../lib/libORB_SLAM2.so
)
```

将 ORBSLAM2 中 ROS 例程路径 yourpath/ORBSLAM2/Example/ROS 添加到 ROS 环境，在该目录下添加本案例主程序 Mono_depth.cc，运行命令：

```
mkdir build
cd build
cmake .. - DROS_BUILD_TUPE = Release
make - j
```

生成可执行文件后，输入以下命令运行 VSLAM 主程序：

```
./Mono_depth Vocabulary/ORBvoc.txt /Mono/my_atlas.yaml
```

用同样的方式将点云例程加入 ROS 环境，编译成功后，输入以下命令开启 /pointcloud_mapping 节点同时开启 rviz：

```
roslaunch atlas.launch
```

RGB&D 图像数据推理发布：本案例中基于 ROS 的 SLAM 节点图如图 17-7 所示，将 Atlas 开发者套件 AscendCL 推理过程封装为名为 Ascend 的 ROS 节点，该节点通过 Topic 通信的方式将预处理的 cv::Mat RGB 图像和通过深度预测模型推理出来的 cv::Mat Depth 图像分别发布到/camera/color/image_raw 和/camera/depth/image_raw 话题。节点发布主程序如程序清单 17-3 所示。

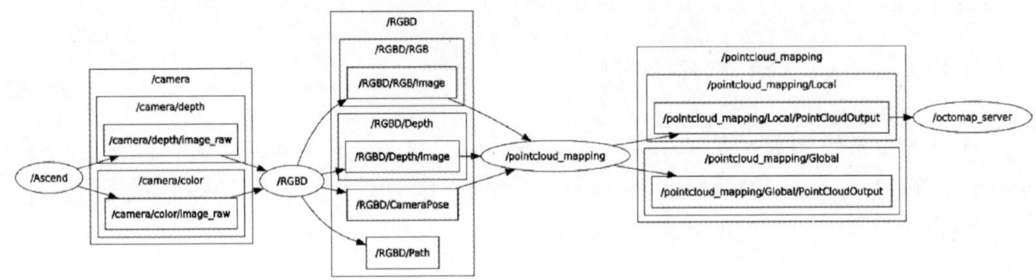

图 17-7　SLAM 系统节点图

程序清单 17-3　节点发布主程序

```
int main(int argc, char * argv[]) {
    ros::init(argc, argv, "Ascend");
    ros::NodeHandle nh;
    image_transport::ImageTransport it(nh);
    image_transport::Publisher camera_color_pub = it.advertise("/camera/color/image_
raw", 10);
    image_transport::Publisher camera_depth_pub = it.advertise("/camera/depth/image_
raw", 10);

    ros::Rate loop_rate(10);
..............Camera Init..............
................AscendCL Init................
    while(ros::ok())
    {
................Read Camer................
................AscendCL Inference................
        sensor_msgs::ImagePtr camera_color_img = cv_bridge::CvImage(std_msgs::Header(),
"bgr8", camera_rgb).toImageMsg();
        camera_color_img->header.stamp = ros::Time::now();
        camera_color_img->header.frame_id = "camera_frame";
        camera_color_pub.publish(camera_color_img);
sensor_msgs::ImagePtr camera_depth_img = cv_bridge::CvImage(std_msgs::Header(),
"32FC1", camera_depth).toImageMsg();
        camera_depth_img->header.stamp = ros::Time::now();
        camera_depth_img->header.frame_id = "camera_frame";
        camera_depth_pub.publish(camera_depth_img);
```

```
        ros::spinOnce();
        loop_rate.sleep();
    }
}
```

Ascend RGB 图像及深度图发布可视化如图 17-8 所示。

图 17-8 Ascend RGB 图像及深度图发布可视化

相机标定：由于目前的摄像头数据已通过 Ascend 节点发布到 ROS 话题，本案例中相机的标定使用 ROS Camera Calibration 工具包进行在线标定，运行命令：

```
rosrun camera_calibration cameracalibrator.py -- size 9x6 -- square 0.208 image: =
/camera/color/image_raw camera: = /camera - no - service - check
```

其中，size 参数和 square 参数对应标定板格点数和方格大小。

相机标定如图 17-9 所示。移动矫正板，使标定板覆盖视野中的上下左右，并调整远近和偏斜，使得图 17-9 右侧的 X、Y、Size、Skew 评估变为绿色，当 CALIBRATE 按钮亮起时，表示有足够数据用于矫正，单击 CALIBRATE 按钮即可计算获得标定结果，相机标定结果如图 17-10 所示，单击 SAVE 可将标定参数保存为.yaml 文件。

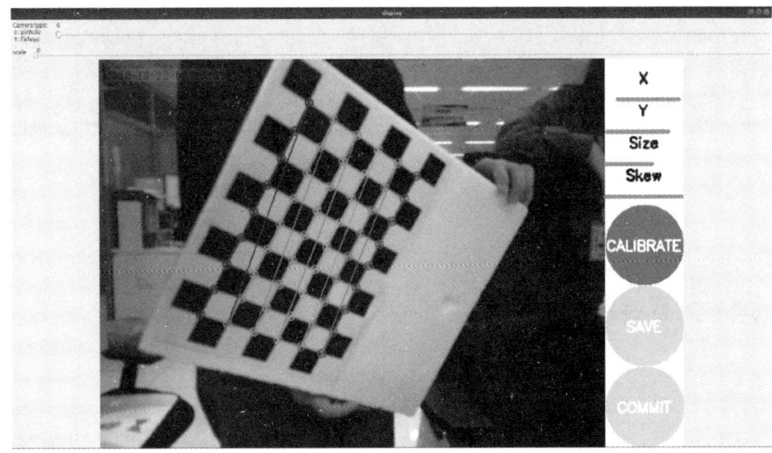

图 17-9 相机标定

```
**** Calibrating ****
D = [0.18708752867892156, -0.22540080922413477, 0.009604016656276498, -0.0020933670254351558, 0.0]
K = [527.538996456038, 0.0, 328.1923344053397, 0.0, 527.3927661750371, 238.15866470604377, 0.0, 0.0, 1.0]
R = [1.0, 0.0, 0.0, 0.0, 1.0, 0.0, 0.0, 0.0, 1.0]
P = [551.2830200195312, 0.0, 327.0197685187554, 0.0, 0.0, 548.8121948242188, 242.14841337514736, 0.0, 0.0, 0.0, 1.0, 0.0]
None
# oST version 5.0 parameters


[image]

width
640

height
480

[narrow_stereo]

camera matrix
527.538996 0.000000 328.192334
0.000000 527.392766 238.158665
0.000000 0.000000 1.000000

distortion
0.187088 -0.225401 0.009604 -0.002093 0.000000

rectification
1.000000 0.000000 0.000000
0.000000 1.000000 0.000000
0.000000 0.000000 1.000000

projection
551.283020 0.000000 327.019789 0.000000
0.000000 548.812195 242.148413 0.000000
0.000000 0.000000 1.000000 0.000000
```

图 17-10 相机标定结果

将 atlas. yaml 中的相机内参和畸变参数作为/camera/camera_info 话题发布出来，如图 17-11 所示。

```
rostopic echo /camera/camera_info 104x23
header:
  seq: 14619
  stamp:
    secs: 1603338757
    nsecs: 456485986
  frame_id: "camera_frame"
height: 480
width: 640
distortion_model: "plumb_bob"
D: [0.187088, -0.225401, 0.009604, -0.002093, 0.0]
K: [527.539, 0.0, 328.19233, 0.0, 527.39277, 238.15866, 0.0, 0.0, 1.0]
R: [1.0, 0.0, 0.0, 0.0, 1.0, 0.0, 0.0, 0.0, 1.0]
P: [551.28302, 0.0, 327.01979, 0.0, 0.0, 548.81219, 242.14841, 0.0, 0.0, 0.0, 1.0, 0.0]
binning_x: 0
binning_y: 0
roi:
  x_offset: 0
  y_offset: 0
  height: 0
  width: 0
  do_rectify: False
---
```

图 17-11 话题发布

17.5 运行结果

在办公室环境下对手持 Atlas 开发者套件上的跟踪定位及建图功能模块进行测试。连接 Atlas 开发者套件，启动 VSLAM 主程序和深度图推理，ROS 发布相关节点，

PC 端接受并显示图像帧、深度图、相机位姿、运动轨迹和点云地图。实时跟踪过程如图 17-12 所示，图像中绿色方框表示提取到的角点 ORB 特征，MapViewer 中蓝色椎体表示关键帧对应的相机位姿，线条表示相机运行轨迹，点表示一个时间段内提取到的可视稀疏特征点在空间坐标系下的位置。在 PC 端启动 RViz，添加 RGBD 节点发布内容，实现可视化，图 17-13 展示了 RGB 图像、深度图及实时点云重建的结果。测试表明，SLAM 功能模块对动态场景具有一定包容性，在跟踪丢失后也可以成功重新定位。

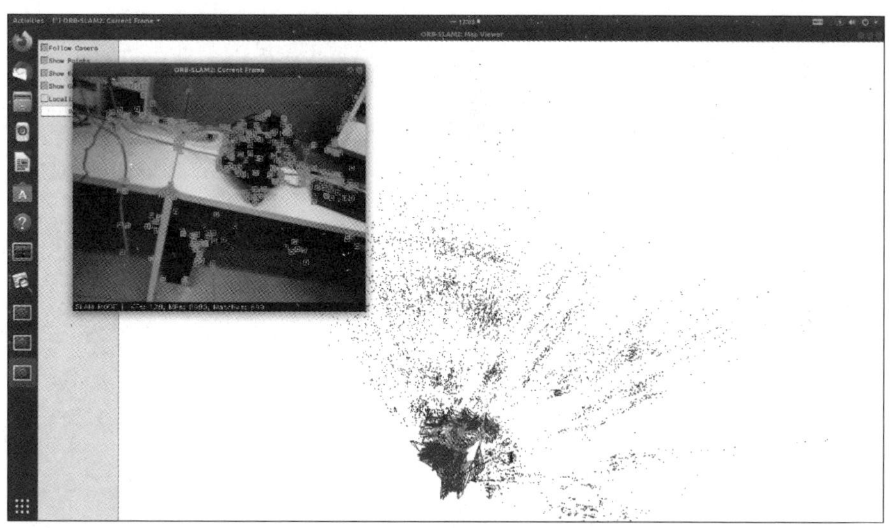

图 17-12　手持实时图像帧跟踪

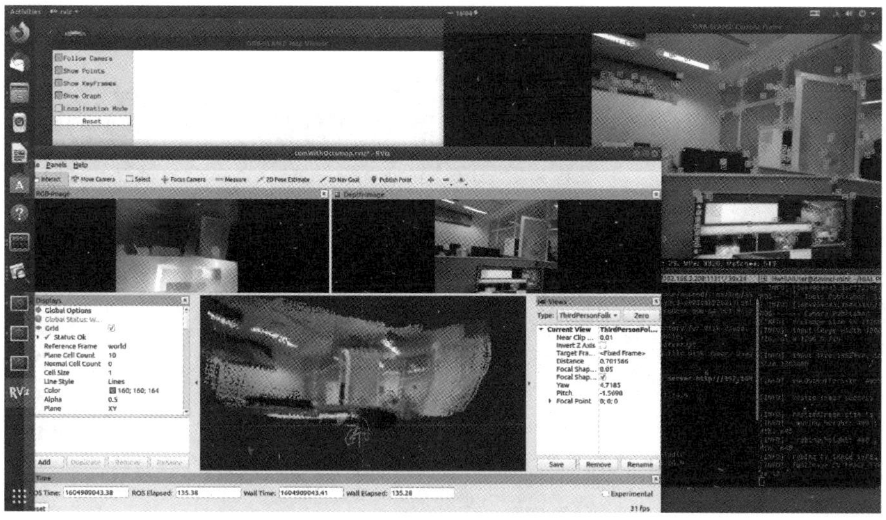

图 17-13　Rviz 显示实时点云重建结果

控制搭载 Atlas 开发者套件的小车运动，启动相关程序，如图 17-14 所示。设置相关参数，可视化包括 RGB 图像/RGBD/RGB/Image、深度图/RGBD/Depth/Image、相机位姿/RGBD/CameraPose 和运行轨迹/RGBD/Path、点云图/Pointcloud_mapping/Global/Output 和栅格地图/Octomap_server 在内的相关节点。PC 端 RViz 显示生成场景点云如图 17-15 所示。

图 17-14 RViz 中显示 RGB 图像、深度图像、相机轨迹及当前相机位姿

图 17-15 生成点云及当前视角相机位姿

17.6　本章小结

本章介绍了基于 Atlas 开发者套件的智能小车 VSLAM 平台。通过 ROS 框架完成了单目 SLAM 的定位与建图任务，实现了相机的实时跟踪、RGB 图像对应深度图的预测，以及稠密点云地图的重建。

本案例详细地介绍了 VSLAM 功能模块实现、应用部署、ROS 框架搭建、网络训练、模型转换及推理部署等内容。读者可在本案例的基础上添加不同硬件，探索并实现多传感器融合、机器人导航及多目标识别等复杂应用的开发。

第七篇　序列分析

第 18 章

中文语音识别

18.1 案例简介

语音识别 ASR(Automatic Speech Recognition)可以看作机器的听觉系统,是为了让机器听懂并理解人类的语言。语音识别的主要过程包括声学特征提取,声学模型将特征转为发音的音素序列/拼音序列,语言模型将音素序列转为人类能够理解的文本,其主要流程如图 18-1 所示。

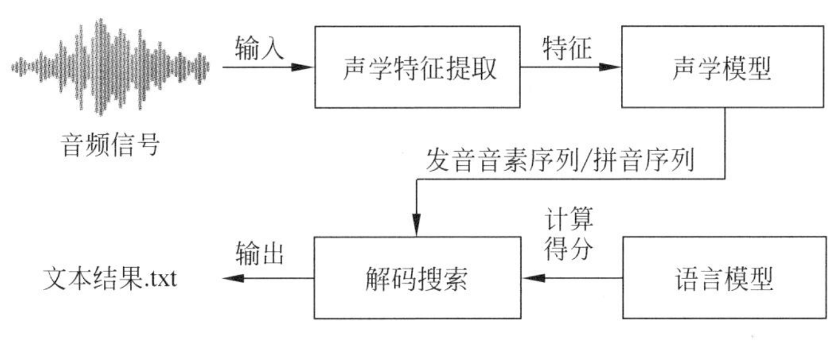

图 18-1 语音识别流程

本章主要介绍基于华为 Atlas 开发者套件构建中文语音识别系统。该系统对输入的音频进行声学特征提取,经过声学模型对特征进行识别并生成音素序列,最终通过语言模型将音素序列转为汉字结果输出。

本案例基于华为 Atlas 开发者套件提的供 Python 接口完成案例设计与实现。本案例涉及 Keras 模型向 TensorFlow 模型转换,开发板 numpy、scipy、wave 等科学计算依赖库安装,结合卷积神经网络和连接时序分类(Connectionist Temporal Classification,CTC)构建声学模型等过程。

18.2 系统总体设计

18.2.1 功能结构

中文语音识别系统可以分为音频特征处理模块、声学模型模块和语言模型模块，系统整体结构如图 18-2 所示。音频特征处理模块负责对输入音频（双通道、16KB、16（位）的 wav 格式音频）进行声学特征提取，并构建输入张量；声学模型模块负责将输入张量识别为音素序列（本案例中为汉字拼音序列）；语言模型模块负责将音素序列转为汉字序列。

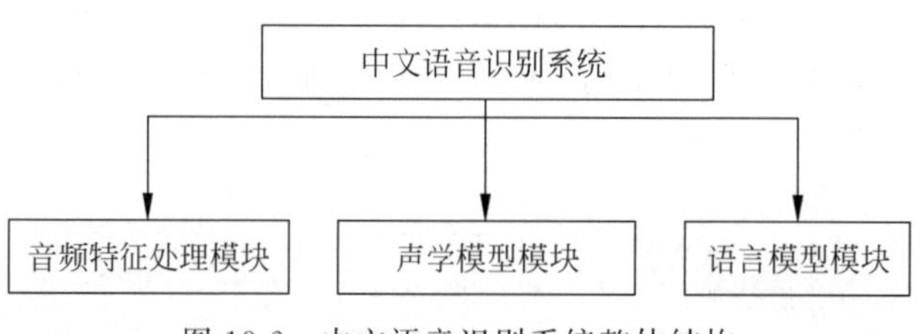

图 18-2　中文语音识别系统整体结构

18.2.2 系统设计流程

该系统设计流程可分为模型训练阶段和模型推理阶段，如图 18-3 所示。前者主要在服务器端完成构建，而后者主要在华为 Atlas 开发者套件上完成构建。

模型训练阶段首先构建声学模型，本案例中的声学模型采用深度学习框架 Keras 定义其神经网络结构，并将 CTC 作为其损失函数对模型进行训练；Keras 训练所得的模型需将其转为 TensorFlow 的 pb 格式模型，以满足华为 MindStudio 平台模型转换要求；最终对转换后的 pb 格式模型进行验证和评估。

模型推理阶段首先对输入音频进行声学特征提取，并将结果作为声学模型的输入张量；利用华为 MindStudio 平台将 pb 格式的 TensorFlow 声学模型转为华为 Atlas 开发者套件支持的 om 格式模型；然后通过声学模型对输入张量进行识别和 CTC 解码，生成拼音序列；最终语言模型将拼音序列转换为汉字文本序列，输出识别结果。

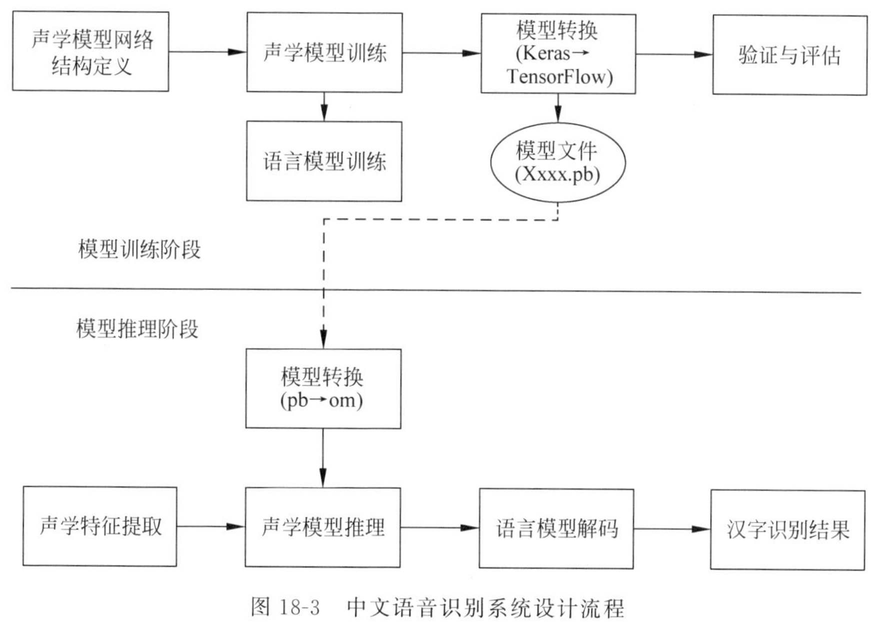

图 18-3　中文语音识别系统设计流程

18.3　系统设计与实现

本节将详细介绍系统各部分功能的设计与实现过程。本系统利用华为 Atlas 开发者套件提供的 Python 接口实现系统搭建。

18.3.1　声学模型定义

本系统的声学模型基于 Python、Keras 构建 CNN+CTC 神经网络模型。网络结构参考了 VGGNet,利用多个卷积层和池化层组合,CTC 作为损失函数。在输出端,该模型可以与 CTC 很好地结合在一起。参考图像识别过程,系统将 WAV 音频的特征向量设置为神经网络需要的二维频谱图像信号,即语谱图作为输入。神经网络结构定义和参数详情可查看本书配套的该项目的 speech_model.py 文件,声学模型网络结构如图 18-4 所示。

声学模型训练数据集采用清华大学 THCHS30 中文语音数据集,数据集由音频和拼音序列组成,其中训练集包含 10000 条音频,总时长为 25 小时,共计词数 198252 个;开发集包含 893 条音频,总时长 2:14 小时,共计词数 17743 个;测试集包含 2495

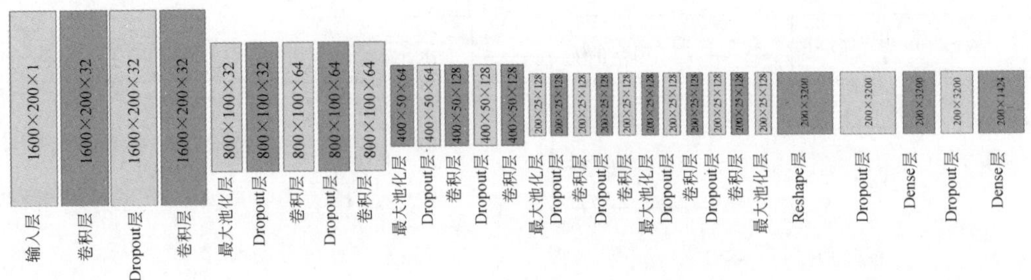

图 18-4　声学模型网络结构

条音频，总时长 6:15 小时，共计词数 49085 个。

利用程序 speech_model. py 中定义好的网络模型进行训练，模型训练和模型保存代码请见相关训练代码文件。首先，利用 DataSpeech()函数读取音频训练数据；其次利用 data. data_genetator()函数将音频数据转为(1600,200,1)维度的输入张量；最后利用 model. fit()函数对模型进行训练。

speech_model. py 中定义好的网络模型(model)，经过层 1(layer1)至层 y_pred 的计算，得到 200×1424 维度的音素概率张量，即每一行对应 1424 个音素的概率值。此后将 ctc_lambda_func 作为损失函数，用以清除重复音素的干扰，经过多次迭代实现模型的训练。

训练后生成的模型文件分别为. h5 和. model 两种，如图 18-5 所示。

```
speech_model251_e_0_step_309500.base.h5
speech_model251_e_0_step_309500.h5
speech_model251_e_0_step_309500.model
speech_model251_e_0_step_309500.model.base
```

图 18-5　训练后生成的模型文件

18.3.2　CTC 算法应用

在传统语音识别的声学模型训练过程中，需要对每一帧的音频数据标注相应的标签，方能有效训练。在训练数据之前需要做语音对齐的预处理工作，而语音对齐工作本身需要反复迭代来确保其准确性，这是非常耗时的准备工作。

与传统的声学模型相比，采用 CTC 作为损失函数的声学模型训练，可以实现端到端的网络训练，不需要预先对音频数据做对齐，只需要一个输入序列和一个输出序列即可。这种网络结构免去了数据对齐和一一标注的工序，并且 CTC 可以直接输出序列预测的概率，不需要外部的后处理过程。CTC 算法实际上只关注预测输出的序列和真实序列的接近程度，而不会关心预测输出序列中每个结果在时间节点上是否与输入序列对齐。

如图 18-6(a)为“你好”的音频波形示意图，其中每个框代表一帧数据，传统语音识别训练方法需要知道每帧数据所对应的发音因素，并进行对齐和标注。例如，1～4 帧对应“n”的音素；5～7 帧对应“i”的音素；8～9 帧对应“h”的音素；10～11 帧对应“a”的音素；12 帧对应“o”的音素(暂且将每个字母作为一个发音因素)。

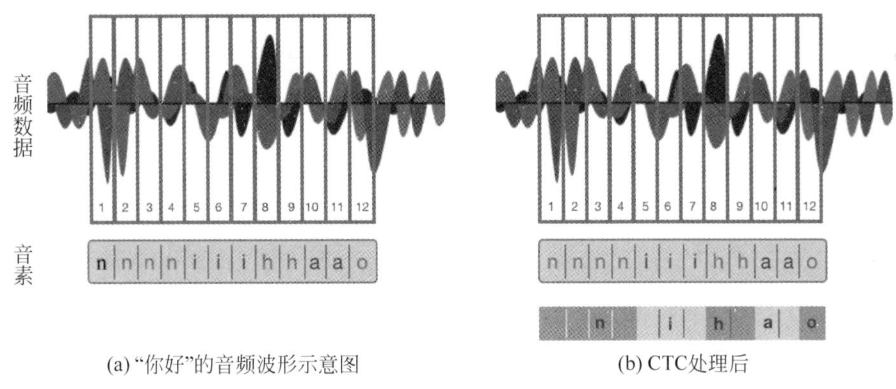

(a)“你好”的音频波形示意图　　(b) CTC处理后

图 18-6　音频数据对齐示意图

而 CTC 算法引入了 blank(空白字符，该帧没有预测值)和 Spike(尖峰)概念。每个预测的分类结果对应整个音频中的一个尖峰，其他不是尖峰的位置则被认为是 blank。对于一段音频，CTC 处理后的输出结果是一系列尖峰的序列，而并不关心每个音素持续了多长时间。如图 18-6(b)所示，经过 CTC 预测的序列结果在时间上可能稍晚于真实的发音时间节点，但顺序与真实顺序相同，其他位置则全部标记为 blank。

CTC 算法不仅在模型训练时引用，在声学模型推理过程中仍需引用，用以对识别结果的解码，生成音素序列，具体实现代码将在后续内容中介绍。

18.3.3　语言模型训练

自然语言是信息的载体，记录和传播着信息。信息经过编码，传送到接收者处，再经过相应解码成为可被理解的内容，就完成了一次信息传输。人类传统的通信方式是说话，而说话是先将信息编码为语言信号，然后接收者经过解码并理解其中内容。人类对自然语言的处理经历了从基于规则的算法到基于统计的算法，显然基于统计的算法要优于基于规则的算法。本案例基于统计的语言模型(基于概率图的最大熵隐马尔可夫模型)来实现从拼音到文本的解码过程。

如果 S 是一个有意义的句子，并由词 $w_1, w_2, \cdots, w_n$ 构成(n 为句子长度)，那么句子 S 成立的可能性，即概率 $P(S)$为第一个词出现的概率乘上第二个词在第一个词出现的条件下的出现概率，再乘上第三个词在前两个词出现的条件下出现的概率，以此类推，直到最后一个词，如式(18-1)所示。

$$P(S)=P(w_1,w_2,\cdots,w_n)$$
$$=P(w_1)\times P(w_2\mid w_1)*P(w_3\mid w_1,w_2)\cdots P(w_n\mid w_1,w_2,\cdots,w_{n-1})\quad(18\text{-}1)$$

国	50797	信托	6283
我	48825	没有	6281
大	45439	市场	6153
上	39507	准备	6043
年	37962	自己	5857
为	35373	国际	5700
日	34764	信息	5657
和	34386	发展	5589
个	33555	进行	5555
你	32699	时间	5551

图 18-7　词频统计结果

当前面依赖的次数太多时，模型产生的计算量将非常大，难以计算。马尔可夫提出了一种简化的方法——t 时刻仅考虑 $t-1$ 时刻的状态，即在统计语言模型里，每个词的出现概率仅与前一个词有关，或者可以考虑与前两个、三个词有关，这样问题就简化了很多。为了得到每个词的概率跟前一个词到这个词的转移概率，这里利用词频来代替概率。根据大数定理，只要统计足够，相对频度就等于概率。此处通过大量文本来计算词频，如图 18-7 所示为统计结果。词频统计方法见程序清单 18-1。

程序清单 18-1　词频统计脚本

```
# - * - coding:utf - 8 - * -
def sub_run(path, n): #n为每次切片的一组中包含的字符数
        f = open(path, 'rb')
        s = f.read()
        s = str(s, 'utf - 8')
        f.close()
        temp_str = ()

        for i in list(range(len(s) - 1)):
            temp_str[s[i:i + n]] = 0

        for i in list(range(len(s) - 1)):
            temp_str[s[i:i + n]] += 1

        temp_str = sorted(temp_str.items(), key = lambda d:d[1], reverse = True)
        print(temp_str)

if _name_ == '_main_':
    filepath = 'text.txt'
        sub_run(filepath, 2)
```

拼音转汉字的过程（见图 18-8）是动态规划的问题，与寻找最短路径的算法基本相似。这里可以将汉语输入看成是一个通信问题，每个拼音可以对应多个汉字，而每个汉字一次只读一个音，把每个拼音对应的字从左到右连接起来，就成了一张有向图。如图 18-8 所示，$y_1,y_2,\cdots,y_n$ 是输入的拼音序列，w_{11}、w_{12}、w_{13} 是第一个音 y_1 对应的候选字，以此类推。整个网络就变成在有向图中寻找从起点开始、到终点概率最大的

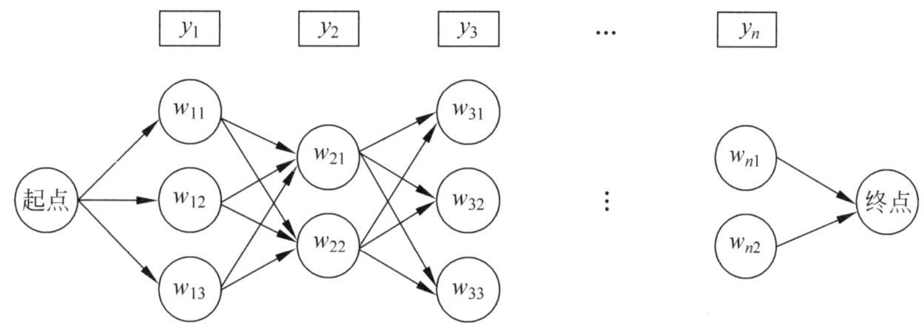

图 18-8　拼音转汉字的过程

路径问题，可以使用各种求最短路径算法来实现，这里采用维特比算法来进行拼音到汉字的解码。

维特比算法是先计算第一步的概率，然后将概率按大小排序，剔除概率较低的路径，然后再进行第二步，再剔除概率较低的路径，以此类推。通过设置阈值来剔除概率较低的路径。例如，设置每一步的阈值为 0.001，每一步的概率便与 0.001^n 比较，小于阈值则剔除，其中 n 为当前的步数。反复执行，直到路径终点，便可以获得概率最大的一个句子。具体代码可参考 language_model. py 文件。

18.3.4　模型转换

本系统中仅声学模型为神经网络模型，需要进行模型转换，而语音模型不需要。声学模型神经网络是基于 Keras 框架训练得到的，其网络模型文件为 Keras 格式。华为 MindStudio 平台模型转换工具目前只支持 Caffe 和 TensorFlow 的 pb 格式模型的转换，所以首先需要将 Keras 格式的模型转为 TensorFlow 的 pb 格式模型。转换之前需要注意的是，模型训练过程中加入了 Dropout 层，而在模型推理过程中，实际上已经不需要 Dropout 层的参与，所以为了精简模型结构和提高兼容性，本案例重新定义了声学模型的网络结构，并重新加载 Keras 模型权重，再进行模型转换（Keras 格式转换为 TensorFlow 格式），新的声学模型网络结构如图 18-9 所示，转换代码可查看本书附带该项目代码中的 keras_to_tensorflow. py 文件。

模型转换后获得 pb 格式的模型文件，接下来打开华为 MindStudio IDE，将 pb 格式的文件转换为 om 格式的文件，如图 18-10 所示。模型名（Model Name）读者可自行定义；目标系统级芯片版本（Target SoC Version）设置为 Ascend310（这里以昇腾 310 为例）；输入类型（Input Type）设置为 FP32；输入格式（Input Format）设置为 NHWC；输入节点（Input Nodes）设置为 N——1、H——1600、W——200、C——1，其中 the_input 为自动识别的输入层名称；数据预处理（Data Preprocessing）设置为关闭状态，设置完成后，单击 Finish 按钮即可。

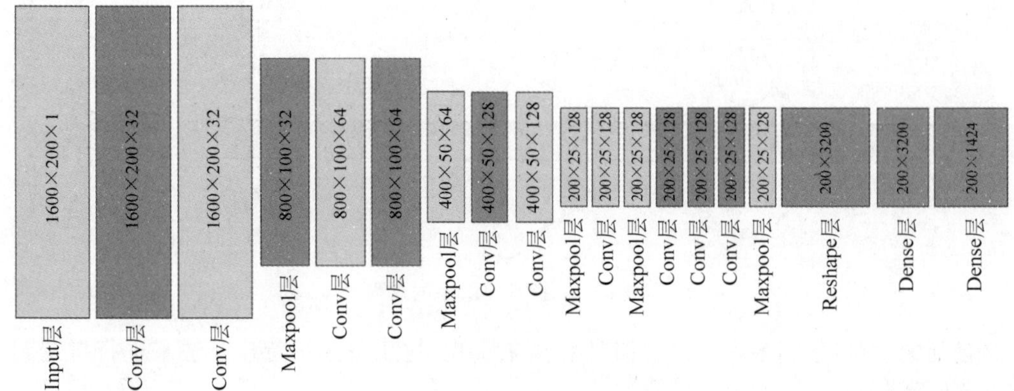

图 18-9　新的声学模型网络结构

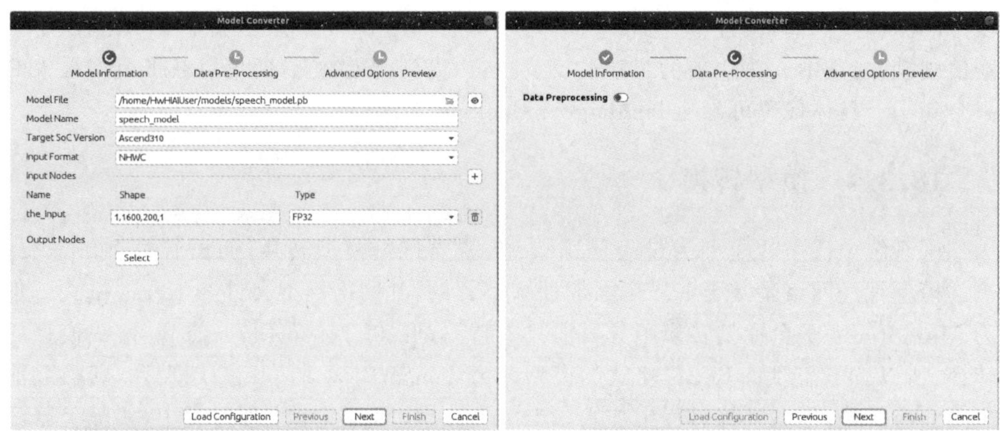

图 18-10　MindStudio 模型转换

18.3.5　模型推理

模型推理阶段均在华为 Atlas 开发者套件上实现。为了能够执行模型推理，需在华为 Atlas 开发者套件上安装 pip、numpy、spicy、wave 等依赖库。安装前需确保华为 Atlas 开发者套件连接网线，并能正常上网。安装方法如程序清单 18-2 所示。以上依赖库安装过程耗时较长，需要耐心安装。

程序清单 18-2　在华为 Atlas 开发者套件终端中安装一系列依赖包

```
#安装 gfortran,编译过程中会用到
sudo apt - get install gfortran
```

```
#安装 blas, Ubuntu 下对应的是 libopenblas
sudo apt-get install libopenblas-dev
#安装 lapack, Ubuntu 下对应的是 liblapack-dev
sudo apt-get install liblapack-dev
#安装 atlas,Ubuntu 下对应的是 libatlas-base-dev
sudo apt-get install libatlas-base-dev
#以上依赖包必须安装,否则将无法成功安装 numpy 和 scipy

#使用 pip 安装 numpy 和 scipy,所以首先安装 pip
sudo apt-get install python3-pip

#安装 numpy, 安装后建议检查 numpy 是否能正常调用,如在 python 程序中调用 numpy,并运行
sudo pip3 install -i https://pypi.tuna.tsinghua.edu.cn/simple numpy

#安装 scipy, 进行验证
sudo pip3 install -i https://pypi.tuna.tsinghua.edu.cn/simple scipy

#安装 wave 音频处理相关的依赖包
sudo pip3 install -i https://pypi.tuna.tsinghua.edu.cn/simple wave
```

介绍本案例模型推理构建阶段前,为读者提供一个 PCM 格式音频向 WAV 格式音频转换的程序。华为 Atlas 开发者套件配有板载麦克风,能够实时录制音频数据,并将其保存为 PCM 格式。PCM 格式音频是模拟音频信号经模数转换(A/D 变换)直接形成的二进制序列,没有附加的文件头和文件结束标志,所以不能通过正常的方式直接播放和处理 PCM 音频。虽然本案例的输入音频直接为 WAV 格式,不涉及 PCM 格式,但希望本方法能够为读者提供一个直接从华为 Atlas 开发者套件录制音频并处理的参考,音频格式转换代码可查看本书附带本项目代码文件中的 pcm2wav.py 文件。

系统模型推理部分利用华为 Atlas 开发者套件提供 Python 接口和 AscendCL 函数库。Atlas 开发者套件安装 AscendCL 函数库请参考华为社区案例。模型推理部分主要包括以下子模块。

(1) 预处理(详见 pre_process 函数)。负责读取 WAV 音频数据,提取声学特征。

(2) 模型推理(详见 inference 函数)。

(3) 后处理(详见 post_process 函数)。处理推理结果,对其进行 CTC 解码,获得音素序列;语言模型将音素序列转为汉字输出。

pre_process 函数中包括:音频文件读取函数 read_wav_data(),用于读取 WAV 文件,获取 WAV 音频的帧数、声道数等相关属性,并最终将音频文件数据转为数组矩阵的形式返回;声学特征提取函数 GetFrequencyFeature(),用于对音频信号进行预加重、分帧、加窗及快速傅里叶变换等操作,获得梅尔倒谱系数(Mel-scale Frequency

Cepstral Coefficients,MFCC)声学特征向量。语音长短的不同,导致 GetFrequencyFeature()函数获得的特征维度是变化的,RecognizeSpeech()函数首先定义维度为(1,1600,200,1)的空向量,然后将获得的声学特征放入空向量中,以生成相同纬度的特征向量。具体代码参见本书附带的该项目的代码 GetDataSet. py 文件。

AscendCL 函数库所提供的模型推理函数中,resized_image 参数为输入张量,声学特征向量可理解为一幅包含音频特征的图像,即语谱图,输入至模型进行推理;输入特征向量后,利用 self. _model. execute()函数进行模型推理,并返回识别结果。

后处理 post_process()函数将使用 greedy_decode()函数,用以对模型推理结果进行解码,获得音素序列。具体代码参见本书附带的该项目的代码 ctc_func. py 文件。

定义好 CTC 解码函数 greedy_decode()后,开始定义后处理函数 post_process(),代码参见本书附带的该项目的代码 SpeechPostProcess 函数。

基于 AscendCL 函数库构建 Speech_Recog()函数定义语音识别整体结构,其中包括相关资源初始化、预处理、模型推理和后处理函数,Speech_Recog()函数代码见项目代码中 Speech_Recog 类。

模型推理主函数将整合上述功能代码,实现全流程的语音识别,最终输出汉字结果,具体代码参见本书附带的该项目的代码 main. py。首先利用 Speech_Recog()函数完成相关初始化工作,并利用 GetDataSet 函数读取音频文件,将返回纬度(1,1600,200,1)的输入张量;然后通过 pre_process()预处理函数进行音频特征提取,并利用 AclImage()函数将特征数据转换为模型推理要求的数据格式;再将转换后的数据格式输入 inference()函数进行模型推理,并返回纬度(200,1424)的音素识别概率;最后,post_process()函数将音素识别结果进行后处理,经过 CTC 解码,生成音素序列,再经过语言模型将音素序列转为汉字序列,最终输出识别结果。

18.4 系统部署

本案例系统运行在华为 Atlas 开发者套件上。系统基于 Python 接口实现中文语音识别功能。Python 程序负责音频特征提取、模型推理、CTC 解码和语言模型转换。具体部署运行流程如下:

(1) 将待识别的音频数据上传至华为 Atlas 开发者套件指定文件夹中;

(2) 将 Python 程序上传至华为 Atlas 开发者套件上;

(3) 在华为 Atlas 开发者套件的终端中执行 main. py 主函数,执行中文语音识别程序,最终的识别结果将输出在终端中。

18.5　运行结果

本案例中共设定了两种实际运行场景：①对其他录音设备录制好的音频进行识别；②华为 Atlas 开发者套件板载麦克风录制音频后进行识别。如图 18-11 所示，为利用手机录制的音频“你好呀”和“吉林大学”两段语音的识别结果，图中可以看到识别后的拼音序列和文本结果。如图 18-12 所示，为通过华为 Atlas 开发者套件板载麦克风录制的音频“计算机科学学院”和“人工智能原理”两段语音的识别结果，其中“人工智能原理”的识别结果中“原理”二字被识别为“源李”，而上部拼音序列的识别结果却是正确的，分析可知这是因语言模型解码过程的偏差导致，后期可以通过丰富语言模型相关领域的词典和词频来提升该部分的识别准确率。

```
HwHiAiUser@davinci-mini: ~/mic
HwHiAiUser@davinci-mini:~/mic$ python main.py
utf-8
Start get data set
Start load speech model
Start init Graph
create graph ok !
Start inference
拼音序列识别结果：['ni3', 'hao3', 'ya1']
文本识别结果： 你好呀
Speech Recognizition Finished !
HwHiAiUser@davinci-mini:~/mic$
```

```
HwHiAiUser@davinci-mini: ~/mic
HwHiAiUser@davinci-mini:~/mic$ python main.py
utf-8
Start get data set
Start load speech model
Start init Graph
create graph ok !
Start inference
拼音序列识别结果：['ji2', 'lin2', 'da4', 'xue2']
文本识别结果： 吉林大学
Speech Recognizition Finished !
HwHiAiUser@davinci-mini:~/mic$
```

图 18-11　手机录制的音频识别结果

```
HwHiAiUser@davinci-mini: ~/mic
HwHiAiUser@davinci-mini:~/mic$ python main2.py
utf-8
Start get data set
Start load speech model
Start init Graph
create graph ok !
Start inference
拼音序列识别结果：['ji4', 'suan4', 'ji1', 'ke1', 'xue2', 'xue2', 'yuan4']
文本识别结果： 计算机科学学院
Speech Recognizition Finished !
HwHiAiUser@davinci-mini:~/mic$
```

```
HwHiAiUser@davinci-mini: ~/mic
HwHiAiUser@davinci-mini:~/mic$ python main2.py
utf-8
Start get data set
Start load speech model
Start init Graph
create graph ok !
Start inference
拼音序列识别结果：['ren2', 'gong1', 'zhi4', 'neng2', 'yuan2', 'li3']
文本识别结果： 人工智能源李
Speech Recognizition Finished !
HwHiAiUser@davinci-mini:~/mic$
```

图 18-12　华为 Atlas 开发者套件板载麦克风录制的音频识别结果

本系统在清华大学 THCHS30 中文语音数据集上的识别准确率为 80%以上。

华为 Atlas 开发者套件板载麦克风位置如图 18-13 所示。板载麦克风比较靠近散热风扇位置，导致录制过程中存在一定噪声。读者如需使用板载麦克风录制音频并识别，可自行选择合适的降噪方法，降低噪声对识别结果的影响，或考虑采用外接麦克风录制音频的方法。

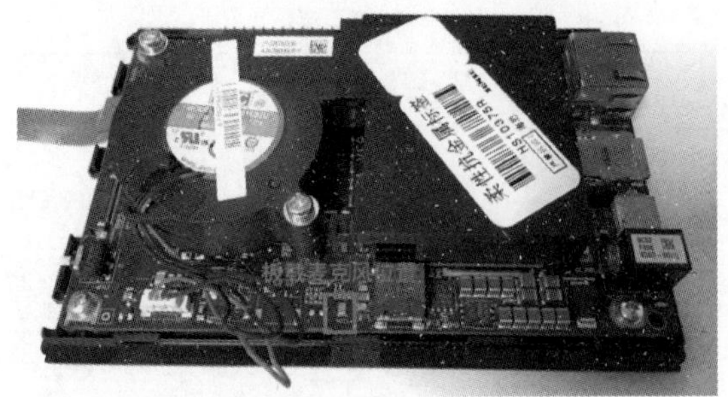

图 18-13　华为 Atlas 开发者套件板载麦克风位置

18.6　本章小结

本章提供了一个基于华为 Atlas 开发者套件的中文语音识别案例。演示了如何使用基于华为 Atlas 开发者套件提供的 Python 接口，通过对音频的声学特征提取，声学特征到拼音序列的识别，拼音序列到汉字文本的识别，最终实现中文语音识别的功能。案例详细介绍了从语音识别模型的构建、Keras 向 TensorFlow 模型的转换，到最终的中文语音识别的全过程。

第 19 章

手写文本行识别

19.1 案例简介

本章主要介绍基于华为 Atlas 开发者套件构建的手写文本行识别技术。手写文本行识别技术运用最广泛的是使用卷积神经网络和循环神经网络的组合框架，模型称为卷积-递归神经网络(Convolutional Recurrent Neural Network，CRNN)[27]。CRNN 模型是端到端可训练的，训练时利用连接时序分类(Connectionist Temporal Classification，CTC)算法[28]对预测序列提供梯度，然后利用时序反向传播算法(Back Propagation Through Time，BPTT)计算模型中权值的梯度，并且用梯度下降算法训练模型。为了能捕捉长时序依赖，缓解梯度消失问题，模型中的循环神经网络(Recurrent Neural Network，RNN)通常使用长短期记忆网络(Long Short Term Memory，LSTM)单元[30]。

本案例在 CRNN 的基础上进行了改进，直接用注意力机制(Attention)代替 RNN，得到 CNN+Attention+CTC 模型(简称 CNNA 模型)。传统的文本行 OCR 一般需要经过预处理、字符分割、单字识别等步骤，每一步的处理效果都会影响最终的识别结果，而 CNNA 模型利用 CNN 的局部感受野和 Attention 对序列建模的能力，自动生成特征序列的上下文关系，从而提高识别精度。此外，该算法标注数据时不需要标注文本行中每个字符的具体位置，便于收集大规模训练数据。本案例将 CNNA 模型在 Atlas 开发者套件上进行了移植与部属，展示了文本行识别技术在华为 Atlas 开发者套件上运行的可行性。

19.2 系统总体设计

本节将介绍系统的功能结构和 CNNA 模型的总体设计。

19.2.1 功能结构

手写文本行识别系统可划分为数据集创建、模型构建、训练和测试这 4 个主要子模块。数据集创建模块用于创建字符表，对原始数据进行预处理，并且生成训练数据集和测试数据集；模型构建模块主要用来搭建用于手写识别的 CNNA 等模型；训练模块负责训练上述模型；测试模块用于测试训练好的模型在测试集上的正确率。

手写文本行识别系统总体结构如图 19-1 所示，各模块将在 19.3 节详细介绍。

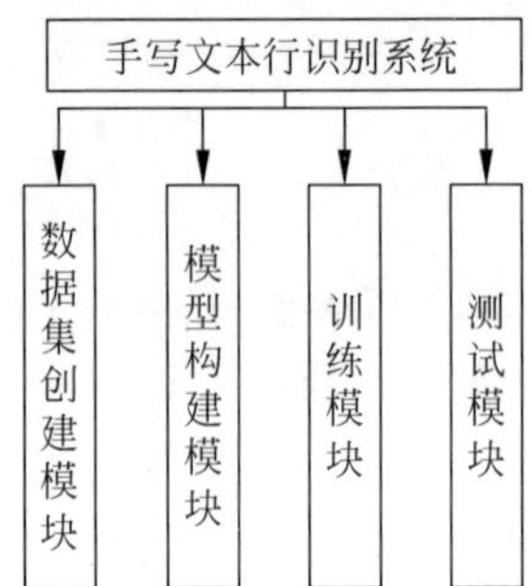

图 19-1　手写文本行识别系统总体结构

19.2.2 CNNA 模型

本章提出的 CNNA 模型是对经典 CRNN 模型的优化，用自注意力机制代替原来的 RNN。由于自注意力机制的运算只需要用矩阵乘法即可实现，因此训练和预测速度都会快于 RNN。RNN 在训练和推理时，每个时刻的隐层状态都由上一个时刻的隐层状态和当前时刻的输入决定，本质上是一个串行的过程。而自注意力机制在计算每个时刻的隐层状态时，可以并行地计算所有时刻的隐层状态，因此可以减少计算时间。CNNA 模型网络结构如图 19-2 所示。

CNNA 模型主要由一个卷积神经网络和若干层自注意力机制加全连接层组成。其中，卷积神经网络为骨干网，自注意力层用于提取序列特征，每个自注意力层后面跟了一个全连接层，用于整合多个头的特征。

本章所讨论的手写文本行识别问题实质上是对特征序列的标注问题，这个特征序列是由卷积网络和自注意力机制（或循环网络 RNN）提取出来的。训练阶段，特征序列的长度可能与标签序列的长度不同，这就产生了序列对齐问题，也就是如何将特征序列与标签序列中的每个字符相对应，如图 19-3 所示。

图 19-3 中最下方为输入图片，经过卷积和序列特征提取之后，分类器会对每一帧作出分类。中间为分类器最终的输出类别序列。一般来说，分类器的输出类别序列长

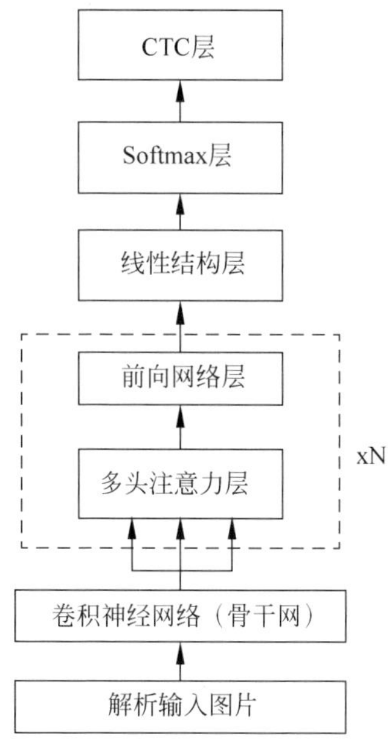

图 19-2　CNNA 模型网络结构

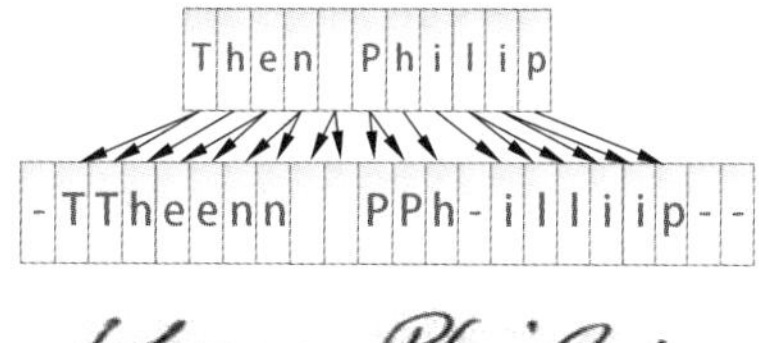

图 19-3　文本识别中的序列对齐问题

度比标签序列要长，因此需要有一种方式来对齐标签序列中的每一帧和分类器输出序列中的每一帧。

CTC 是最常用的序列对齐方法。为了对齐两个序列，CTC 允许分类器输出序列中存在重复字符，也就是说，对图像上的一个字符，分类器可以用输出序列中的多个帧对其响应。为了让相邻的相同字符能够被分开（比如图片中出现了连续的两个 e），CTC 引入空白字符（blank），用于表示空白区域。CTC 解码过程分为两步，第一步去除相邻的重复字符，第二步去掉所有的 blank，这样就能解码出真实的标签序列，如图 19-4 所示。CTC 的训练使用极大似然估计，需要算出每个标签序列的概率。算法类似隐马尔可夫模型的前向后算法，也是一种动态规划算法。

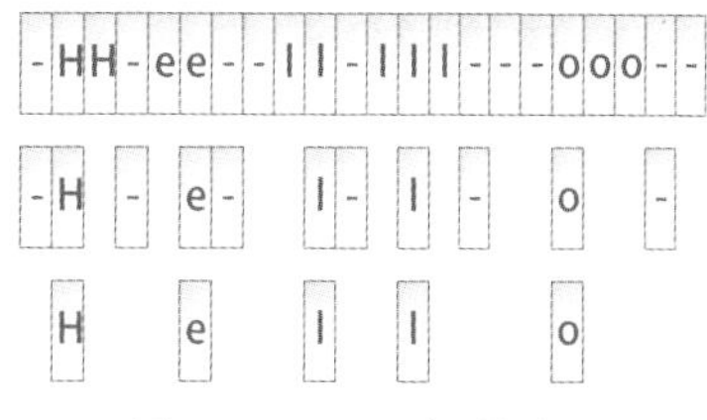

图 19-4　CTC 解码过程

19.3　系统设计与实现

本节将介绍系统各部分的详细设计与实现。

19.3.1 数据集创建

实验所用到的数据集为中文作文数据集 SCUT-EPT[31]。SCUT-EPT 数据集中的文本行图片如图 19-5 所示，数据集有一定挑战性。数据集中包含 4 万条训练样本，1 万条测试样本，4255 个不同符号，包括常见汉字、数字、特殊字符(如图 19-5 中第三条数据的②)、标点符号等。SCUT-EPT 数据集的字符串长短变化很大，如图 19-5 中的第三个图片对应的标签字符串远远长于第四个图片对应的标签字符串。从图 19-5 中还可以看出，有些文本行图片带有格线，如第一张图片和第二张图片，有些图片则包含下画线，如第三张图片和第四张图片，有些则不包含格线或者下画线。这就要求分类器要能够正确处理这些非字符信息。

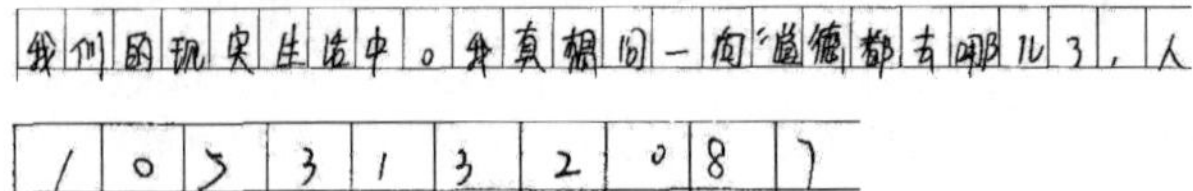

图 19-5　SCUT-EPT 数据集中的文本行图片

代码结构总体设计：考虑到创建数据集时需要用到一些训练时的超参数，所以将所有超参数都放入一个 Config 类中，方便管理。创建数据集所需的所有工作都由 DataLoad 类实现。DataLoad 模块负责解析标注文件、生成字符表并且将原始数据转换为易于训练的格式。

数据集创建模块类图如图 19-6 所示。Config 中保存了若干超参数，其中 info_file_

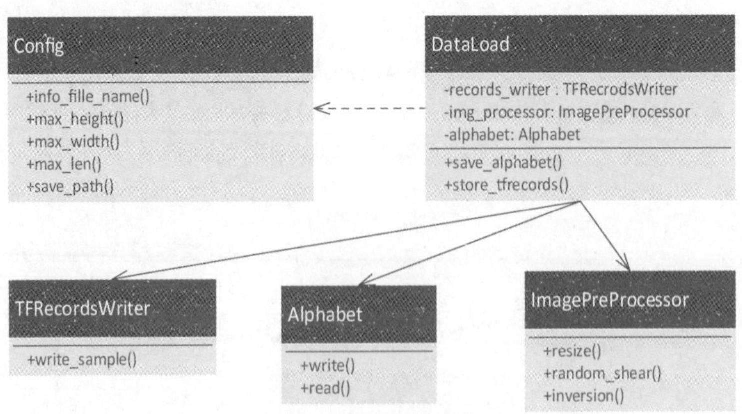

图 19-6　数据集创建模块类图

name()指定了标注文件的位置，max_height()和 max_width()指定了原始图片被缩放后的最大高度和最大宽度，具体的缩放功能由 ImagePreProcessor 的 resize()函数实现。max_len()指定了标签的最大长度，所有标签在存为 tfrecords 之前都会根据字符表转换为整数 id 序列。save_path()指定 tfrecords 格式的数据文件保存的位置。DataLoad 对外接口为 save_alphabet()和 store_tfrecords()，分别实现生成并保存字符表和保存数据文件的功能。这些功能具体由 Alphabet 和 TFRecordsWriter 实现。

关于具体实现，下面给出两个模块的说明——保存字符表和生成 tfrecords 数据文件。

保存字符表流程如图 19-7 所示，该流程读取标注文件中每一条数据的标签，并且将标签中的每个字符加入字母表中。注意字母表的数据类型是集合，重复的字符不会被加入集合中，因此最终得到的字符表中的所有字符是不重复的，每个字符在字符表中都有唯一对应的整数 ID。

生成 tfrecords 数据文件的流程如图 19-8 所示。首先读取已经生成好的字符表，读取出来的字符表是一个 symbol2idx 字典，这个字典可以将标签中的任意字符转换成对应的整数 ID。随后该流程逐个读取标注文件中的每个样本，样本格式为<图片路径，标签>这样的二元组。程序首先检查该图片是否存在，不存在则跳过该样本，否则对图片进行预处理。预处理模块首先按照图片的原始长宽比将图片缩放至 Config 中指定的最大高度，然后检查宽度是否超过 Config 中指定的最大宽度，如果超过最大宽度则跳过该样本，否则将图片反白，并转换为 tf. train. Feature 格式的 bytelist。接下来程序会根据 symbol2idx 字典把标签转换成整数 ID 序列，并检查该序列是否超过 Config 中指定的最大长度，如果超过最大长度则跳过该样本。如果该样本通过了所有合法性检查，则将其打包成 tf. train. example，序列化后写入 tfrecords 文件。

19.3.2　模型构建

模型构建模块依赖很多超参数，并且需要知道字符表的大小，另外构建模型还需要一些基础模块，这些模块由 Modules 类提供。

模型构建模块的类图如图 19-9 所示。Net 类负责读取 tfrecords 格式的训练数据并且构建神经网络模型。Net 需要根据不同的阶段构建不同的网络模型，比如训练阶段和推理阶段 dropout 层的行为是不同的，训练和推理阶段解码器的行为也是不同的。模型主要分为编码器和解码器两大块，编码器是卷积神经网络加多头自注意(multi-head self-attention)层，用于提取图像特征和时序特征。解码器是 Transformer 解码器，训练时解码器的输入是标签，预测时解码器的输入是自回归的预测序列。

表 19-1 给出了编码器卷积骨架网络(Conv-backbone)的具体结构。

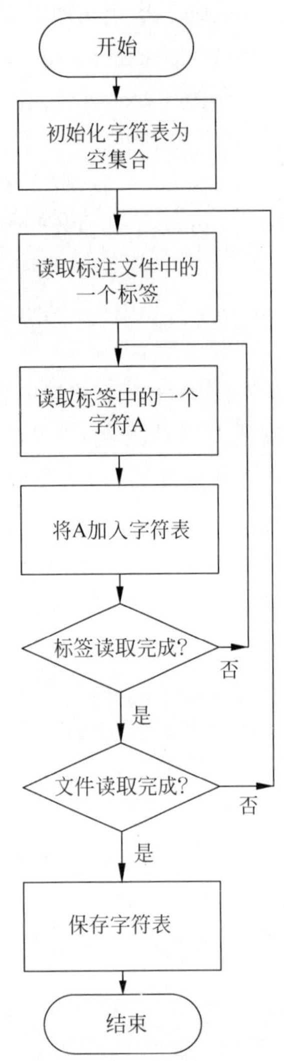

图 19-7 保存字符表流程

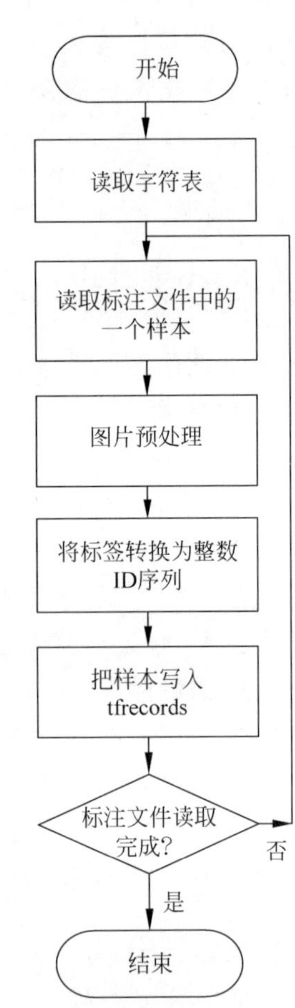

图 19-8 生成 tfrecords 数据文件流程

表 19-1 编码器卷积骨架网络具体结构

层 序 号	类 型	参 数
0	Image Input	Shape=(64,2048,1)
1	Conv2d	Filter=32,Kernel=(3,3),Padding='same'
2	MaxPool2d	PoolSize=(2,2),Strides=(2,2)
3	Conv2d	Filter=64,Kernel=(3,3),Padding='same'
4	MaxPool2d	PoolSize=(2,2),Strides=(2,2)

续表

层　序　号	类　　型	参　　数
5	Conv2d	Filter=64,Kernel=(3,3),Padding='same'
6	Conv2d	Filter=64,Kernel=(3,3),Padding='same'
7	MaxPool2d	PoolSize=(2,2),Strides=(2,2)
8	Conv2d	Filter=96,Kernel=(3,3),Padding='same'
9	Conv2d	Filter=96,Kernel=(3,3),Padding='same'
10	MaxPool2d	PoolSize=(2,2),Strides=(2,2)
11	Conv2d	Filter=512,Kernel=(3,3),Padding='same'
12	MaxPool2d	PoolSize=(2,2),Strides=(2,2)
13	Reshape	Shape=(128,512)

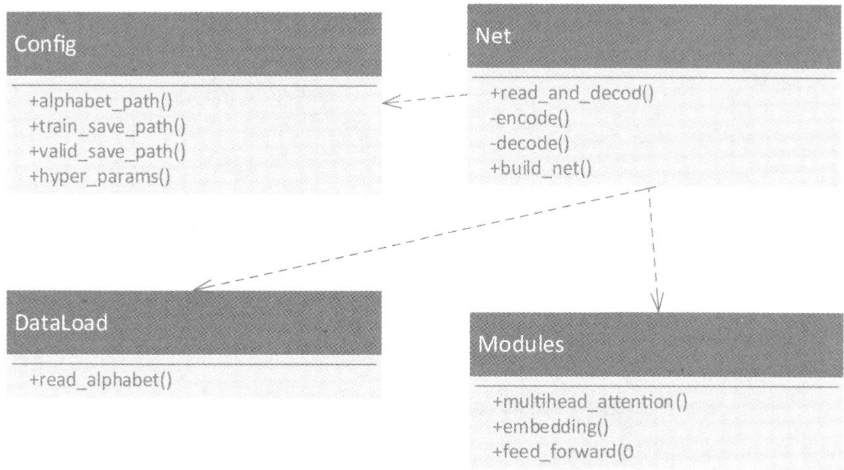

图 19-9　模型构建模块的类图

表 19-2 给出了构建网络时用到的具体超参数。

表 19-2　构建网络时用到的具体超参数

参　数　名	参　数　值	注　　释
Max_len	128	标签的最大长度
Max_height	64	图片的最大高度
Max_width	2048	图片的最大宽度
Hidde_units	512	各 Attention 层的隐层单元数目
Encoder_blocks	3	编码器的 Attention 层数量
Decoder_blocks	1	解码器的 Attention 层数量
Num_heads	8	Attention 层的分头数

19.3.3 训练

训练任何模型之前都要先检查数据的正确性，训练模块包含数据检查和模型训练两个主要功能。训练过程中，训练模块还需要保存训练好的模型。训练程序通过检查模型在验证集上的正确率保存正确率最高的模型，包含早停止(early top)机制。

训练模块的类图如图 19-10 所示。Train 类负责数据检查并执行训练程序。初始化时，Train 类通过调用 Net 模块的 build_net()接口创建一个用于训练神经网络模型的计算图。该计算图包含损失函数、优化器等。

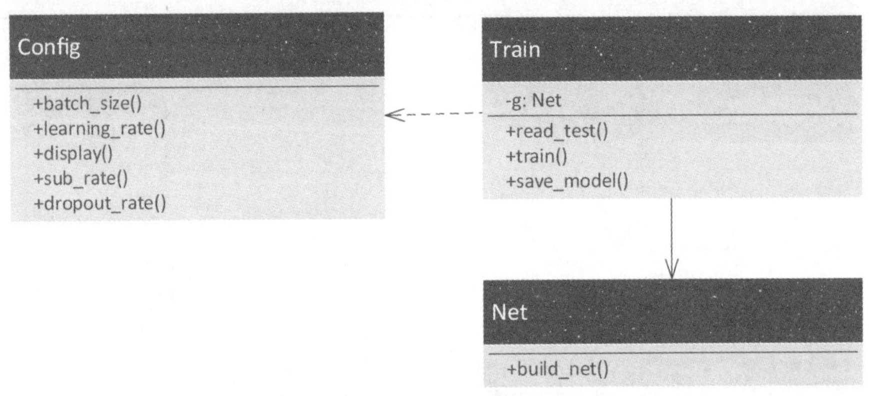

图 19-10 训练模块的类图

执行数据检查时，训练模块可以通过控制 read_and_decode 接口参数检查训练数据，也就是把图片和标签按批次从 tfrecords 中读取出来，然后将图片和标签保存下来，人工检查数据是否对应。

数据检查完成后即可执行训练程序，训练程序会周期性地做训练和验证操作。训练操作通过优化器计算梯度并更新神经网络权值来优化损失函数，验证操作评估模型在验证集上的识别正确率，并以此选择需要保存的模型。

训练程序的详细流程如图 19-11 所示。程序开始后会初始化当前最优验证集正确率 Best_acc 和模型未优化累计轮数 ES_count 为零，训练步数计数器 Step 初始化为 0。每执行一次计算图上的优化操作 train_op，计数器 Step 增加 1，上述过程称为一次迭代。训练程序每迭代 valid_step 次，就会在验证集上评估当前模型的正确率 Acc，如果当前模型的 Acc 比 best_acc 大，则更新 best_acc 为 Acc，并且将 ES_count 置零，否则 ES_count 增加 1。如果此时 ES_count 超过了超参数中的早停止步数，则提前退出训练进程，否则继续进行训练，直到达到最大训练步数。

训练程序用到的超参数如表 19-3 所示。其中，Early_stop_num 用于控制早停止

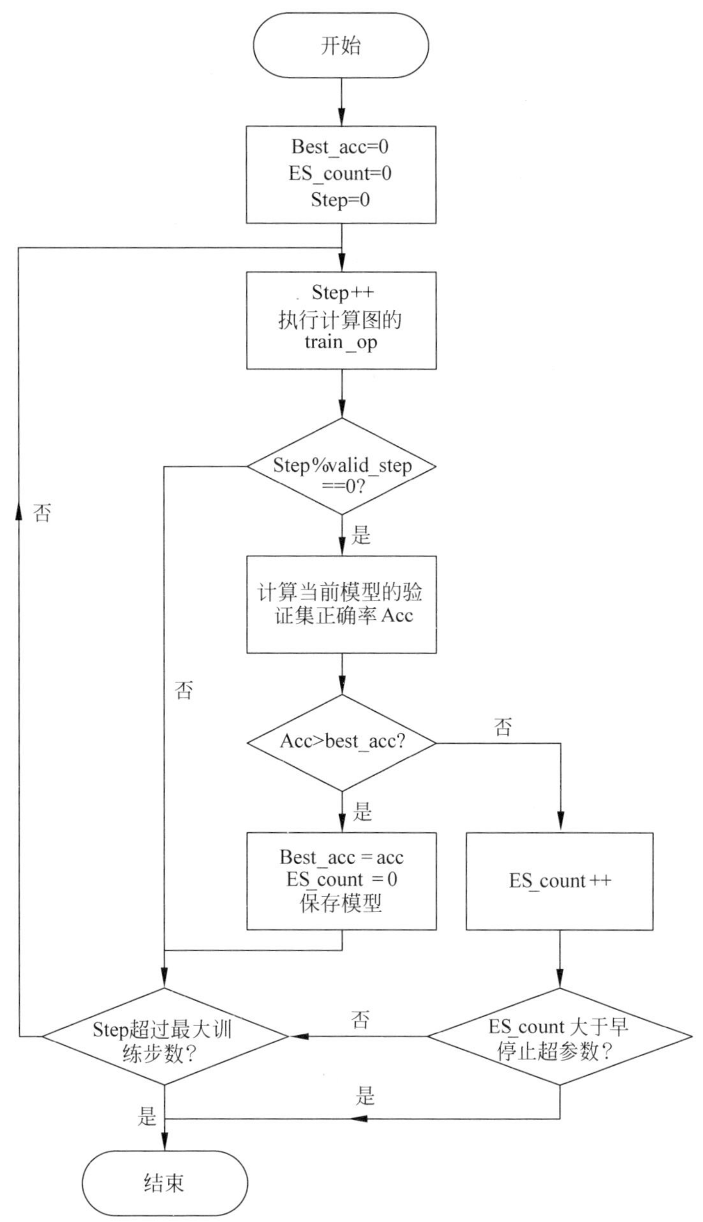

图 19-11　训练程序的详细流程

机制，Sub_rate 是用于缓解解码器训练/预测行为不一致的算法的超参数，决定了一个标签序列作为解码器输入时，被随机替换字符的比例。

表 19-3　训练程序用到的超参数

参数名	参数值	注释
Batch_size	64	每次迭代使用的样本数
Learning_rate	1×10^{-4}	学习率
Dropout_rate	0.1	某层随机丢弃的神经元比例
L2_reg	1×10^{-5}	L2 正则化系数
Early_stop_num	12	早停止步数
Sub_rate	0.1	随机替换解码器输入字符的比例

19.3.4　测试

手写识别系统的评价标准通常有字符错误率(Character Error Rate,CER)和词错误率(Word Error Rate,WER)。本案例用 CER 作为评价标准。计算 CER 的方法是先求出模型预测的字符串 H 和标签字符串 R 的编辑距离 D(H,R),然后除以标签字符串 R 的长度。验证过程每次处理一个批次(batch)的数据,因此计算方式变更为对所有预测字符串和标签字符串的编辑距离求和,再除以所有标签字符串的长度之和。

19.4　系统部署与运行

整个推理分为 3 部分:图片预处理、模型推理和模型后处理。相比给定的原始 CRNN 模型,由于尾部的贪心搜索包含了动态 shape,这里进行规避和替代,使用 argmax 函数取各时间步中最大概率值序号做输出。

19.4.1　图片预处理

此部分使用 Python 做图片预处理,然后导出为二进制文件,具体操作见程序清单 19-1。

程序清单 19-1　图片预处理关键代码

```
image_files = glob.glob("./test_pic/*.jpg")
for image_file in image_files:
    temp_image = Image.open(image_file).convert('L')
    temp_image = temp_image.resize((1600, 96), Image.ANTIALIAS)
    temp_image = np.asarray(temp_image) / 255.0
    temp_image = temp_image[None, :,:,None].astype(np.float32)
```

```
    save_file = './input_bin/' + image_file.split('\\')[-1][:-4] + '.bin'
    temp_image.tofile(save_file)
```

19.4.2　模型推理

模型推理分为模型加载、数据读取和推理三部分，数据读取是将所有给定的输入数据，按照批次排列一次性放在一个连续内存中，然后复制到设备侧用于推理，推理时会按照给定的批次大小(batch size)自动读取数据做推理，推理完成后将设备侧数据复制内存然后写入指定路径文件。具体操作见程序清单 19-2。

程序清单 19-2　模型推理关键代码

```
bool AclEngine::Inference() {
  aclError ret = 0;
  int retVal = 0;
  // 读取模型参数
  const std::string &modelPath = params_.model_file;
  const uint32_t batchSize = params_.batch_size;
  // 加载模型
  if (LoadModel() != 0) {
    return false;
  }
  puts("[step 1] load model success\n");

  // 判断模型输入个数是否符合
  if (input_count_ != params_.input_files.size()) {
    printf("[ERROR] input file num not match, [%ld / %ld]\n",
           params_.input_files.size(), input_count_);
    return false;
  }

  // 读取所有输入数据的文件名
  vector<vector<string>> all_inputs;
  for (const auto &item : params_.input_files) {
    all_inputs.emplace_back(GetFiles(item));
  }
  auto all_files_count = all_inputs[0].size();
  printf("all_files_count = %lu\n", all_files_count);
  size_t batch_index = 1;
  std::vector<int64_t> cost_times;
  cost_times.reserve(all_files_count * params_.loops);
  // 准备输入数据,将所有数据按照批次序列化放入内存中,然后喂给模型做推理
  vector<vector<string>> inferFileVec(input_count_);
```

```
for (size_t index = 0; index < all_files_count; index++) {
  // 按照批次对文件名梳理
  if (index < params_.batch_size * batch_index) {
    for (size_t input_index = 0; input_index < input_count_; input_index++) {
      inferFileVec[input_index].push_back(all_inputs[input_index][index]);
    }
  }
  // 整理完所有文件然后做数据读取和模型推理
  if (index + 1 == all_files_count ||
      inferFileVec[0].size() == params_.batch_size) {
    batch_index++;
    // 读取所有文件存入内存中,然后将数据复制到设备上
    if (ReadInputFiles(inferFileVec) != 0) {
      puts("read input file failed.");
      return 1;
    }
    // 模型推理,所有批次推理完成后将结果从设备侧复制到内存中,输出到指定路径
    retVal = AclInferenceProcess(model_id_,
                                 batch_dsts_, inferFileVec,
                                 &cost_times);
    for (auto &item: inferFileVec) {
      item.clear();
    }

    // 释放模型资源
    if (0 != retVal) {
      printf("kModelId %d aclInferenceProcess, ret[%d]\n", model_id_, ret);
      ReleaseAllAclModelResource(model_id_, model_desc_ptr_, contexts_);
      return 1;
    }

    if (params_.only_run_one_batch) {
      break;
    }
  }

}

puts("Success to execute acl demo!\n");

double average = 0.0;
int batch_cnt = cost_times.size();

for (auto cost_time : cost_times) {
  average += cost_time;
```

```
    }

    average = average / (batch_cnt * batchSize * 1000);
    printf("batch: % d\n", batchSize);
    printf("input count: % ld\noutput count: % ld\n", input_count_, output_count_);
    printf("NN inference cost average time: % 4.3f ms % 4.3f fps/s\n",
           average, (1000 / average));

    return 0;
}
```

19.4.3 模型后处理

模型后处理主要是去重并字符转换，将得到的二进制输出文件做解析，代码为 Python 语言，具体操作见程序清单 19-3。

程序清单 19-3　模型后处理关键代码

```
# 读取序号字符转换字典
idx2symbol, symbol2idx = read_alphabet("./alphabet.txt")
# 读取结果文件名
image_results = glob.glob("./output_bin/ * .bin")
for image_result in image_results:
    res = np.fromfile(image_result, dtype = np.int64)
    print(image_result)

res_sentence = ''
# 去除空白占位符,同时去除重复字符
    last = - 1
    for item in res:
    # 如果是空白占位符则跳过
      if item == 4255:
           last = - 1
           continue
        else:
          # 跳过重复字符
          if last == item:
               continue
           else:
               res_sentence += idx2symbol[item]
               last = item
  txt_file = './test_pic/' + image_result.split('\\')[ - 1].split('.')[0] + '.txt'
with open(txt_file, 'w') as f:
f.write('{}\n'.format(res_sentence))
    print(res_sentence)
```

19.5 识别结果

本节将介绍本系统模型在数据集上的识别结果和雅可比矩阵可视化分析。

19.5.1 数据集评估

表 19-4 给出了 CNNA 模型在 SCUT-EPT 数据集上的识别正确率。

表 19-4　CNNA 模型在 SCUT-EPT 数据集上的识别正确率

模　　型	SCUT-EPT valid/%	SCUT-EPT test/%
CNNA	90.2071	68.9983

SCUT-EPT 数据集上的部分验证集识别结果如图 19-12 所示。这里给出了 4 条比较有代表性的数据的识别结果。第一条数据是带有格线的数据，注意这条数据的格线也是缺失的，上方的格线未被截取到图片中来。预测序列中出现了三处错误，均为局部的识别错误（“职务”识别成了“联系”，“党”识别成了“总”，“宗旨”识别成了“守言”）。这些错误说明识别模型对于单字的分类能力还有所欠缺。第二条数据带有下

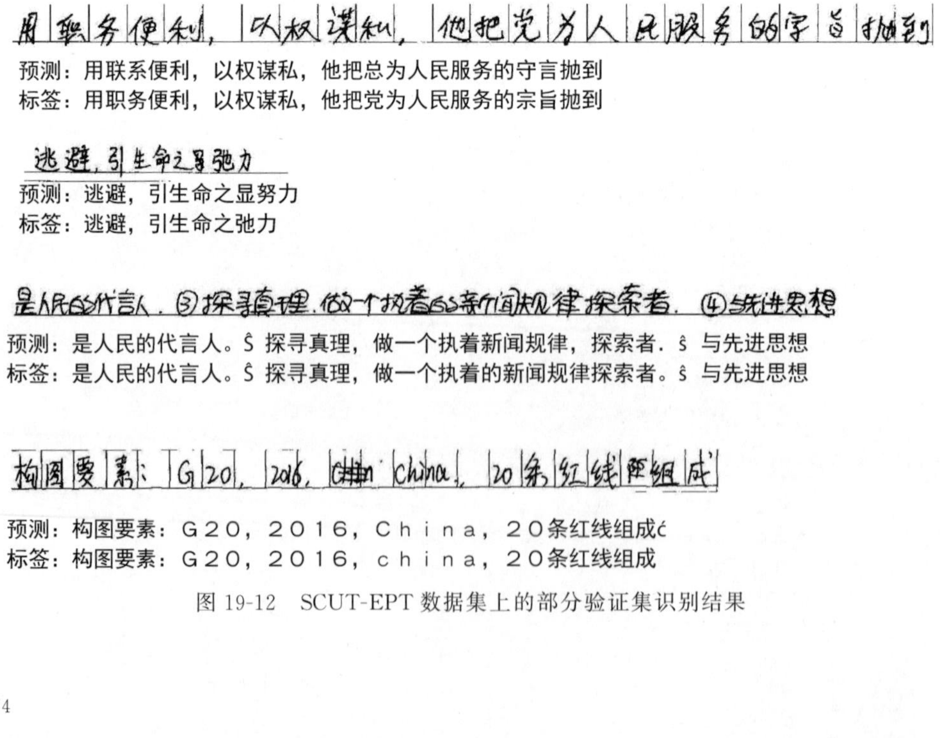

预测：用联系便利，以权谋私，他把总为人民服务的守言抛到
标签：用职务便利，以权谋私，他把党为人民服务的宗旨抛到

预测：逃避，引生命之显努力
标签：逃避，引生命之弛力

预测：是人民的代言人。$ 探寻真理，做一个执着新闻规律，探索者. $ 与先进思想
标签：是人民的代言人。$ 探寻真理，做一个执着的新闻规律探索者。$ 与先进思想

预测：构图要素：Ｇ２０，２０１６，Ｃｈｉｎａ，２０条红线组成ㄜ
标签：构图要素：Ｇ２０，２０１６，ｃｈｉｎａ，２０条红线组成

图 19-12　SCUT-EPT 数据集上的部分验证集识别结果

画线，而且有删除标记(位于“之”和“弛”字之间，被书写者用一条斜线划去)，这里识别模型有一处局部识别错误(“弛”识别成了“努”)，并且将被删除的字符也识别了出来，这个错误表明识别模型对于微小的删除符号并不敏感。第三条数据包含特殊符号(“③”“④”)，这里识别模型成功地识别出了这两个特殊符号，但是漏了一个字符(“的”)，错误地添加了一个字符(“，”)。第四条数据包含大量非汉字字符，包括数字和英文字符，还有多个标点符号。识别模型成功地识别出了大部分字符，有一个局部识别错误(“c”识别成了“C”，大小写错误)，并且在序列的最后把“成”字上角的点错误地识别成了双引号。

综合上述分析可以看出，大多数的错误都是局部识别错误，原因可能是对某些字符的判别模型存在偏差。但是由于深度学习模型本身的特点，这种偏差难以直接从模型中分析得到，通过可视化技术可以解释部分分类器的行为，这一部分将在 19.5.2 节介绍。

19.5.2　雅可比矩阵可视化分析

分析神经网络的某个输出对输入向量的导数，可以看出该输出与输入的每个变量之间的敏感度关系，利用这种关系，就能看出神经网络在每个时刻做出判断时，主要利用了输入变量中哪些位置的信息，这也可以理解为一种“注意力”。可以对神经网络中的任意一层使用这种技术，但是一般来说只有求出某个输出向量对于输入向量的雅可比矩阵才能获得可解释性，因为隐层向量的具体含义是未知的。

对一个样本的雅可比的可视化分析如图 19-13 所示，最上方是原始图片，也可以说

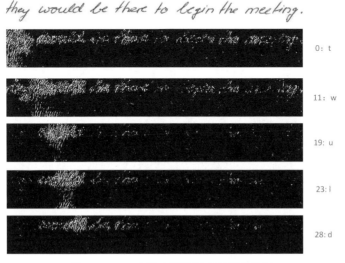

图 19-13　一个样本的雅可比可视化分析

是输入变量,下面是输出序列中各个帧对输入变量的雅可比可视化热力图,其中白色像素点表示大值,黑色像素点表示小值。这 5 个热力图分别对应输出序列的第 0、11、19、23、28 帧对输入变量的 Jacobian,分别识别出了字符 t、w、u、l、d,如图 19-14 所示。实验中,CNNA 的自注意力机制分为两层,这两层的注意力都分为多个头,其中每层的第一个头和最后一个头的注意力矩阵(共 4 个注意力矩阵),如图 19-14 所示。由于是自注意力机制,输入输出序列长度相同,因此注意力矩阵是一个 TxT 的方阵,每一行代表一个时刻的注意力向量。可以看出,大多数位置的最大元素都分布到了对角线附近。模型在识别文本行过程中,有明显的"注意力"从左往右移动的现象。模型在识别每一帧对应的字符时,都用到了全局的特征(白色像素点分布到整个图上),这是没必要的,因为就识别任务而言,判断一个帧对应的字符,只需要用到少量局部特征即可。如果能够约束模型,使其在对每一个帧分类时,都只用到局部特征(也就是集中注意力到图像中很小的一个区域),那么模型的识别效果可能有比较大的提升。

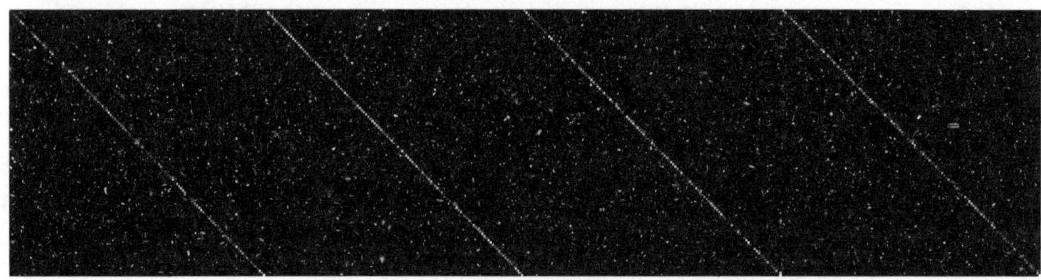

图 19-14　对齐之后的注意力矩阵可视化

19.6　本章小结

本章介绍了基于华为 Atlas 开发者套件的手写文本行识别系统。本案例中华为 Atlas 开发者套件通过 CNNA 模型,完成了手写文本行的端到端识别。本章提出的 CNNA 模型是对经典 CRNN 模型的优化,用自注意力机制代替了原来的 RNN。由于自注意力机制的运算只需要用矩阵乘法即可实现,因此训练和预测速度都会快于 RNN。读者可在本案例的基础上,复现其他深度学习模型,探索并实现 OCR、机器翻译等更多复杂应用。

第 20 章

意见挖掘与情感分析

20.1 案例简介

作为自然语言处理领域的一个典型任务，意见挖掘（亦称观点挖掘或情感分析）的主要目的是从主观性的意见或评论文本中获取结构化的意见信息。如图 20-1 所示，一个典型的意见挖掘系统通常包括意见要素识别、意见关系识别、多粒度的情感极性分类和意见信息聚集与融合等任务。

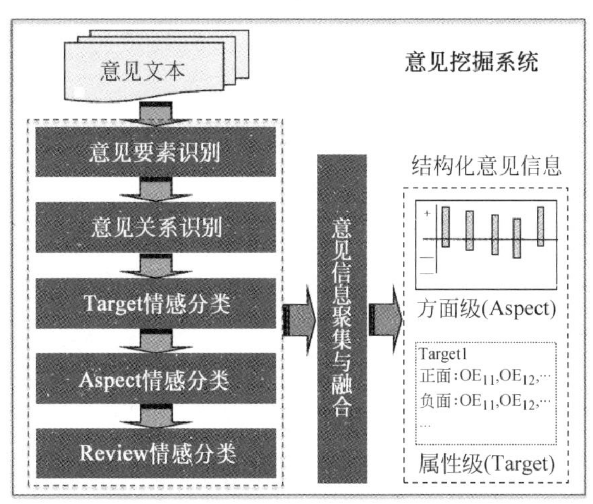

图 20-1　典型的意见挖掘过程

情感极性分类是意见挖掘的一个核心子任务，主要目的是确定给定输入评论文本的正面、负面或中性情感倾向性（即情感极性）。根据语言粒度的不同，情感极性分类可细分为细粒度的属性级（Target）和方面级（Aspect）情感分类与粗粒度的句子级和篇章级情感分类。本章将主要涉及基于深度学习的粗粒度的句子级情感极性分类任务，其主要过程包括词向量转化、语言模型训练、模型解码等，如图 20-2 所示。

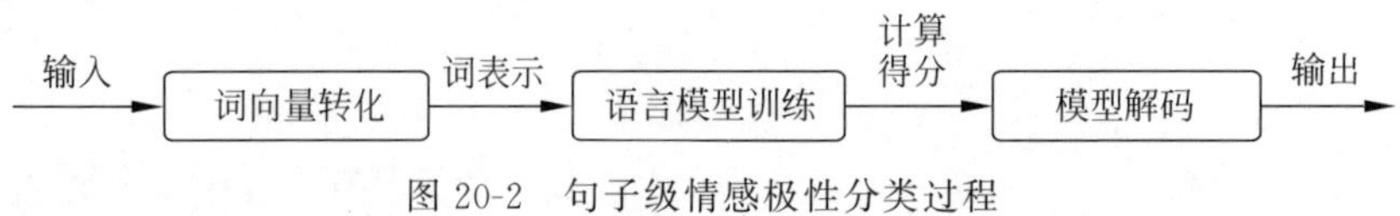

图 20-2 句子级情感极性分类过程

本章主要介绍基于华为 Atlas 开发者套件构建面向酒店服务领域的句子级情感极性分类系统案例。该系统对输入的酒店评论文本经过词语向量化和语言建模提取相关的情感极性分类特征，并经过语言模型解码最终确定输入评论文本的正面、负面或中性的情感极性类别结果输出。

本案例基于华为 Atlas 开发者套件提供的 Python 接口完成案例设计与实现，涵盖 TensorFlow 模型转换、字典构建、预训练语言模型 BERT（Bidirectional Encoder Representations from Transformers）结合长短时记忆模型的语言模型构建，以及基于语言模型的解码推理等主要过程。本案例通过华为 Atlas 开发者套件来对句子级文本情感极性预测，使读者对基于华为 Atlas 开发者套件构建自然语言处理应用系统有比较全面的认识，为读者提供一个自然语言处理相关应用在华为 Atlas 开发者套件上部署的参考。

20.2 系统总体设计

本节将介绍系统的功能结构和设计流程。

20.2.1 功能结构

意见挖掘与情感分析系统主要包括词向量转化和语言模型两个核心功能模块，如图 20-3 所示。其中，词向量转化模块负责对输入的酒店评论文本数据进行由文字到字典的形式转化和向量表示，而语言模型模块则负责将文本数据放入神经网络结构中进行学习、解码，从而确认输入评论文本相应的情感极性类别。

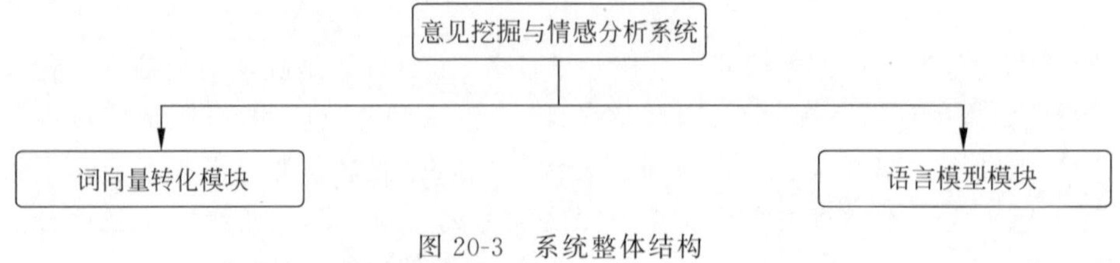

图 20-3 系统整体结构

20.2.2　系统设计流程

系统设计流程可分为模型训练和模型推理两个主要阶段，如图 20-4 所示。前者在服务器端完成情感分类模型构建，后者在华为 Atlas 开发者套件上完成情感分类预测。

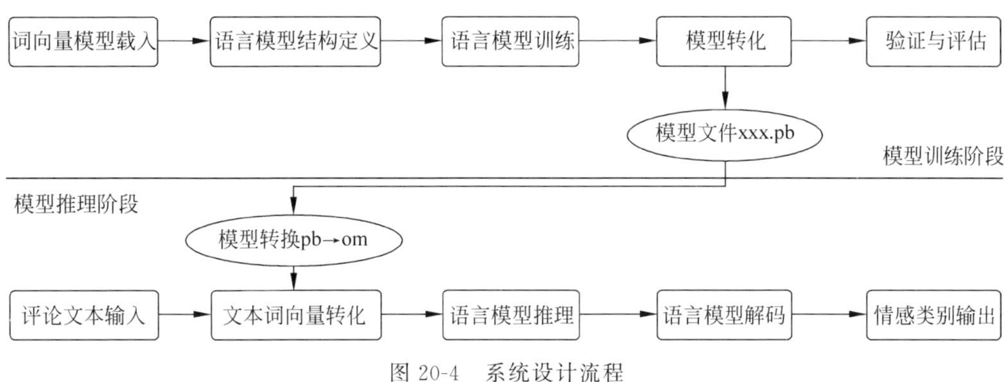

图 20-4　系统设计流程

模型训练阶段首先读取人工情感极性类别标注的训练数据并载入词向量模型，同时根据本案例中所采用的 BERT＋LSTM 深度学习框架，用交叉熵损失函数对语言模型进行训练；BERT＋LSTM 训练所得的语言模型需要转为 TensorFlow 的 pb 格式模型，以满足华为 MindStudio 平台模型转换要求；最终对转换后的 pb 格式模型进行验证和评估。

模型推理阶段首先对待处理的输入评论文本进行特征提取，并将结果作为语言模型的输入张量；再利用华为 MindStudio 平台将 pb 格式的 TensorFlow 模型转为华为 Atlas 开发者套件支持的 om 格式模型，通过 om 格式语言模型对输入张量进行识别和解码，最终确定输入文本的情感极性类别，并作为结果输出。

20.3　系统模型框架

为了提高系统的情感分类准确性，本案例采用基于 BERT＋LSTM 的预训练模型。如图 20-5 所示，该模型框架主要包括 3 部分，具体如下。

(1) 利用预训练模型 BERT 得到输入词序列的隐层向量。

(2) 将隐层向量作为输入放入 LSTM 网络中进行学习。

(3) LSTM 输出的隐层经过激活函数 tanh 和 max-pooling 计算每个张量最大值，

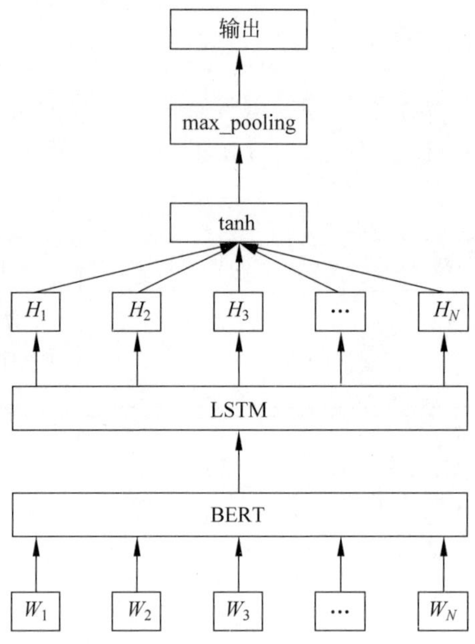

图 20-5　基于 BERT+LSTM 的句子级情感极性分类模型框架

得到输出结果进行训练。在训练过程中，使用交叉熵损失函数和 Adam 加速器优化网络得到最终的结果。

20.3.1　BERT

基于 Transformer 的双向编码表示是近年来在自然语言处理研究领域具有里程碑意义的一种预训练语言模型。它通过引入遮蔽语言模型(Masked Language Model，MLM)和下句预测(Next Sentence Prediction，NSP)两个预训练目标调整模型参数，完成模型训练，使模型能够获取上下文相关的双向特征表示并同时具备句子识别匹配能力。BERT 采用融合自注意力(Self-attention)、多头注意(Multi-head Attention)和位置编码(Position Encoding)等机制的 Transformer 模型的编码单元，实现多通道特征抽取和动态变长序列编码，提升特征学习能力，解决长距离依赖问题。

如图 20-6 所示，BERT 虽然借用了 Transformer 的编码器部分，但并不完全相同。主要区别是 BERT 的位置编码是学习出来的，Transformer 是通过正弦函数生成的。原生的 Transformer 中使用的是正弦位置编码(Sinusoidal Position Encoding)，是绝对位置的函数式编码。考虑到 Transformer 中为自注意力机制，这种正余弦函数由于点乘操作会有相对位置信息存在，但是没有方向性，且通过权重矩阵的映射之后，这种信息可能消失。而 BERT 采用的学习位置嵌入(Learned Position Embedding)实际上是绝对位置的参数式编码，且和相应位置上的词向量是相加关系而不是拼接关系。

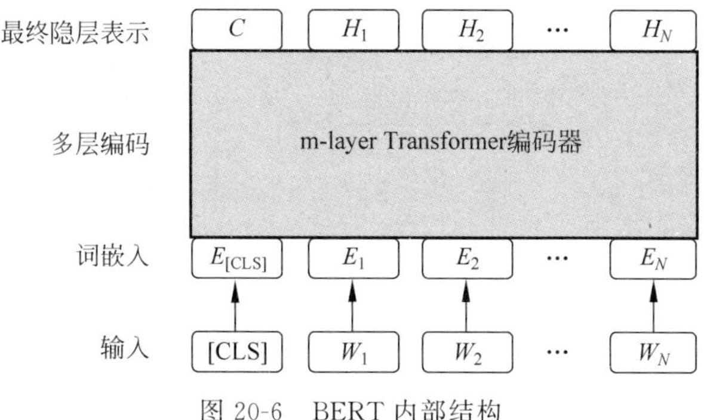

图 20-6 BERT 内部结构

如图 20-7 所示，BERT 的输入是句对形式，且在第一个句子的开头增加一个特殊的 Token [CLS]，在两个句子的结尾分别增加句子结束标记[SEP]。此外，在 BERT 表示中，每个 Token 包括 3 种嵌入表示，即词语嵌入（Word Embeddings）、位置嵌入（Position Embeddings）和句子分割嵌入（Segment Embedding）。对于情感极性分类任务，由于只有一个句子，相应的句子分割编码（Segment_id）均为 0。值得注意的是，中文 BERT 输入可以是字串，也可以是词串，但词串输入需要考虑未登录词的表示问题。

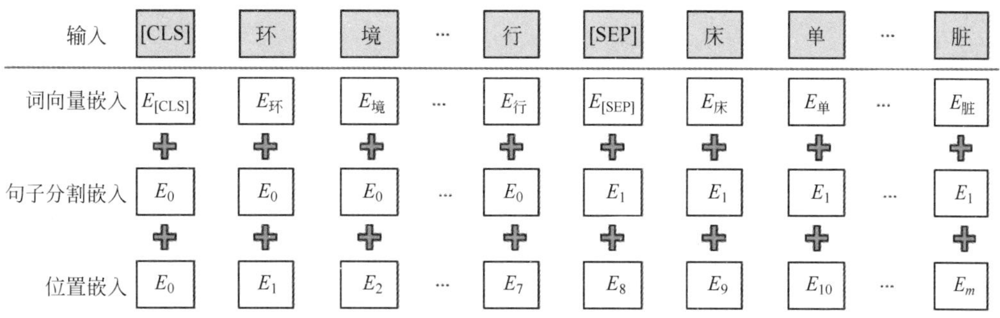

图 20-7 BERT 输入表示

20.3.2 LSTM

如图 20-8 所示，循环神经网络（RNN）虽然通过使用自反馈的神经元可处理任意长度的序列数据，在自然语言处理领域得到广泛的应用，但 RNN 在面临较长的输入序列时，由于梯度消失或爆炸会产生长距离依赖问题。

为了解决标准 RNN 面临的长距离依赖问题，长短时记忆模型引入门控机制来控制网络中的信息传递，如图 20-9 所示。设 $\boldsymbol{w}$ 表示权重矩阵，$\boldsymbol{h}$ 表示隐层矩阵，$\boldsymbol{x}$ 表示输入，b 表示偏置（bias），$\boldsymbol{c}$ 表示单元状态参数矩阵，t 表示时刻，i、f 和 o 分别表示输入门

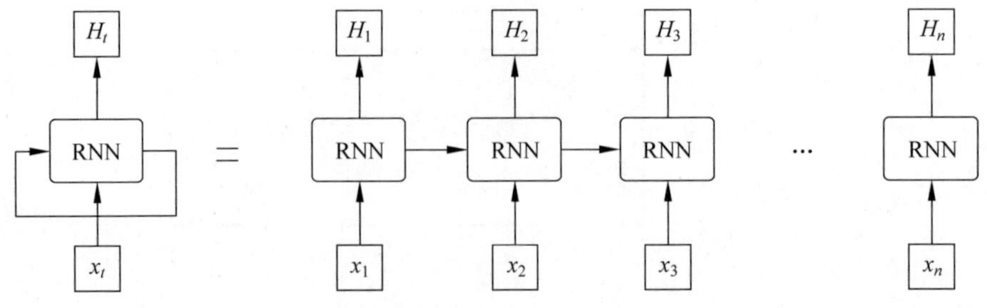

图 20-8 循环神经网络

(input gate)、遗忘门(forget gate)和输出门(output gate),其作用分别简介如下。

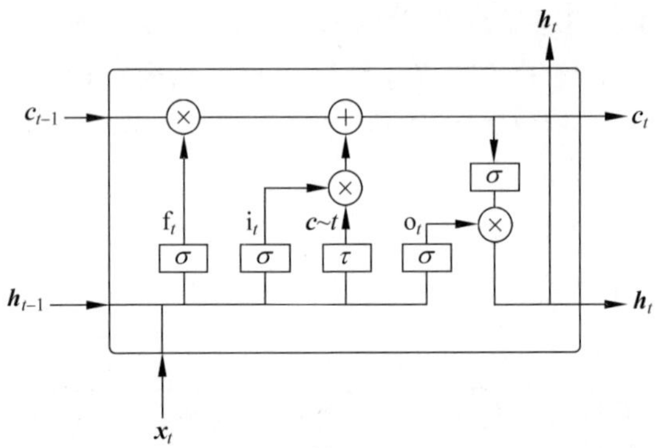

图 20-9 LSTM 内部结构

遗忘门决定上一时刻(即 $t-1$ 时刻)的单元状态 $\boldsymbol{c}_{t-1}$ 有多少信息需要保留到当前时刻。$\boldsymbol{w}_{\mathrm{f}}$ 为遗忘门的权重矩阵,$[\boldsymbol{h}_{t-1},\boldsymbol{x}_t]$ 表示把两个向量连接成一个更长的向量,b_{f} 为遗忘门的偏置项,σ 是 sigmoid 函数。

输入门决定当前时刻网络的输入 $\boldsymbol{x}_t$ 有多少信息需要保存到当前单元状态 $\boldsymbol{c}_t$。如式(20-1)~式(20-4)所示,当前时刻的单元状态 $\boldsymbol{c}_t$ 的计算过程为:先用 $t-1$ 时刻的单元状态 $\boldsymbol{c}_{t-1}$ 按元素乘以遗忘门 f_t,再用当前输入的单元状态 $\boldsymbol{c}_t$ 按元素乘以输入门 i_t,最后将两个积进行加和。这样,就可以把当前的记忆 $\boldsymbol{c}_t$ 和长期的记忆 $\boldsymbol{c}_{t-1}$ 组合在一起,从而得到新的单元状态 $\boldsymbol{c}_t$。由于遗忘门和输入门的控制,单元状态既可以保存很久之前的信息,又可以避免当前无关紧要的内容进入记忆。

输出门控制当前单元状态 $\boldsymbol{c}_t$ 有多少信息需要输出到 LSTM 的当前输出值 $\boldsymbol{h}_t$,详见式(20-6)。

$$\mathrm{i}_t=\sigma(\boldsymbol{w}_i * [\boldsymbol{h}_{t-1},\boldsymbol{x}_t]+b_i) \tag{20-1}$$

$$\mathrm{f}_t=\sigma(\boldsymbol{w}_f * [\boldsymbol{h}_{t-1},\boldsymbol{x}_t]+b_f) \tag{20-2}$$

$$\boldsymbol{c}_t=\tanh(\boldsymbol{w}_c * [\boldsymbol{h}_{t-1},\boldsymbol{x}_t]+b_c) \tag{20-3}$$

$$\boldsymbol{c}_t = \mathrm{f}_t * \boldsymbol{c}_{t-1} + \mathrm{i}_t * \boldsymbol{c}_t \tag{20-4}$$

$$\mathrm{o}_t = \sigma(\boldsymbol{w}_o * [\boldsymbol{h}_{t-1}, \boldsymbol{x}_t] + b_o) \tag{20-5}$$

$$\boldsymbol{h}_t = \mathrm{o}_t * \tanh(\boldsymbol{c}_t) \tag{20-6}$$

20.4　系统设计与实现

本节将详细介绍系统各部分功能的设计与实现过程。该系统利用华为 Atlas 开发者套件提供的 Python 接口实现系统搭建。在完成硬件环境和软件环境准备工作的基础上进行粗粒度情感极性分类相关操作，如图 20-10 所示。需要注意的是，由于使用了预训练模型 BERT，词典构建与 BERT 词向量模型载入将同时进行。此外，该系统基于 Python 编写，需要使用 Pycharm 界面进行编译运行。

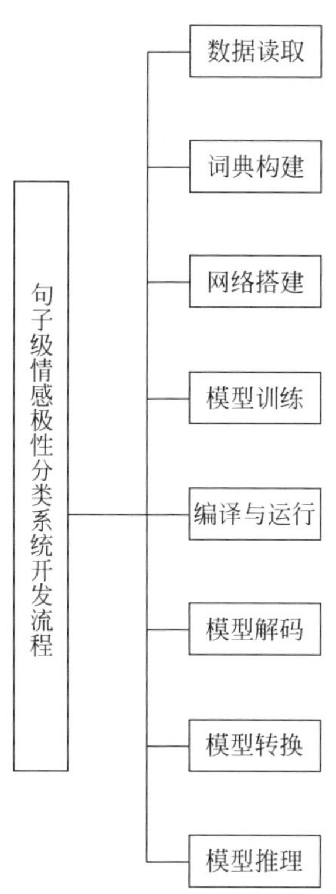

图 20-10　句子级情感极性分类系统开发流程

20.4.1 数据集

系统采用的数据集来自酒店服务领域，包括从网络爬取的 10000 条酒店用户评论，经过样本筛选过滤、脱敏编号、断句及人工交叉情感极性标注等工作形成最后的标注数据集。图 20-11 给出该数据集的部分样例。其中，"|||"为句子间隔符，其后面的数字代表该句子的情感极性类别(0 代表负面情感，1 代表中性情感，2 代表正面情感)。

```
之前都是朋友订在低层,这次自己订,住了高层,价格比较优惠,房间设施也比之前好很多,以后还是网上自己订吧。|||2
酒店环境位置都不错,窗户全景很赞,工作人员服务态度好,很热情。点赞刘晓燕,贴心送的雪梨汤。性价比很高的一家酒店,推荐。旋转餐厅也不错。|||2
早餐一般,有停车场。酒店位置太差四周环境脏乱。不适合带小孩住此酒店。|||0
大堂很漂亮,服务也很热情,房间很大,餐厅性价比很高出品都很精美,24小时接机很方便,特别喜欢二楼餐厅的露台,很雅致!|||2
我是坐高铁到厦门北隔天要去高崎机场,若有相同行程又对酒店品质要求较高者请直接跳过。|||1
周边出行很方便,步行到五四广场几分钟就到了,离美食街,商场也挺近,前台很热情,还会入住。|||2
挺好的,位置好找,购物方便,挨着超市发和银座购物中心,咨询了几次边周就餐的事前台都特别热心。|||2
如世外桃源般的庄园就位于玉龙雪山脚下。环境清幽、卫生清洁干净、老板和服务员的态度很周到、热情。本来打算住一晚的,后来再续订多一晚。这里是度假的最佳选择。|||2
不知是携程无法信任还是途家不可信任、按着大家的好评定的!整体感觉廉价出租房!以后不会选着途家,也不会再用携程!|||0
港岛香格里拉海景房还是不错的,要是节假日放假时晚上的维多利亚湾景色会更加璀璨。房间每天有水果送和报纸送,灯光柔和。度假住的理想酒店。|||2
房间很大,早餐一般般,不过出行吃饭都很方便,出火车站西广场就能看到酒店,总体来说还是可以推荐的,适合家庭旅游和出差换乘。|||2
我是坐高铁到厦门北隔天要去高崎机场,若有相同行程又对酒店品质要求较高者请直接跳过。|||1
早上的自助早餐品种不是太多,其他都还满意。房间够大,要是厨房能用就更好了。在江宁核心商务区,购物,娱乐,吃饭,出行都很方便。|||2
服务人员态度很好,环境也可以!每个主题房间大小都不一样,我的5岁小孩和11岁、18岁小表姐超级喜欢❤当时会有一点点设施不足的地方,我觉得也是可以接受的。|||2
```

图 20-11 酒店服务领域情感极性分类部分数据样例

为了方便读者使用，系统数据集进一步分为训练集(7000 条)、开发集(1000 条)和测试集(2000 条)。

20.4.2 数据读取

本案例中，数据获取有两种方式：读取 Ubuntu 系统的本地目录和从本地读取数据。如果从本地读取数据，将提前准备的数据存放在项目目录下，利用 Python 提供的函数逐一读取该文件夹下的数据。具体地，数据读取可分为三步：

(1) 首先，将输入的一句话按照词进行分割，存放到 sentence 数组中；

(2) 其次，对训练集中的数据进行构建字典；

(3) 最后，将当前句子的情感极性(0,1,2)放入 data 数组中后返回。具体流程详见代码函数 read_sentence。

20.4.3 词典构建

词典构建的主要任务对读取的输入句子的每个单词进行编号。由于词典中的词是不可重复的，所以每个单词对应的编号是唯一的。如果某个单词没有包含在词典中(即未登录词)，则其编号统一为 UNK_S。经过词典构建，输入句子就转化为一组词向量，这些词向量将作为输入送入神经网络学习。词典构建具体流程见清单 20-1。

程序清单 20-1 创建字典脚本

```
def create_vocabularies(data, vocab_size,src_word_counter,tgt_word_counter):
    # 按照出现频率由高到低
    src_most_common = [ite for ite, it in src_word_counter.most_common(vocab_size)]
    tgt_most_common = [ite for ite, it in tgt_word_counter.most_common(vocab_size)]
    #创建单词字典函数
    src_vocab = VocabSrc(src_most_common)
    #创建标签字典函数
    tgt_vocab = VocabTgt(tgt_most_common)
    return src_vocab, tgt_vocab

class VocabSrc:
    def _init_(self, word_list):
        #若字典中没有这个单词,就定义为 UNK_S
        self._id2extword = [PAD_S, UNK_S]
        self.i2w = [PAD_S, UNK_S] + word_list
        self.w2i = {}
        #给字典中的每个单词编号
        for idx, word in enumerate(self.i2w):
            self.w2i[word] = idx
        if len(self.w2i) != len(self.i2w):
            print("serious bug: words dumplicated, please check!")
            self.copydict()
    #复制本体
    def copydict(self):
        w2i = self.i2w
        return w2i
    #单词转换 ID,即它创字典的编号
    def word2id(self, xx):
        if isinstance(xx, list):
            return [self.w2i.get(word,UNK) for word in xx]
        return self.w2i.get(xx, UNK)
    #ID 转换单词
    def id2word(self, xx):
        if isinstance(xx, list):
            return [self.i2w[idx] for idx in xx]
        return self.i2w[xx]
    @property
    def size(self):
        return len(self.i2w)
    @property
    def embed_size(self):
        return len(self._id2extword)
```

20.4.4 网络搭建

本案例采用 BERT＋LSTM 的模型框架。其中，BERT 主要是获取文本的词向量表示。通过 BERT 的预训练可以使词向量的表示更加丰富。为了训练相应的模型，首先要设置 RNN 隐层参数，目前仅支持 16 的倍数。然后，经过 MultiRNNCel 隐层神经元，并经过激活函数和池化层得到最终结果。需要注意的是，案例目前使用的是静态 LSTM。BERT＋LSTM 网络搭建具体过程见程序清单 20-2。

程序清单 20-2　BERT＋LSTM 网络搭建代码

```
#初始化参数
#self.w为输入的一整句话,使用字典编号代替
self.w = tf.placeholder(dtype = tf.int32, shape = [config.sentence_max_length, config
.batch_size],name = 'w')
#self.gold为金标,即它的情感0,1,2,消极,中立或者积极
self.gold = tf.placeholder(dtype = tf.int32, shape = [config.batch_size, 3],name = 'gold')
#将输入放到bert中进行预训练
model = modeling.BertModel(
    config = bert_config,
    is_training = True,
    input_ids = self.w
)
#bert中使用的中文词典
init_checkpoint = "chinese_L-12_H-768_A-12/bert_model.ckpt"
tvars = tf.trainable_variables()
(assignment_map, initialized_variable_names) = modeling.get_assignment_map_from_
checkpoint(tvars,init_checkpoint)
tf.train.init_from_checkpoint(init_checkpoint, assignment_map)

# 获取对应的输入数据[batch_size, seq_length, embedding_size]
self.embedding = model.get_sequence_output()

with tf.name_scope("bilstm")
# 设置rnn隐层参数
    rnn_unit = bert_config.hidden_size
    basicLstm = tf.nn.rnn_cell.BasicLSTMCell(rnn_unit)
# 输入多个隐层
cell = tf.nn.rnn_cell.MultiRNNCell([basicLstm for i in range(config.num_layers)])
#进行数据形状的转变
x = tf.reshape(self.embedding, [-1, bert_config.hidden_size])
#进行分割
x = tf.split(x, config.batch_size)
# 使用tensor接口把cell连接成rnn网络,计算前向传播结果
```

```
    outputs_tuple, _ = tf.nn.static_rnn(cell, x,dtype = tf.float32)
#转置
    h = tf.transpose(outputs_tuple, perm = [0, 1, 2])
    h = tf.transpose(h, perm = [0, 2, 1])
#激活函数
    h = tf.tanh(h)
#最大池化
    h = tf.reduce_max(h, 2)
#激活函数
    h = tf.tanh(h)
```

20.4.5 模型训练

模型搭建后,可利用训练数据训练情感分类模型。为了提高训练效率,对数据进行批处理,并利用 Adam 优化器和交叉熵损失函数对准确率进行约束,以提高系统的准确率。网络初始化、模型训练具体流程见程序清单 20-3,模型评估具体流程见源代码 evaluate 函数。

程序清单 20-3　网络初始化及模型训练过程代码

```
model = lstm(tgt_size, config,bert_config,tokenizer)
model.dropout = config.dropout

init = tf.global_variables_initializer()
print('start training...')
use_cuda = False
if config.use_cuda:
    use_cuda = True
saver = tf.train.Saver()
with tf.Session(config = tf.ConfigProto(log_device_placement = use_cuda)) as sess:
    if config.load_model:
        a = 0
    else:
        sess.run(init)
    #解码函数
    if config.decode:
        decode(model, sess, dev_data, src_vocab, tgt_vocab, config,bert_config,tokenizer)
        print('decode successful!')
        return 0

    writer = tf.summary.FileWriter("logs1/", sess.graph)
    evaluate(model, -1, sess, dev_data,src_vocab,tgt_vocab, config)
    for i in range(config.epochs):
        step = 1
```

```
        train_batch_iter = create_batch_iter(train_data, config.batch_size, shuffle =
True)
        for batch in train_batch_iter:
            feature, target, word_list = pair_data_variable(batch, src_vocab, tgt_
vocab, config)

            sess.run(model.train_op,
                     feed_dict = {
                        model.w: feature,
                        model.gold: target
                     })

            if step % config.test_interval == 0:
                loss, acc = sess.run([model.loss_op, model.accuracy],
                                     feed_dict = { model.w: feature, model.gold: target })
                accuracy = acc / len(target) * 100
                time_str = datetime.datetime.now().isoformat()
                print('epoch:{} step:{}|{} acc = {:.2f}% loss = {:.5f}'.format(i,
step, time_str,accuracy, loss))
            step += 1
        evaluate(model, i, sess, dev_data, src_vocab,tgt_vocab,config)
```

20.4.6 模型转换

为了满足华为 Atlas 开发者套件模型格式要求，需要对训练的模型进行转换，主要分两步进行：

(1) 将训练的 BERT+LSTM 模型以 TensorFlow 的 pb 格式保存，以满足华为 MindStudio 平台模型转换要求；

(2) 利用华为 MindStudio 工具将 pb 格式的模型转换为 om 格式的模型。

TensorFlow 的 pb 格式保存操作具体见程序清单 20-4。

程序清单 20-4　pb 格式模型保存

```
#保存 pb 模型
with tf.gfile.GFile(config.save_dirs + '/' + config.save_model_path, mode = 'wb') as f:
f.write(output_graph_def.SerializeToString())
print('saved model successfully! in ' + config.save_dirs + '/' + config.save_model_path)
```

pb 格式转 om 格式除了借助 MindStudio 可视化工具外，还可使用 ATC 命令行进行，相应的参数设置为：atc --input_shape = "w：500，64;"--model/path --framework=3 --output=output_path --soc_version=Ascend310。

20.4.7　模型推理

模型推理阶段均在华为 Atlas 开发者套件上实现。为了能够执行模型推理，需要在华为 Atlas 开发者套件上安装一系列依赖库。

模型推理部分利用华为 Atlas 开发者套件提供 C++ 接口和 AscendCL 函数库。Atlas 开发者套件安装 AscendCL 函数库请参考华为社区案例。模型推理部分主要包括以下子模块。

(1) 预处理(pre_process 函数)：包括文本数据清洗；情感极性与预测序列的对应字典；输入文本结构体的构建；模型初始化；Atlas 开发者套件上的地址分配等操作。

(2) 模型推理(inference 函数)。

(3) 后处理(post_process 函数)：获得推理结果，通过原始标签的字典对应输出真实的最终情感标签。

20.5　本地部署

本节将介绍系统在本地部署的详细步骤及最后的演示效果。

20.5.1　本地工程编译及运行

如果读取本地文件且生成结果保留在本地，则直接运行 main.py 文件即可。本地运行主函数主要分三步进行：

(1) 数据预处理，通过 read_sentence 函数对输入句子进行单词划分；

(2) 通过词典构建得到输入的 BERT 词向量表示；

(3) 通过 LSTM 网络层学习输入句子的情感特征，通过交叉熵损失函数及 Adam 优化器训练数据，以得到最终的情感类别。

在本项目中，神经网络模型推理的全流程可以分为三个步骤。

(1) 模型加载与初始化，读取本地文本并进行数据预处理。

(2) 将构建的文本矩阵输入神经网络中，依次通过 BERT 和 LSTM，输出情感极性预测矩阵。

(3) 对每个评论样本分析最终的情感极性类别。AscendCL/C++ 工程代码中的主要函数是 acl_engine.Inference()，它包含模型加载(函数 AclEngine::LoadModel)、文本处理(函数 AclEngine::ReadInputFiles 和 AclEngine::PreProcess)、网络前向推理

与存储输出矩阵（函数 AclEngine::AclInferenceProcess）等主要操作。其中，PreProcess 函数包含了读取文本、字典和文本预处理的操作，用户可以自定义。它首先读取本文文件中的中文句子，把句子切分成汉字的组合，然后载入本地字典，将句子中的汉字映射成字典中的 ID 数字，最后把存储 ID 数字的矩阵转移到指针 p_imgBuf 所指的地址。

得到预处理的数据后，将 p_imgBuf 指针存到容器中，传递给下一阶段的推理函数 AclInferenceProcess，该函数将数据复制到 NPU 的缓存中，并执行核心代码 aclmdlExecute (model_id,input.get(),output.get())，从而实现快速前向推理。

该 C++工程项目通过编译，得到可执行文件 inference，运行如下 shell 命令：

```
inference -m ${SENTIMENT_ROOT_DIR}/models.om -i ${SENTIMENT_ROOT_DIR}/hotel
.decode.txt -o ${SENTIMENT_ROOT_DIR}/output/
```

基于上面的 shell 命令，可以得到图 20-12 所示运行结果。从图 20-12(a)看到，整个过程耗时 535.075ms；查看程序保存的 bin 文件，看到一个 16×3 的预测矩阵，如图 20-12(b)所示。16 代表一个批次中评论样本的个数，3 代表三种情感类型，根据最大值所在的位置来确定最终预测的情感极性。

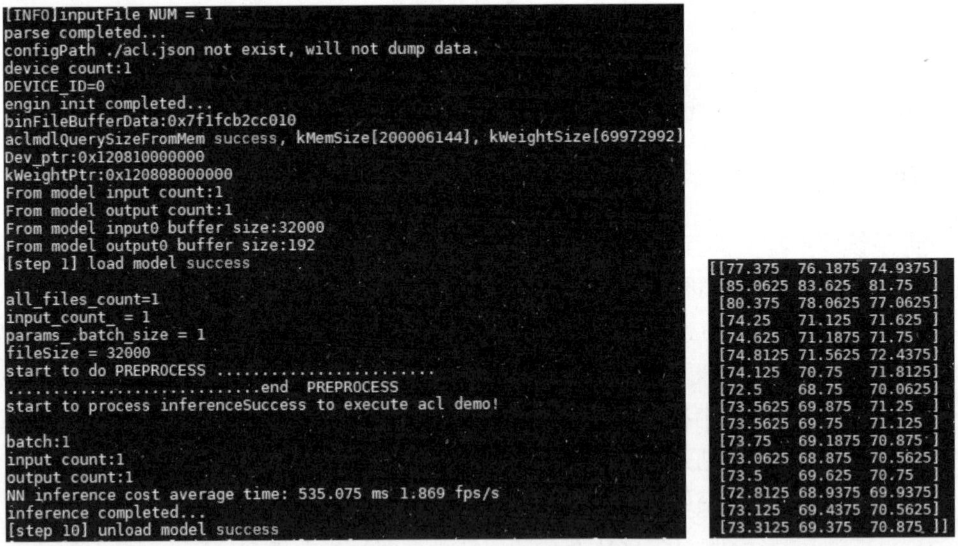

```
[INFO]inputFile NUM = 1
parse completed...
configPath ./acl.json not exist, will not dump data.
device count:1
DEVICE_ID=0
engin init completed...
binFileBufferData:0x7f1fcb2cc010
aclmdlQuerySizeFromMem success, kMemSize[200006144], kWeightSize[69972992]
Dev_ptr:0x120810000000
kWeightPtr:0x120808000000
From model input count:1
From model output count:1
From model input0 buffer size:32000
From model output0 buffer size:192
[step 1] load model success

all_files_count=1
input_count_ = 1
params_.batch_size = 1
fileSize = 32000
start to do PREPROCESS ..........................
..........................end  PREPROCESS
start to process inferenceSuccess to execute acl demo!

batch:1
input count:1
output count:1
NN inference cost average time: 535.075 ms 1.869 fps/s
inference completed...
[step 10] unload model success
```

(a)

```
[[77.375   76.1875 74.9375]
 [85.0625 83.625  81.75  ]
 [80.375   78.0625 77.0625]
 [74.25    71.125  71.625 ]
 [74.625   71.1875 71.75  ]
 [74.8125 71.5625 72.4375]
 [74.125   70.75   71.8125]
 [72.5     68.75   70.0625]
 [73.5625 69.875  71.25  ]
 [73.5625 69.75   71.125 ]
 [73.75    69.1875 70.875 ]
 [73.0625 68.875  70.5625]
 [73.5     69.625  70.75  ]
 [72.8125 68.9375 69.9375]
 [73.125   69.4375 70.5625]
 [73.3125 69.375  70.875 ]]
```

(b)

图 20-12　运行结果

20.5.2　本地系统演示

基于上述模型训练和模型解码等技术，本案例构建了一个本地演示系统。图 20-13

所示为演示系统输入界面，可以在输入文本框中输入一个关于酒店服务的评论短文本或者选择已有的评论文件，然后单击“分析”按钮即可调用训练得到的模型对输入进行模型解码，最后在图 20-14 所示的演示系统输出界面得到情感极性分类结果。

图 20-13　演示系统输入界面

图 20-14　演示系统输出界面

20.6　本章小结

本章以酒店服务领域为例，描述了一个基于华为 Atlas 开发者套件的中文意见挖掘与情感分析案例，展示了如何通过 BERT 获取评论文本的词向量表示，并进一步输入 LSTM 中得到情感极性分类特征表示，最终生成供华为 Atlas 开发者套件使用的 om 模型文件，并通过相应的模型推理实现句子级情感极性分类功能。

本案例介绍了面向酒店服务的情感极性分类的模型构建、TensorFlow 的 pb 模型到 om 模型的转换、模型推理，希望为读者提供一个基于华为 Atlas 开发者套件的自然语言处理应用参考。

参考文献

[1] 昇腾开发社区. Media API 参考[EB/OL].(2020-11-3)[2020-11-30]. https://support.huaweicloud.com/api-media-A200dk_3000/atlasmedia_07_0001.html.

[2] 昇腾开发社区. AscendDK API 参考[EB/OL].(2020-11-3)[2020-11-30]. https://support.huaweicloud.com/adevg-A200dk_3000/atlasdevelopment_01_0001.html.

[3] Su T,Pan W,Yu L. HITHCD-2018: Handwritten Chinese Character Database of 21K-Category [C]//International Conference on Document Analysis and Recognition,2019.

[4] Liu C L,Yin F,Wang D H,et al. Online and offline handwritten Chinese character recognition: Benchmarking on new databases[J]. Pattern Recognition,2013,46(1): 155-162.

[5] He K, Zhang X, Ren S, et al. Deep Residual Learning for Image Recognition[C]//IEEE Conference on Computer Vision and Pattern Recognition,2016.

[6] Uhlen M,Oksvold P,Fagerberg L,et al. Towards a knowledge-based Human Protein Atlas. [J]. Nature Biotechnology,2010,28(12): 1248-1250.

[7] Uijlings Jasper R R, van D S, et al. Selective search for object recognition[J]. International Journal of Computer Vision,2013,104(2): 154-171.

[8] Felzenszwalb P F, Huttenlocher D P. Efficient Graph-Based Image Segmentation[J]. International Journal of Computer Vision,2004,59(2): 167-181.

[9] Zhang S H,Dong X,Li H,et al. PortraitNet: Real-time Portrait Segmentation Network for Mobile Device[J]. Computers and Graphics,2019,80(5): 104-113.

[10] Liu Y,Cheng M M,Hu X,et al. Richer Convolutional Features for Edge Detection[J]. IEEE Transactions on Pattern Analysis and Machine Intelligence,2019,41(8): 1939-1946.

[11] Arbeláez P,Maire M,Fowlkes C,et al. Contour Detection and Hierarchical Image Segmentation [J]. IEEE Transactions on Pattern Analysis and Machine Intelligence,2011,33(5): 898-916.

[12] Mottaghi R,Chen X,Liu X,et al. The Role of Context for Object Detection and Semantic Segmentation in the Wild[C]//IEEE Conference on Computer Vision and Pattern Recognition. IEEE,2014.

[13] Isola P,Zhu J Y,Zhou T,et al. Image-to-image Translation with Conditional Adversarial Networks[C]//CVPR,2017.

[14] Li B,Ren W,Fu D,et al. Benchmarking Single-Image Dehazing and Beyond. IEEE Trans. Image Process,2019,28(1): 492-505.

[15] Dong C,Loy C C,He K,et al. Image Super-Resolution Using Deep Convolutional Networks [J]. IEEE Transactions on Pattern Analysis and Machine Intelligence,2016,38(2): 295-307.

[16] Dong C,Chen C L,Tang X. Accelerating the Super-resolution Convolutional Neural Network [C]//European Conference on Computer Vision,2016.

[17] Shi W,Caballero J,Ferenc Huszár,et al. Real-Time Single Image and Video Super-Resolution Using an Efficient Sub-Pixel Convolutional Neural Network[C]//IEEE Conference on Computer Vision and Pattern Recognition,2016.

[18] Kim J,Lee J K,Lee K M. Accurate Image Super-Resolution Using Very Deep Convolutional Networks[C]//IEEE Conference on Computer Vision and Pattern Recognition,2016.

[19] Kim J, Lee J K, Lee K M. Deeply-Recursive Convolutional Network for Image Super-Resolution[C]//IEEE Conference on Computer Vision and Pattern Recognition,2016.

[20] Ledig C, Theis L, Huszar F, et al. Photo-Realistic Single Image Super-Resolution Using a Generative Adversarial Network[C]//IEEE Conference on Computer Vision and Pattern Recognition,2016.

[21] Timofte R, De V, Gool L V. Anchored Neighborhood Regression for Fast Example-Based Super-Resolution[C]//IEEE International Conference on Computer Vision,2014.

[22] Bevilacqua M, Roumy A, Guillemot C, et al. Low-complexity Single-image Super-resolution Based on Nonnegative Neighbor Embedding[C]//BMVC,2012.

[23] Cao Z,Hidalgo G,Simon T,et al. OpenPose: Realtime Multi-Person 2D Pose Estimation using Part Affinity Fields[J]. IEEE Transactions on Pattern Analysis and Machine Intelligence,2021,43(1):172-186.

[24] Yan S,Xiong Y,Lin D. Spatial Temporal Graph Convolutional Networks for Skeleton-Based Action Recognition[C]//AAAI,2018.

[25] Shi B,Bai X,Yao C,et al. An End-to-End Trainable Neural Network for Image-based Sequence Recognition and Its Application to Scene Text Recognition[J]. IEEE Transactions on Pattern Analysis & Machine Intelligence,2016,39(11):2298-2304.

[26] Graves A, Fernández S, Gomez F, et al. Connectionist Temporal Classification: Labelling Unsegmented Sequence Data With Recurrent Neural Networks[C]//ICML,2006.

[27] Graves A. Supervised Sequence Labelling with Recurrent Neural Networks[D]. Studies in Intelligence Computational,2008.

[28] Hochreiter S,Schmidhuber J. Long Short-Term Memory[J]. Neural Computation,1997,9(8):1735-1780.

[29] Zhu Y,Xie Z,Jin L,et al. SCUT-EPT: a New Dataset and Benchmark for Offline Chinese Text Recognition in Examination Paper[J]. IEEE Access,2019,7:370-382.

[30] 吴军. 数学之美[M]. 北京:人民邮电出版社,2014.